U0077682

博碩文化

博碩文化

iT邦幫忙 鐵人賽　博碩文化

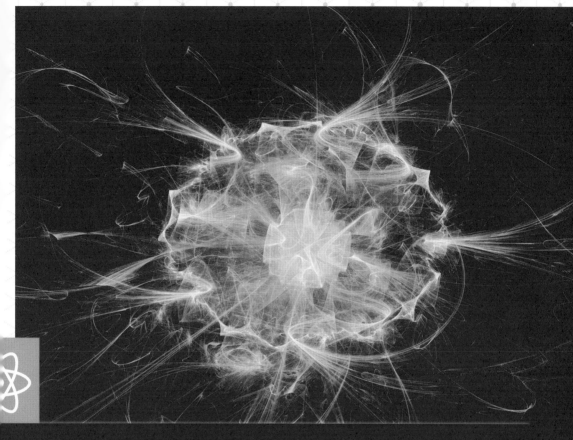

在React生態圈打滾的一年
feat.TypeScript

第11屆
iT邦幫忙
鐵人賽
佳作
iThome

一本記載了關於React開發生態圈的技術書籍
不只說明應該下載哪些工具以及如何使用，更讓你了解為何需要它

◆ 清楚表達每個步驟或重點程式碼背後的意義
◆ 從無到有開發，只需一台電腦就能一同探索React生態圈
◆ 精選兩個實戰範例，不論是開發網站或發布元件到npm，皆一網打盡

 本書提供線上範例檔

黃冠霖（神Q超人）—— 著

在
React
生態圈打滾的一年
feat.TypeScript

作　　者：黃冠霖（神 Q 超人）
責任編輯：曾婉玲

董 事 長：陳來勝
總 編 輯：陳錦輝

出　　版：博碩文化股份有限公司
地　　址：221 新北市汐止區新台五路一段 112 號 10 樓 A 棟
　　　　　電話 (02) 2696-2869　傳真 (02) 2696-2867

郵撥帳號：17484299　　戶名：博碩文化股份有限公司
博碩網站：http://www.drmaster.com.tw
讀者服務信箱：DrService@drmaster.com.tw
讀者服務專線：(02) 2696-2869 分機 216、238
（週一至週五 09:30 ～ 12:00；13:30 ～ 17:00）

版　　次：2020 年 10 月初版

建議零售價：新台幣 550 元
Ｉ Ｓ Ｂ Ｎ：978-986-434-533-5(平裝)
律師顧問：鳴權法律事務所 陳曉鳴 律師

國家圖書館出版品預行編目資料

在React生態圈打滾的一年 feat.TypeScript/黃冠霖著.
-- 初版. -- 新北市：博碩文化, 2020.10
　　面；　公分--(IT邦幫忙鐵人賽系列書)

ISBN 978-986-434-533-5(平裝)

1.系統程式 2.軟體研發 3.行動資訊

312.52　　　　　　　　　　　　109016645

Printed in Taiwan

博 碩 粉 絲 團　歡迎團體訂購，另有優惠，請洽服務專線
　　　　　　　　(02) 2696-2869 分機 216、238

序言

Hi！大家好，我是神Q超人！如果是平常有在追蹤我的朋友們，應該對這開場相當熟悉，想不到現在可以這種方式讓大家閱讀我的文字，感受真的非常特別，但其實我也不曉得要說什麼，因為我都把心力投注在本書的內容裡，現在的腦力已經完全是消耗殆盡的狀態，所以與其說些冗長的開頭，不如就單純來聊聊在我還是新手的時候，所面臨到的學習盲點吧！這同時也是這本書誕生的契機，我想作為序言應該相當適合。

在 2018 年，我第一次以「一步一腳印的 React 旅程」作為主題，參加了 IT 邦幫忙的年度鐵人賽事，憑著滿腔熱血，想要在 30 天內（其實較為正確的說法是 60 天，我提前了一個月做準備），從零開始學習一項前端框架。最後順利完成比賽的我，雖然沒有得獎，不過因為有很多人訂閱那系列的參賽文章，所以還是讓我感到非常開心，但事實上，看起來似乎學會 React 的我，犯了一個最致命的錯誤。

我在那兩個月中拼命閱讀官方文件，然後不斷地去尋找各種在網路上的資料，把所有和 React 相關的套件都使用一遍，並且只要是看不懂的程式碼，就先輸入再說，最後程式跑得起來，就會覺得自己達成目的，然後把自己所理解的一切轉化為文字，這看起來幾乎是所有人在學習的必經過程，但到底哪裡出現問題了？

問題在於，我沒有好好理解「為何學習」。

這裡的「為何學習」，並不是指為了換工作、強化自己的專業技能等理由，而是我沒有好好的去了解那些我正在學習的套件究竟是要解決什麼問題，這個理念也是我在本書中非常想要傳達給各位的，「所有套件的誕生，絕對都有其出現的意義」。有多少人在使用，就代表它解決了多少人的問題，但當時的我沒有意識到這一點，我學習的理由僅僅是「因為大家都在用這個套件」。

為了學習而學習，讓我無法了解套件為何存在，更糟糕的是，讓我沒辦法正確地使用它，很多習以為常的用法都是在之後的開發中，才突然意識到它們有多糟糕，同時也意識到了在 2018 年所寫的系列文是多麼膚淺，而這就是寫作《在 React 生態圈打滾的一年 feat.TypeScript》的契機，我想要寫出和第一次參賽時完全不同的系列文章，希望我可分享給大家「為什麼需要」的情境，而不是直接寫下「你該下載這個套件」或「請複製下面那段程式碼」等冷冰冰的知識。

兩次參賽的間隔只有一年，但重新寫下 React 文章時的感覺，仍然非常新奇但又熟悉，新奇的點包含了 Hooks 的用法、套件的更新等，這些都導致一年前的專案配置和現在接觸到的不太一樣。另一方面，熟悉的點在於「核心觀念是不變的」，也就是你知道你現在寫下的配置或是程式碼解決了什麼問題。

　　我在撰寫本書時，有一個相當重視的重點，即「所有的操作都是有意義的」，當你了解所有操作背後的意義，那麼當未來遇到了套件更新，導致本書的範例程式碼不再能正確運行時，你仍然知道該如何解決遇到的問題。我希望透過本書能讓各位學習到解決問題的能力，而不是單單只是寫下程式碼而已。

　　那麼我就不再多說了，請各位翻開下一頁，與我一同探索 React 的生態圈吧！

目 錄

|CHAPTER| **02 從 Hooks 開始的 React 新生活**

|CHAPTER| 05 為程式碼做單元測試

|CHAPTER| **08 實際演練—製作一個可重用的元件發布到 npm 上**

CHAPTER

開發 React 專案的事前準備

0.1　事前準備

在開發任何前端專案之前,你都需要做好萬全的準備,「工欲善其事,必先利其器」這種老話就不多說了。要準備的內容除了準備舒適的空間、清涼的飲料和至少可以打開記事本的電腦之外,就是讓你更輕鬆的打程式玩意兒了。

本章節主要準備兩項事情,第一個是安裝 npm,第二個是下載編輯器。如果現在你的電腦中已經有這兩個開發專案的必備良藥,那就可以直接跳過事前準備囉!

0.2　世界最大的套件庫 npm

記得幾年前,如果開發一個網頁需要使用 jQuery [*1] 套件的功能,就只能到 jQuery 的官網,把程式碼下載下來,放到自己的專案中使用,如果套件更新則還要再重新抓一次。但是,現在環境稍微改變了,只要透過 npm 的幾個指令就可以在終端機(Terminal)直接下載開發需要的套件到專案或電腦中,而且不只是 jQuery,包含 React、Vue、Angular、Bootstrap,幾乎都可以在 npm 中找到,本書也會使用 npm 來下載 React 與開發 React 專案需要用到的其他套件。下圖為 npm 網站:

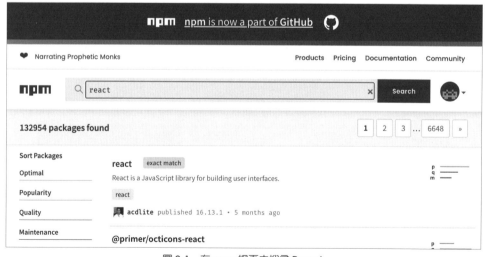

圖 0-1　在 npm 網頁中搜尋 React

---

*1　jQuery 是知名的前端套件,請參照 https://jquery.com/。

　　npm 全名是 Node package manager，顧名思義就是用來管理 Node 專案的套件。在 npm 這個線上平台，每天都會有開發者更新或是增加開源（open-source）[2]的 Node 專案套件提供給大家使用，是世界上最大的套件庫儲存中心。除此之外，npm 也允許各位開發者用指令的方式下載及更新套件，甚至是選擇套件的使用版本，省去瀏覽網頁的時間。而且只要你每個月支付 7 美金，就能夠建立私人的套件，並且與其他的付費開發者進行合作開發。

　　你可以將 npm 想成一個很大的圖書館，裡面收藏著全世界的作者精心編寫的書籍，它們完全免費，我們也隨時都可以將任一本或多本書取下來閱讀，甚至寫下故事上傳。當然，你也能付費打造只有自己或團隊能用的書庫！

　　透過 npm 的協助，管理專案中使用的套件會相當容易。如果在專案裡使用了 npm，npm 會在初始化的時候，建立一個叫做「package.json」的檔案到專案的根目錄，並且該檔案會記錄著專案內使用了哪些套件及版本，當你想要在其他專案也使用相同的配置，只需要將 package.json 複製過去，然後再一次透過 npm 安裝就可以了。更詳細的說明待會都會再提到，先來看看如何下載 npm 的 CLI 吧！

　　進入到下一節之前，我想要先介紹一下什麼是「命令列介面」（CLI，Command Line Interface）。以 Apple 電腦的 macOS 來說，會有個叫「Terminal」的應用程式，而在 Windows 系統中則是叫「命令提示字元」（cmd.exe），運行起來會長這個樣子：

圖 0-2　macOS 的 Terminal 或 Windows 中的 cmd.exe

---

[2]　開源專案是指所有人都可以直接查看、使用或修改該專案的原始碼，請參照：https://opensource.guide/zh-hant/starting-a-project/。

在圖形使用者介面（GUI，Graphical User Interface；就是我們現在透過滑鼠點擊資料夾等操作的介面）尚未普及之前，透過 CLI 輸入指令（Command），來告訴電腦應該要做什麼事情，是非常普遍的，例如：建立文件、打開編輯、甚至是刪除等，都能透過 CLI 做到。雖然 GUI 也能夠完成同樣的事，但如果熟悉一些常用的指令，就能更快速完成想做的事，做起來也更帥氣。

所以，下方我們會去安裝 npm 的 CLI。有了 npm 的 CLI，我們就能像上方說的，省去在 npm 官網（GUI）上點點按按的時間，只需要執行指令，就能輕鬆獲得需要的套件。

在 npm 的官網中，提供了兩種安裝 npm 的方式：

- 透過 Node 的版本管理器（NVM，Node version manager）。
- 透過 Node 提供的安裝程式（Node installer）。

因為 npm 是 Node 專案的套件管理器，所以兩種安裝方式都與 Node 有關係，雖然我們這節是要安裝 npm 的 CLI，但還是得安裝 Node 才行（其實 npm 才是附加的那一個）。

即使我們有兩種選擇，但在 npm 的官方文件上是建議使用 NVM 來安裝的，因為 NVM 可以安裝多個不同版本的 Node 和 npm，讓你在開發的時候能夠穿梭在各個版本，以測試程式是不是有辦法在每個版本間正常運作。NVM 在 Windows 和 macOS 的安裝方式差異不小，而 Windows 的安裝過程又簡單很多，下方我會簡單帶過 Windows 的安裝部分，如果有一些需要注意的地方，會再告訴大家。

> **貼心小叮嚀** 如果要選擇 Node 提供的安裝程式，也完全沒有問題！而且安裝起來也很簡單，只是在遇到一些套件特別要求 Node 版本時，就需要再更新 Node，且更新前還需考慮其他套件是否相容。Node 安裝程式的連結在此：https://nodejs.org/en/。

在章節 0.2.1 中，會先介紹在 Windows 環境下的安裝方式，如果是 macOS 的使用者就可以略過，並直接跳到章節 0.2.2。

0.2.1　下載安裝 NVM — Windows 篇

其實 Windows 沒有 NVM（那作者你來亂的嗎？），但是官方文件裡註記了下面這句話：

「Nvm does not support Windows⋯For Windows, two alternatives exist, which are neither supported nor developed by us.」[3]

沒錯，真的是太悲催了！Windows 沒有官方版本的 NVM。但是別灰心，NVM 的官方文件還有提到兩個替代的選擇，本書會使用其中一種，在 Windows 上安裝 Node 的版本管理工具，該工具叫做「nvm-windows」（雖然不是 NVM，但下方為了方便，還是統稱為 NVM）。

大家可以到網址：https://github.com/coreybutler/nvm-windows/releases/tag/1.1.7，並點選頁面中的「nvm-setup.zip」來下載最新的釋出版本：

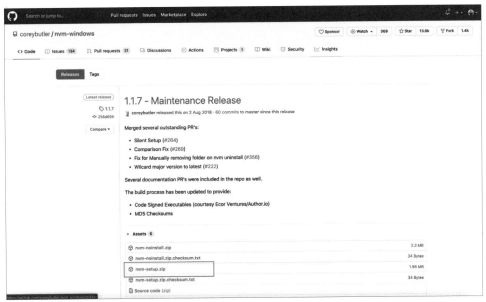

圖 0-3　https://github.com/coreybutler/nvm-windows/releases/tag/1.1.7

安裝過程中，只需要不斷的點選「下一步」。若是你的電腦中原本就有裝 Node 和 npm 的話，則安裝時會顯示這個提示視窗：

---

*3　請參照 NVM 的 GitHub 文件：https://github.com/nvm-sh/nvm#important-notes。

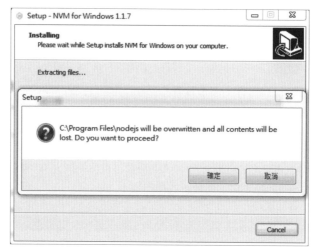

圖 0-4　如果原本就有安裝 Node 及 npm 的話，會出現提示

這個對話視窗是提醒「NVM 會複寫現有的 Node 內容」，沒問題的話，就可以按「確定」，讓安裝程式繼續把 NVM 裝完。安裝完成後，就可以打開 Windows 的 cmd.exe，並且輸入「nvm」來確認可操作的指令，當看到以下畫面時，就大功告成囉！

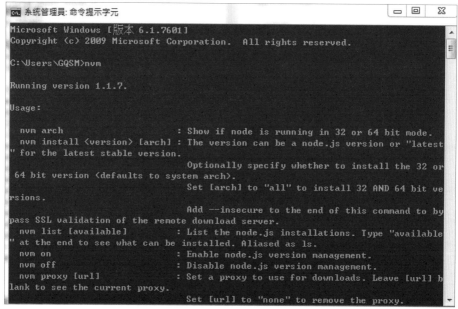

圖 0-5　在 Windows 上完成安裝 NVM

0.2.2　下載安裝 NVM — macOS 篇

要在 macOS 中下載 NVM，首先要打開 Terminal，輸入以下的指令執行：

```
curl -o- https://raw.githubusercontent.com/nvm-sh/nvm/v0.35.3/install.sh | bash
```

執行完後，就能從 Terminal 中看到 NVM 開始下載。這裡有個地方需要注意，如果在之前的環境中已裝過 Node 和 npm，那 NVM 就會把原本 Node 和 npm 的版本設定都留下來，並以 system 這個名字存在於 NVM 中，之後可以再切回來使用（在章節 0.2.3 會介紹 NVM 的使用指令），還會顯示之前有裝在電腦中的套件：

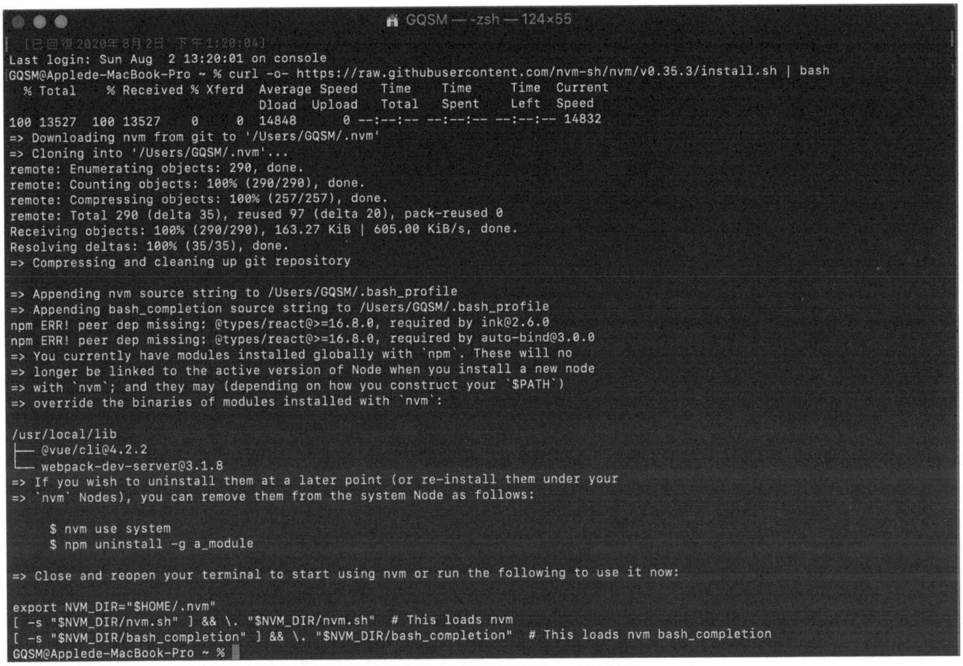

圖 0-6　在 macOS 上用指令安裝 NVM

這時，各位可能想問，那我還需要留下 system 上的 Node 和 npm 嗎？根據 NVM 官方文件的說明：

「You can (but should not?) keep your previous "system" node install, but nvm will only be available to your user account (the one used to install nvm).」*4

＊4　請參照 NVM 的 GitHub 文件：https://github.com/nvm-sh/nvm#important-notes。

意思是如果想要的話，也可以留下沒關係，但筆者認為既然都裝了 NVM 來管理 Node 以及 npm 的版本了，建議大家還是刪掉，不過不刪真的也沒關係哦！

安裝過程還沒結束，因為這時即使你重新打開一個新的 Terminal，然後輸入「nvm」，也不會顯示任何東西。在 macOS 的環境中，我們需要手動把下方三行加到 ~/.bash_profile 或是 ~/.zshrc 檔案裡面：

```
export NVM_DIR="$HOME/.nvm"
[ -s "$NVM_DIR/nvm.sh" ] && \. "$NVM_DIR/nvm.sh"  # This loads nvm
[ -s "$NVM_DIR/bash_completion" ] && \. "$NVM_DIR/bash_completion"  # This loads nvm
bash_completion
```

上方的內容是你安裝完 NVM 後顯示在最後的三行，如果剛剛還沒有把 Terminal 關掉的話，就可以直接複製來用。但到底該加在 ~/.bash_profile 或是 ~/.zshrc 呢？這部分請大家看看自己的 Terminal 上方：

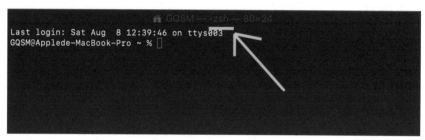

圖 0-7　筆者的 Terminal 是 zsh 的

如果箭頭處指著的是 zsh，那就要加到 ~/.zshrc 裡面，但如果上面顯示的是 bash 的話，就請加到 ~/.bash_profile 裡面。至於增加的方法，可以直接用 vim [5] 做編輯，以 ~/.zshrc 為例，先以下方指令 vim 來將檔案打開：

```
vim ~/.zshrc
```

打開後會顯示對應檔案的內容，如果擔心電腦裡沒有該檔案也沒關係，vim 會幫你建一個相同名字的檔案：

＊5　vim 是系統內建的文字編輯器，請參照：https://reurl.cc/4m4D8D。

```
GQSM — vim ~/.zshrc — 80×24
export NVM_DIR="$HOME/.nvm"
[ -s "$NVM_DIR/nvm.sh" ] && \. "$NVM_DIR/nvm.sh"  # This loads nvm
[ -s "$NVM_DIR/bash_completion" ] && \. "$NVM_DIR/bash_completion"  # This loads
 nvm bash_completion
~
~
~
"~/.zshrc" 3L, 196C
```

圖 0-8　用 vim 開啓檔案編輯

等 Terminal 上顯示對應檔案的內容後，先按鍵盤上的 I 鍵，來開啓插入模式，接著就可以把上面那三行貼到這份文件中，最後再按鍵盤上的 Esc 鍵，並打上「:wq」，按 Enter 鍵儲存。如果成功的話，請重新打開一個 Terminal 的視窗並輸入「nvm」。

```
GQSM — -zsh — 134×44
GQSM@Applede-MacBook-Pro ~ % nvm

Node Version Manager (v0.35.3)

Note: <version> refers to any version-like string nvm understands. This includes:
  - full or partial version numbers, starting with an optional "v" (0.10, v0.1.2, v1)
  - default (built-in) aliases: node, stable, unstable, iojs, system
  - custom aliases you define with `nvm alias foo`

 Any options that produce colorized output should respect the `--no-colors` option.

Usage:
  nvm --help                                  Show this message
  nvm --version                               Print out the installed version of nvm
  nvm install [-s] <version>                  Download and install a <version>, [-s] from source. Uses .nvmrc if available
    --reinstall-packages-from=<version>       When installing, reinstall packages installed in <node|iojs|node version number>
    --lts                                     When installing, only select from LTS (long-term support) versions
    --lts=<LTS name>                          When installing, only select from versions for a specific LTS line
    --skip-default-packages                   When installing, skip the default-packages file if it exists
    --latest-npm                              After installing, attempt to upgrade to the latest working npm on the given node version
    --no-progress                             Disable the progress bar on any downloads
  nvm uninstall <version>                     Uninstall a version
  nvm uninstall --lts                         Uninstall using automatic LTS (long-term support) alias `lts/*`, if available.
  nvm uninstall --lts=<LTS name>              Uninstall using automatic alias for provided LTS line, if available.
  nvm use [--silent] <version>                Modify PATH to use <version>. Uses .nvmrc if available
    --lts                                     Uses automatic LTS (long-term support) alias `lts/*`, if available.
    --lts=<LTS name>                          Uses automatic alias for provided LTS line, if available.
  nvm exec [--silent] <version> [<command>]   Run <command> on <version>. Uses .nvmrc if available
    --lts                                     Uses automatic LTS (long-term support) alias `lts/*`, if available.
    --lts=<LTS name>                          Uses automatic alias for provided LTS line, if available.
  nvm run [--silent] <version> [<args>]       Run `node` on <version> with <args> as arguments. Uses .nvmrc if available
    --lts                                     Uses automatic LTS (long-term support) alias `lts/*`, if available.
    --lts=<LTS name>                          Uses automatic alias for provided LTS line, if available.
  nvm current                                 Display currently activated version of Node
  nvm ls [<version>]                          List installed versions, matching a given <version> if provided
    --no-colors                               Suppress colored output
    --no-alias                                Suppress `nvm alias` output
  nvm ls-remote [<version>]                   List remote versions available for install, matching a given <version> if provided
    --lts                                     When listing, only show LTS (long-term support) versions
    --lts=<LTS name>                          When listing, only show versions for a specific LTS line
    --no-colors                               Suppress colored output
  nvm version <version>                       Resolve the given description to a single local version
  nvm version-remote <version>                Resolve the given description to a single remote version
    --lts                                     When listing, only select from LTS (long-term support) versions
```

圖 0-9　成功用 masOS 執行 NVM 指令

OK！各位，相信我們已經完成了這本書最困難的部分，這段不劃刪除線，因爲我眞心覺得環境最難搞。下一節就來學習如何使用基本的 NVM 指令吧！

0.2.3　NVM 的基本指令介紹

提醒一下大家，應該還記得我們裝 NVM 是爲了使用 npm 吧？本章還沒有要提到 npm，只是怕大家忘了。這一節會先介紹用 NVM 管理 Node 版本的方法！

用 NVM 安裝 Node 之前，我們不曉得 Node 有哪些版本可以安裝，所以當想要查詢 Node 版本時，就可以透過 NVM 指令在 Terminal 上執行：

```
nvm ls-remote
```

執行指令後，NVM 會把所有可安裝的 Node 版本都列出來，也會標註該版本的訊息，例如 v12.18.3 是目前最新的 LTS（Long-term support，俗稱的穩定版）版本。執行結果如下：

```
                          🏠 GQSM — -zsh — 85×27
        v12.12.0
        v12.13.0    (LTS: Erbium)
        v12.13.1    (LTS: Erbium)
        v12.14.0    (LTS: Erbium)
        v12.14.1    (LTS: Erbium)
        v12.15.0    (LTS: Erbium)
        v12.16.0    (LTS: Erbium)
        v12.16.1    (LTS: Erbium)
        v12.16.2    (LTS: Erbium)
        v12.16.3    (LTS: Erbium)
        v12.17.0    (LTS: Erbium)
        v12.18.0    (LTS: Erbium)
        v12.18.1    (LTS: Erbium)
        v12.18.2    (LTS: Erbium)
->      v12.18.3    (Latest LTS: Erbium)
        v13.0.0
        v13.0.1
        v13.1.0
        v13.2.0
        v13.3.0
        v13.4.0
        v13.5.0
        v13.6.0
        v13.7.0
        v13.8.0
        v13.9.0
        v13.10.0
```

圖 0-10　用 nvm ls-remote 查出所有可安裝的 Node 版本

　　當你決定好要裝上某個版本（例如是上方的 v12.18.3）後，請輸入下方的指令讓 NVM 安裝 Node 及對應的 npm：

```
nvm install v12.18.3
```

　　如果輸入的版本號是正確的，Terminal 上就會開始顯示下載的進度。下載完成後，就能輸入下方指令，以確認當前 NVM 管理的所有 Node 版本：

```
nvm ls
```

　　上方的指令會將當前 NVM 安裝過的 Node 都列出來。舉例來說，如果我裝了 v12.18.3 和 v8.17.0 這兩種版本的 Node，那執行結果就會如下：

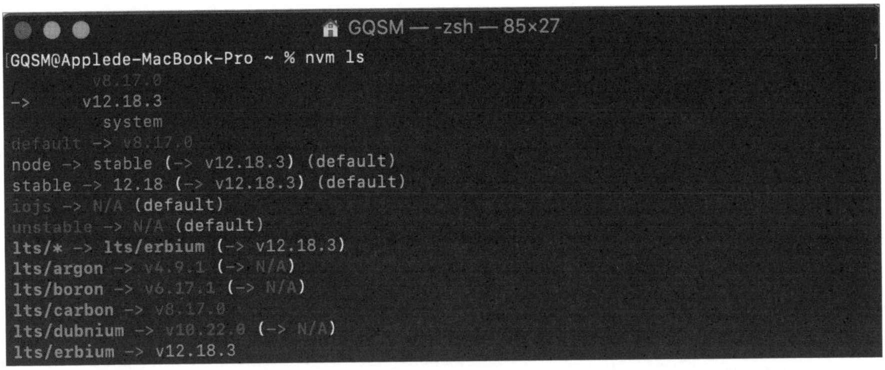

圖 0-11　NVM 讓你不用煩惱該裝哪個版本的 Node，因為小孩子才做選擇

　　在上方的圖片中，大家可以注意到 system（這裡的 system 就是當初電腦裡的 Node 與 npm 版本），而在 system 下方的「default -> v8.17.0」，代表每次我在運行專案或是套件的時候，都會預設用這個 v8.17.0 的 Node 環境做執行，如果想要切換在 NVM 中的 default 版本，可以使用：

```
nvm alias default v12.18.3
```

　　如此一來，NVM 就會把運行的預設環境切換成 v12.18.3 了：

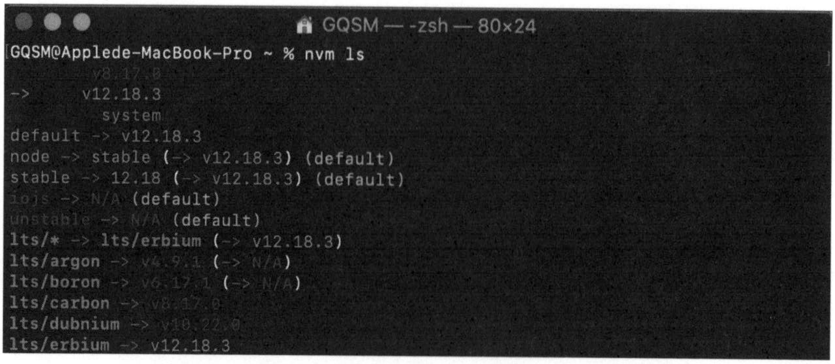

圖 0-12　透過 nvm alias default 更換 Node 的預設版本

如果沒有想要替換預設版本，只是想要單純先切換執行，可以使用下方指令：

```
nvm use v8.17.0
```

貼心小叮嚀　要注意，nvm use 指令只會改變當前的 Terminal，如果再開一個新的 Terminal 視窗，還是會以預設版本執行。

開發的過程中，如果搞不清楚當前這個 Terminal 到底是哪一個 Node 版本，也有指令能查看運行的 Node 版本（也可以從 nvm ls 得知）：

```
nvm current
```

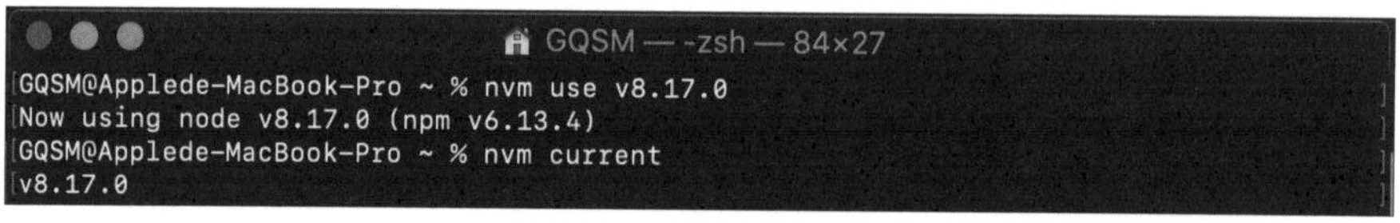

圖 0-13　使用 nvm use 切換版本，並用 nvm current 來查看當前的運行版本

最後要和大家說明的是，雖然所有的 Node 版本都在 NVM 中管理，但是它們各自下載的套件都是分開的。這部分如果還沒學過 npm 的讀者可能會有點看不懂，不過等讀到章節 0.2.4 再回來看就會清楚多了，建議先有個觀念就好。

舉例來說，我在 v12.18.3 的版本中，使用 npm 在全域環境下安裝 create-react-app，那當我切到 v8.17.0 的時候，是無法使用 create-react-app 的哦！因為所有版本的 Node 環境

都是獨立的。可以試著閱讀下方的演示內容，相信認真讀下來的大家現在一定都看得懂
（除了 npm 安裝的部分）：

```
●●●                    ▲ GQSM — -zsh — 84×27
[GQSM@Applede-MacBook-Pro ~ % nvm use v12.18.3
Now using node v12.18.3 (npm v6.14.6)
[GQSM@Applede-MacBook-Pro ~ % npm install -g create-react-app
/Users/GQSM/.nvm/versions/node/v12.18.3/bin/create-react-app -> /Users/GQSM/.nvm/ver
sions/node/v12.18.3/lib/node_modules/create-react-app/index.js
+ create-react-app@3.4.1
added 98 packages from 46 contributors in 3.776s
[GQSM@Applede-MacBook-Pro ~ % create-react-app --version
3.4.1
[GQSM@Applede-MacBook-Pro ~ % nvm use v8.17.0
Now using node v8.17.0 (npm v6.13.4)
[GQSM@Applede-MacBook-Pro ~ % create-react-app --version
zsh: command not found: create-react-app
```

圖 0-14　在 v12.18.3 安裝並讀取到的 create-react-app，只要切換到 v8.17.0 就找不到了

最後想要補充一個用法給大家。接續上方所說，既然 NVM 管理的所有 Node 版本都是
獨立的，那這不就代表每重新安裝新的版本，就要再重新下載全域的套件嗎？例如：在
v8.17.0 的版本中，create-react-app 就得再安裝一次。

不用的，其實 NVM 有提供很方便的旗標（Flag），可以在安裝新的 Node 版本時，把
指定版本內的套件都一併安裝。舉例來說，如果我已經有了 v12.18.3 的 Node，且在它的
全域環境中，我還裝上了 create-react-app 這個套件，但除了 v12.18.3 的版本外，我還想要
再裝 v10.22.0 的 Node，並且希望可以依照 v12.18.3 的全域內容，把套件也裝到 v10.22.0
的環境中。

這個情況就可以在原本的 install 指令後面，利用 flag 指定要依照哪個 Node 版本的全域
套件做安裝。下方的指令可以在安裝 v10.22.0 版本 Node 的時候，一併裝上 v12.18.3 環境
裡的所有套件：

```
nvm install v10.22.0 --reinstall-packages-from=v12.18.3
```

運行結果如下：

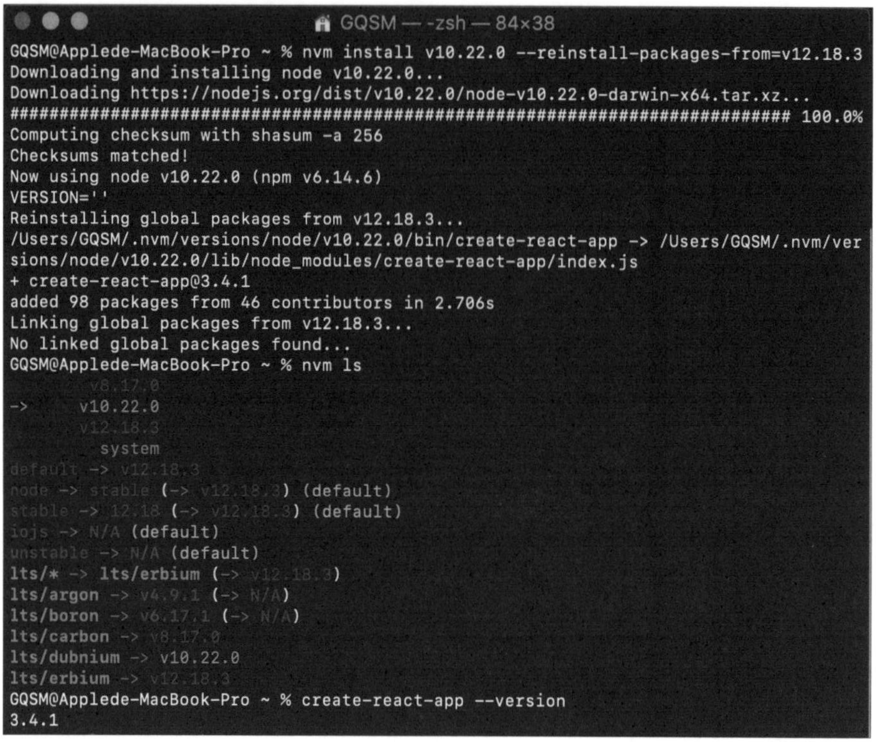

圖 0-15　透過 --reinstall-packages-from=<version> 安裝指定版本環境擁有的套件

下一個章節中，我們會開始認識 npm，以及了解如何利用 npm 下載需要的套件。

0.2.4　透過 npm 下載及管理套件

本章節會介紹如何使用 npm 下載我們需要的套件。npm 其實很單純，你需要知道的指令大概就只有套件的安裝、解除安裝、還有更新而已，畢竟它本來就只是 Node 的套件管理工具，本身一點都不複雜。

關於 npm 的第一個指令是 install，我們可以透過 install 來安裝套件。例如：當我想安裝 create-react-app 時，就能使用 install：

```
npm install -g create-react-app
```

　　那個 -g 的意思是 global，只要增加這個 flag，就代表我告訴 npm，請它把套件安裝到全域環境，只要安裝到全域環境，那不論你在哪個路徑下，只要打開 Terminal，就能直接使用該套件。

> **貼心小叮嚀**
>
> ● 如果要一次下載多個套件，不用重複打很多行或很多次，只要在每個套件之間，都相隔一個空白就好，像這樣子：npm install <package1> <package2>。
>
> ● 用 npm 做 install 的時候，也可以只寫一個 i，像這樣：npm i <package1>。

　　有全域的話，一定有區域對吧？沒錯！如果你只想要當前這個套件只安裝給某一個專案使用的話，就可以不用加「-g」。而在裝區域套件之前，大家得先知道 npm 初始化 Node 專案的指令：

```
npm init
```

　　假設我想在 a-project 的路徑下建立一個 Node 專案，就要先輸入 npm 的初始化指令（請記得要先建立一個名字為「a-project」的資料夾，之後在 Terminal 中用「cd」指令把路徑指定到 a-project），輸入後會詢問你幾個問題，這裡就不將問題列出來了。在筆者初學的時候，通常會 [Enter] 到底，所有的答案都會填寫預設值，那不初學的時候呢？則會在「npm init」後加上「-y」這個 flag，效果會和全部都 [Enter] 一樣：

```
GQSM@Applede-MacBook-Pro a-project % npm init -y
Wrote to /Users/GQSM/Documents/Code/a-project/package.json:

{
  "name": "a-project",
  "version": "1.0.0",
  "description": "",
  "main": "index.js",
  "dependencies": {},
  "devDependencies": {},
  "scripts": {
    "test": "echo \"Error: no test specified\" && exit 1"
  },
  "keywords": [],
  "author": "",
  "license": "ISC"
}
```

圖 0-16　在 a-project 路徑下初始化 npm 專案

執行後，大家就能在 a-project 的路徑下看見 package.json 這個檔案，而裡面的內容會根據在初始化 npm 專案時你回答的內容而定（在章節 8.2.3 會再細說欄位的用途，此時可以先不用在意）。當然，就和上方說的一樣，如果有用「-y」的話，就都是預設值啦！和全 Enter 的結果一樣。

做完 npm init 後，就能在相同的路徑下，以不加上「-g」的方式，執行「install」指令來安裝套件。現在就來在該專案下裝上 React：

```
GQSM@Applede-MacBook-Pro a-project % npm install react
npm WARN saveError ENOENT: no such file or directory, open '/Users/GQSM/Documents/Co
de/a-project/package.json'
npm       created a lockfile as package-lock.json. You should commit this file.
npm WARN enoent ENOENT: no such file or directory, open '/Users/GQSM/Documents/Code/
a-project/package.json'
npm WARN a-project No description
npm WARN a-project No repository field.
npm WARN a-project No README data
npm WARN a-project No license field.

+ react@16.13.1
added 6 packages from 3 contributors in 1.522s
```

圖 0-17　在 a-project 下使用 npm 安裝 React

接著打開 a-project，就可以看到裡面又多了一個資料夾叫做「node_modules」，以及一個檔案叫做「package-lock.json」：

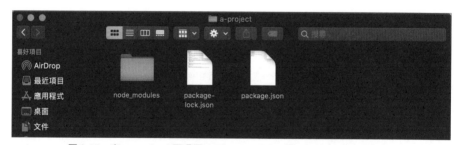

圖 0-18　在 a-project 下多了 node_modules 和 package-lock.json

首先，來看看 package.json 的內容出現什麼變化：

```
JSON    原始資料    檔頭

儲存  複製  全部折疊  全部展開  ▽ 過濾 JSON

   name:              "a-project"
   version:           "1.0.0"
   description:       ""
   main:              "index.js"
 ▼ dependencies:
      react:          "^16.13.1"
   devDependencies:   {}
 ▼ scripts:
      test:           "echo \"Error: no test specified\" && exit 1"
   keywords:          []
```

圖 0-19　package.json 在裝完 React 後的內容

可以看見 dependencies 的部分多了「React: ^16.13.1」的字樣，這就代表專案的依賴套件使用了 16.13.1 版本的 React，所以當其他人開啟專案的時候，就能從 package.json 中得知專案使用的依賴套件，另外還有一個很像的名稱叫做「devDependencies」，與 dependencies 的不同在於，dependencies 裡面的是指專案從開發到最後變成產品時會使用到的程式碼，而 devDependencies 則是只有開發的時候才會用到的套件。

給大家很簡單的例子，像是 React 這個套件，我們下載後就會在程式碼裡面使用到它，所以專案執行的時候就會跑到 React 的程式碼。在這情況下，就要把 React 歸類到 dependencies。另一方面，如果我今天想要跑單元測試（在第 5 章會提到），下載了有關單元測試的套件 Jest，那我們就只有在開發想測試的時候，才會執行到 Jest 的程式碼，一般在運行專案時，就不會執行到 Jest，這時候 Jest 就要歸類到 devDependencies。

至於該怎麼將套件放入 devDependencies 而不是 dependencies 呢？非常簡單，只需要在 install 的時候，加上「--save-dev」這個 flag 就行了：

```
● ● ●                    ■ a-project — -zsh — 80×24

[GQSM@Applede-MacBook-Pro a-project % npm install --save-dev jest
npm WARN deprecated request@2.88.2: request has been deprecated, see https://git
hub.com/request/request/issues/3142
npm WARN deprecated request-promise-native@1.0.9: request-promise-native has bee
n deprecated because it extends the now deprecated request package, see https://
github.com/request/request/issues/3142
npm WARN deprecated har-validator@5.1.5: this library is no longer supported
npm WARN a-project@1.0.0 No description
npm WARN a-project@1.0.0 No repository field.

+ jest@26.2.2
added 505 packages from 346 contributors in 10.49s

18 packages are looking for funding
  run `npm fund` for details
```

圖 0-20　用 --save-dev 安裝套件

用「--save-dev」安裝了 Jest，那在 package.json 中就會把 Jest 記錄在 devDependencies：

```
JSON   原始資料   檔頭

儲存 複製 全部折疊 全部展開   ▽ 過濾 JSON

  name:              "a-project"
  version:           "1.0.0"
  description:       ""
  main:              "index.js"
▼ dependencies:
    react:           "^16.13.1"
▼ devDependencies:
    jest:            "^26.2.2"
▼ scripts:
    test:            "echo \"Error: no test specified\" && exit 1"
  keywords:          []
  author:            ""
  license:           "ISC"
```

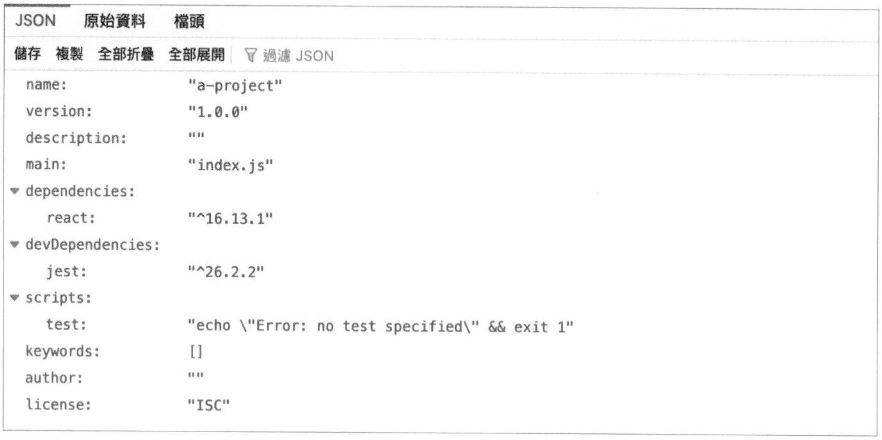

圖 0-21　用 --save-dev 安裝的 Jest 出現在 devDependencies 中

> **貼心小叮嚀**　也許大家有看過有些人會在 install 時加上「--save」這個 flag，「--save」的用意是要讓 npm 在 install 的時候，順便把套件寫入 package.json，但現在寫入 package.json 這個行為變成預設的，所以就算沒有加，也會寫進 package.json，而如果是不想要寫 package.json 的狀況，則需要在 install 時，加上「--no-save」這個 flag。

package.json 內記錄的套件也不是僅供查看，如果你要以 A 專案所用的套件建立一個新的專案，你只需要把 A 的 package.json 複製到 B 專案的路徑下，然後修改一些專案的基本資料後執行：

```
npm install
```

那 npm 就會去找 package.json，把裡面記錄的所有套件全部安裝，這麼做就省去了對照 A 專案的 package.json，再裝到 B 裡的過程。這個指令很無敵，而且方便好用，一定要知道。

但是，方便之中還是有需要注意的地方，在 package.json 中的每個套件的版本號前面都有一個「^」符號，這代表如果有更新的版本，就會裝上更新的版本。例如 React 版本號是 16.13.1，那如果之後釋出 16.14.1，就會直接裝上更新的版本，不過版本的提升也是有規律的：

- 原有版本若是 v1.2.3，提升的範圍會從 v1.2.3 開始，且小於 v2.0.0 的版本。

- 原有版本若是 v0.1.2，提升的範圍會從 v0.1.2 開始，且小於 v0.2.0 的版本。

- 原有版本若是 v0.0.1，那就只會是 v0.0.1。

以官方文件的說法是，會替我們維持在主要版本上提升：

「include everything greater than a particular version in the same major range.」*6

如果想使用某個固定版本，比較簡單的方式就是直接把版本號前面的 ^ 拿掉，這麼一來，npm 在下載的時候就不會自動升級了。

同樣在專案內的 package-lock.json 與 package.json 不同，它會記錄著套件下載當前的版本，然後在執行「npm install」的時候，去比對 package.json 和 package-lock.json 的版本，如果一樣，就依照 package-lock.json 裝套件，如果不一樣的話，就以 package.json 為主（版本該被提升的就提升），然後裝完後再把版本更新回 package-lock.json：

```
JSON    原始資料    檔頭
儲存  複製  全部折疊  展開全部  ▽ 過濾 JSON
  requires:                  true
  lockfileVersion:           1
▼ dependencies:
  ▶ js-tokens:               {…}
  ▶ loose-envify:            {…}
  ▶ object-assign:           {…}
  ▶ prop-types:              {…}
  ▼ react:
      version:               "16.13.1"
    ▼ resolved:              "https://registry.npmjs.org/react/-/react-16.13.1.tgz"
    ▼ integrity:             "sha512-YMZQQq32xHLX0bz5Mnibv1/LHb3Sqzngu7xstSM+vrkE5Kzr9xE0yMByK5kMoTK30YVJE61WfbxIFFvfeDKT1w=="
    ▼ requires:
        loose-envify:        "^1.1.0"
        object-assign:       "^4.1.1"
        prop-types:          "^15.6.2"
  ▶ react-is:                {…}
```

圖 0-22　package-lock.json 的內容

在 package-lock.json 中，除了可以看到我們剛剛下載的 React 與版本，也能看到 React 外的套件也被記錄在 package-lock.json，這部分可以查看 React 下方的 requires，requires 裡列出來的是 React 所需要的依賴套件，換句話說，就是 React 的原始碼中有用到 loose-envify、object-assign、prop-types 等套件，執行時是必要的，所以 npm 就幫你把它一起下載下來了！那其他像是 react-is 呢？就是 React 的依賴套件需要的依賴套件（感覺有點饒舌 XD）！是不是感受到 npm 的便利性了（歡呼）！

*6　請參照 npm 官方文件：https://semver.npmjs.com/ 下方說明。

最後關於資料夾「node_modules」，就是 npm 把套件下載下來後所存放的地方啦！那和全域套件有什麼不一樣呢？以上面的 Jest 為例子，如果我安裝在全域環境，就可以在電腦的任何一個位置中使用，像這樣子：

```
jest
```

但如果我把套件下載在某個專案內，也就是區域環境的話，就只能依靠該專案的 package.json 裡面的 scripts 去使用。使用時，得先打開 package.json，並在 scripts 的區塊內加入下方內容：

```
/* package.json */
{
  /* 其餘內容省略 */
  "scripts": {
    "test": "jest" /* 加入這行 */
  }
}
```

確認指令在 package.json 的 scripts 後，就能以 npm run 執行在 scripts 裡記錄的對應指令：

```
npm run test // 會執行 scripts 內 test 紀錄的指令，也就是 jest
```

上方有關區域套件的使用方式，在本書都還會再提到，所以現在有個觀念就好，看不懂沒關係，等用到再回來，會越看越回味。

那這時候也許會有人好奇，如果在區域中有專案的 node_modules 存放套件，那我裝在全域中的套件去哪裡了呢？其實也是有一個 node_modules 哦！以 mac 的電腦來說，預設存放位置會在 ~/.nvm/versions/node/<node version>/lib/node_modules。所以，當我打開這個路徑下的 node_modules 的話，就能看到已經放在全域中的套件了：

圖 0-23　全域套件也會被放到一個 node_modules 裡面

接下來，說明一下移除套件的指令。如果要刪除 a-project 裡面的 React，只需要在 a-project 目錄下輸入：

```
npm uninstall react
```

如果是想要在全域中刪除 create-react-app，也只需要加上「-g」就可以了：

```
npm uninstall -g create-react-app
```

0.2.5 npx 又是什麼？

最後，來提一下 npx，npx 的用途是在當我們不想要把套件下載到全域環境，只想做一次性的執行時使用。例如：create-react-app 就只需要在每次要建立專案時執行，那我就不需要下載下來，只要在每次需要的時候，透過 npx 執行就好。

npx 與 npm 的不同在於，前者會去看全域環境裡有沒有該套件，如果沒有的話，就下載安裝，等執行完後再刪掉；後者則是直接依照你給的 flag 做安裝。

使用方式如下（在章節 1.1 會直接使用 npx 來執行 create-react-app）：

```
npx <package name>
```

那恭喜大家，關於 npm 的指令，先知道這樣子就可以了！其他 flag 的應用和意思，我會在開發的過程再補充給大家！如果想知道，也可以閱讀 npm 的官方文件[*7]，上面寫得非常清楚。

0.3 選擇順眼又順手的編輯器

在接下來的章節裡，就會開始接觸到程式碼了（撒花，真的很討厭建構環境的筆者）！平常我們在寫文件的時候，會打開 Word 或是 Pages，而要做簡報的時候，就會想用 Power Point 或 Keynote。所以當我們在打程式的時候，也必須要選一個程式碼的編輯器，讓我們可以在學習的時候，也保持好心情，其他人看到你的電腦螢幕也會覺得你相當專業。

---

*7　請參照 npm 官方文件：https://docs.npmjs.com/。

0.3.1　下載 Visual Studio Code

編譯器除了記事本外推薦使用微軟開發的 Visual Studio Code，它支援於各個作業系統，不論是跳槽到哪個版本都可以使用，而且還內建了 Terminal 和 Git 版本控管[*8]（在章節 7.2.3 會介紹）的功能，如果還沒有習慣使用哪個編輯器的話，可以嘗試看看 Visual Studio Code 哦！

要下載 Visual Studio Code，只需要到官網[*9]，然後選擇自己作業系統的版本安裝即可，本書就不再多闡述安裝過程了~~（不然很像在騙稿費）~~，總之裝完打開後，會像下面這樣：

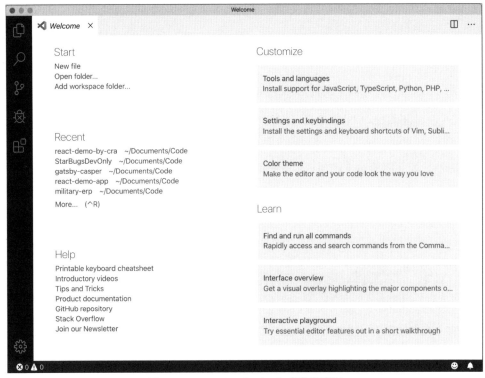

圖 0-24　Visual Studio Code 的歡迎畫面

---

*8　Git 請參照：https://git-scm.com/。

*9　Visual Studio Code 官網請參照：https://code.visualstudio.com/。

在 Visual Studio Code 裡，筆者非常推薦內建的 Terminal 功能，請從上方工具列打開它，如果你有正在用 Visual Studio Code 打開某個專案，那內建開啓的 Terminal，就會直接預設在該專案的路徑下，不需要再自己用「cd」指令移動到專案資料夾。

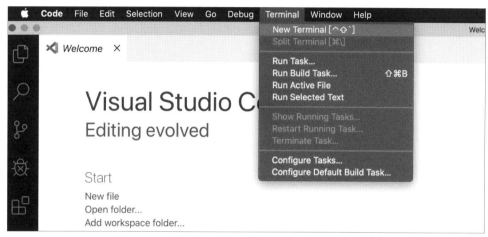

圖 0-25　非常推薦 Visual Studio Code 內建的 Terminal

不過，本書的內容爲了更清楚的呈現，在之後的章節中，還是會貼上 Terminal 的介面，但眞的很推薦這個功能哦！

從無到有建立 React 的開發環境

1.1 為什麼需要了解開發環境？

剛開始接觸 React 或是先前已經學習過其他框架的讀者們，可能會對這個章節感到好奇，甚至不曉得為什麼需要學習如何自己建立開發環境？難道 React 沒有辦法像其他框架（例如 Vue），透過簡單的指令就自動產生一個專案嗎？其實是可以的，create-react-app（章節 1.2 會介紹如何使用 create-react-app）就能做到相同的事情。

那又更奇怪了，為什麼即使擁有 create-react-app，能夠建立一個新 React 專案了，還是得學習從頭開始建立環境呢？讓我們先了解一下關於 create-react-app 的大小事吧！

1.1.1　create-react-app 的優點與缺點

create-react-app 是由 Facebook 團隊開發的開源工具，能夠簡單快速建立 React 專案（包含編譯、打包、測試），開發者不需要知道太多前置知識，產生的目錄結構也相當簡單，用來開發 React 專案是綽綽有餘的。create-react-app 對於剛開始學習 React 的新手來說十分友善，適合不想煩惱環境或是想要快速做個 Side Project 的開發者使用。

當然我也不會全都說它的好話，不然第 1 章可能需要刪掉很多部分，create-react-app 建立的專案非常的巨大，因為它不曉得你會需要使用哪些套件，所以就算你沒用到，它還是會把 Sass（CSS 的預處理器，在章節 1.5 會介紹）和 TypeScript（在第 6 章會介紹）等的相關套件模組都安裝到專案裡。另外，現在前端進展的速度之快，在使用的套件不斷更新的過程，當你想嘗試其他特別的功能時（例如：你想改用 Less 撰寫 CSS），你可能會需要自己去設置 webpack（程式碼的打包工具，在章節 1.3 會介紹）或是 Babel（程式碼的編譯工具，在章節 1.4 會介紹）的設定內容，但 create-react-app 為了讓你專注在開發，所以在一開始建立專案後，並不會讓你看到這些東西，在正常情況下也無法修改。

不過，create-react-app 的開發團隊也想到了這點，如果無法修改 webpack 或是 Babel，對開發者來說，有一定的不便性，所以在專案中開了一個後門，當你想修改 create-react-app 配置的時候，可以執行這個指令：

```
npm run eject
```

執行指令後，create-react-app 會將 webpack、Babel 等預設的配置文件，都複製到根目錄開放修改，而且就如同上面說的，create-react-app 的初始設置就是全家餐，所以配置文件的內容也一定是一大包塞滿滿來大放送給你。但在沒有學習過 webpack 與 Babel 的狀況下，你有辦法在原始的架構上，再加自己要的東西嗎？我想是有一定難度的。

而且 create-react-app 也在官方文件的這個指令下註明了：

「Note: this is a one-way operation. Once you eject, you can't go back!」[1]

這句話的意思是指 eject 這個操作是單向的，一旦執行後後悔，想當是自己眼睛業障重來催眠自己，那也回不去了，所以 create-react-app 還是很棒的，但當你的專案漸漸大起來，想要自己調整一些專案設定時，「了解開發環境」也是非常重要的事。

1.2　建立 React 專案最簡單的方法── create-react-app

在本章 1.2 節中，會先使用 create-react-app 建立一個基本的 React 專案，並稍微介紹一下專案的檔案配置，而在下一章節 1.3 開始會再解釋如何在沒有 create-react-app 的情況下，從零開始打造 React 的開發環境，大家也可以比較一下兩種方法的差異。

章節 1.2 和 1.3 的內容是沒有連貫性的，你可以自由選擇要直接讀完本節的內容，然後跳到第 2 章學習 React 的基本用法，或是你不想要了解 create-react-app，想從零開始打造開發環境，那請直接從章節 1.3 開始閱讀。

決定好了，就開始囉！

1.2.1　用 create-react-app 建立專案

首先，使用章節 0.2.5 提到的 npx，執行「create-react-app」來建立一個專案：

```
npx create-react-app react-demo-by-cra
```

執行後，就會開始下載，就像一開始介紹說的，create-react-app 不曉得你需要用到哪些套件，在安裝的過程中，會將所有套件通通大放送給你，因此會下載滿多東西的，這需要一段時間。而等下載好後會顯示：

---

[1]　請參照 create-react-app 官方文件 :https://create-react-app.dev/docs/available-scripts/#npm-run-eject。

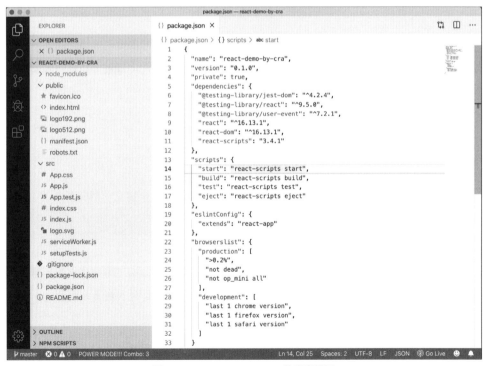

```
● ● ●                        ■ Code — -zsh — 84×25
Created git commit.

Success! Created react-demo-by-cra at /Users/GQSM/Documents/Code/react-demo-by-cra
Inside that directory, you can run several commands:

  npm start
    Starts the development server.

  npm run build
    Bundles the app into static files for production.

  npm test
    Starts the test runner.

  npm run eject
    Removes this tool and copies build dependencies, configuration files
    and scripts into the app directory. If you do this, you can't go back!

We suggest that you begin by typing:

  cd react-demo-by-cra
  npm start

Happy hacking!
```

圖 1-1　透過 create-react-app 建立 React 專案

當各位看到這個畫面，就能用編輯器打開剛剛建好的專案資料夾：

圖 1-2　create-react-app 的專案配置

1.2.2 解析 create-react-app 的專案路徑

雖然是建好了，但還是對當前的專案一無所知，要改也不知道從哪邊改起，這裡筆者簡單的從目錄的資料夾和檔案配置開始介紹：

- public：存放了負責輸出畫面的 HTML 檔案，你也可以把一些固定的資源（例如：圖片）放到這個資料夾中，但是 create-react-app 的官方文件說到，會更希望你在程式碼中透過 import 來處理圖片[2]。另一點是在 public 資料夾裡面的檔案，webpack 在打包程式碼的時候不會去處理，只會原封不動地複製到產品程式碼中[3]。

- src：這裡就是程式的主要內容了，眼尖的大家可以看到官方把所有的東西通通都丟在 src 下，甚至也包含了單元測試的檔案[4]，所以即使是用了 create-react-app 建立專案，還是得自己整理檔案結構。

1.2.3 如何執行、打包及測試 create-react-app 的專案

大家可以參考圖 1-2 的 package.json 檔案，先前（章節 0.2.4）曾提到可以透過 package.json 的 scripts 來執行區域變數，現在我們就來逐個嘗試 create-react-app 提供的指令吧！

第一個指令是 start，我們先利用 Terminal 的 cd 指令，來移動路徑到專案下，並且執行：

```
npm run start
```

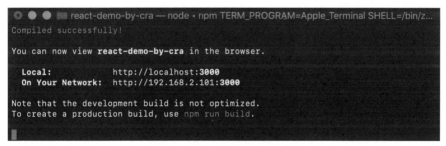

圖 1-3 輸入指令後的執行結果

---

[2] 請參照 https://create-react-app.dev/docs/using-the-public-folder/，但在官方配置 create-react-app，自己還是用了不建議的做法。

[3] 看到這裡是不是就已經完全出神了 XD，這算是 create-react-app 有趣的點之一，它雖然主打讓你看，而不用管 webpack 等配置，但在文件裡還是會提到，現在一頭霧水沒關係，之後可以再閱讀章節 1.3。

[4] 副檔名為 .test.js 的檔案。

　　輸入指令後，可以看到畫面上方出現了兩條網址，分別是 http://localhost:3000 和 http://192.168.2.101:3000，這是 create-react-app 在你的電腦上開了伺服器，讓你可以透過自己的電腦看到專案執行的結果，現在我們將上方其中一個網址輸入到瀏覽器中：

圖 1-4　在開發時就能看見專案執行的結果

　　而且，當我打開專案中的 src/App.js，修改其中第 11 行的文字並儲存：

```
/* src/App.js */
/* 其餘內容省略 */
function App() {
  return (
    <div className="App">
      <header className="App-header">
        <img src={logo} className="App-logo" alt="logo" />
        <p>
          我是神 Q 超人 {/* 修改第 11 行 */}
        </p>
      /* 其餘內容省略 */
    )
}
```

　　再回到網頁上，就會發現頁面上的內容已經自動重新整理了：

圖 1-5　因為程式修改而自動重新整理的頁面

　　這個自動重新整理的功能非常厲害,特別是用過一次後真的會愛不釋手,完全省去了額外按下 F5 鍵的時間(在章節 1.6 中,也會用 webpack-dev-server 來做到這個功能)。

　　接下來的指令是 build,我們可以用該指令來打包當前的程式碼:

```
npm run build
```

　　接收到指令後,就會開始打包專案內的程式碼:

```
GQSM@Applede-MacBook-Pro react-demo-by-cra % npm run build

> react-demo-by-cra@0.1.0 build /Users/GQSM/Documents/Code/react-demo-by-cra
> react-scripts build

Creating an optimized production build...
Compiled successfully.

File sizes after gzip:

  39.39 KB  build/static/js/2.f16dab8e.chunk.js
  779 B     build/static/js/runtime-main.c97afb7a.js
  647 B     build/static/js/main.4e19eaba.chunk.js
  547 B     build/static/css/main.5f361e03.chunk.css

The project was built assuming it is hosted at /.
You can control this with the homepage field in your package.json.

The build folder is ready to be deployed.
You may serve it with a static server:

  npm install -g serve
  serve -s build

Find out more about deployment here:

  bit.ly/CRA-deploy

GQSM@Applede-MacBook-Pro react-demo-by-cra %
```

圖 1-6　打包程式碼的過程

打包完成時，會將打包後的程式碼都放到 build 的資料夾內，如果專案內沒有「build」資料夾的話，會幫你建立：

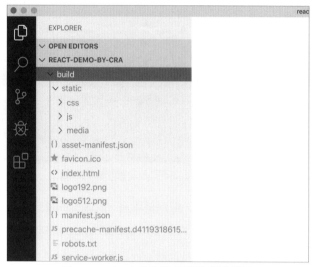

圖 1-7　build 內會放程式碼打包後的結果

會需要上傳到伺服器的，就是「build」內的產品程式碼，而不是 public 或是 src 裡面的程式。

最後是測試的指令，當我們新增或修改了某個功能，就會再順手寫下測試，來確保程式不會有天被改壞（在第 5 章會好好介紹單元測試），現在先讓我們運行測試吧！

```
npm run test
```

運行時，會顯示幾個選項給你選，問你要用哪種測試模式。選項內容分別有：

- a：全部測試。
- f：只測試失敗的。
- q：退出不測了。
- p 和 t：用正規表達式來找要測試的檔案。
- Enter：開啟監聽模式，只要有檔案異動，就馬上做測試。

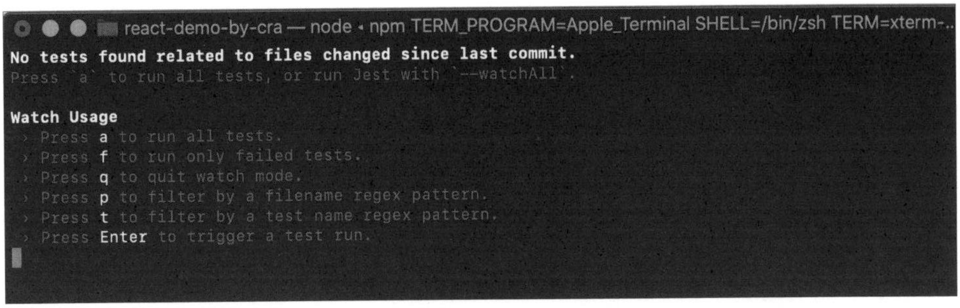

圖 1-8　讓你選擇測試的條件或方式

因爲目前只有 App.test.js 這個單元測試檔案,所以直接輸入「a」,把所有測試都跑一次看看吧!

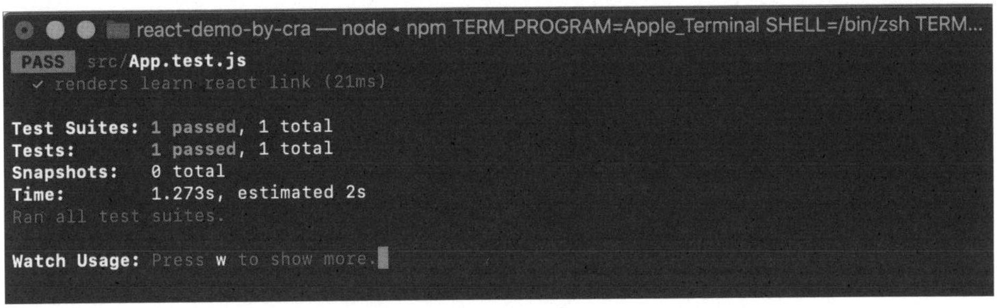

圖 1-9　App.test.js 測試檔案正確的被運行,而且通過了

到這裡,可以看見 create-react-app 提供了相當完整的開發環境,包含了開發時、打包、甚至是測試,也都幫你寫好指令了,你沒有接觸到任何有關編譯、打包的或是測試的設定檔,甚至連編譯的套件是什麼都不知道,便能輕鬆享有這些功能。

但缺點可能就是檔案的結構沒有那麼清楚,或是官方文件中有些詞(像是上述的 webpack)也許沒看過,就不曉得文件上在說什麼,沒有門檻反而是個門檻。

1.2.4　create-react-app 的 eject

本節要來說一個厲害的功能,那就是在章節 1.1.1 稍微提過的 eject,我先幫大家複習,eject 就是當你覺得 create-react-app 的設置已經不夠你的需求,眞的需要去修改 webpack、Babel 等設定時,你就可以使用 eject 這個大絕招。

抱歉了! create-react-app ,但我眞的想要那酷東西...

但是，使用 eject 也是需要決心的，因爲根據官方文件的描述^{＊5}，這個指令是不可逆的，一旦你執行，create-react-app 就會把那些沒有讓你看到的設定檔都攤在你面前，這時候你就只能頭也不回的往前走。下方我會帶大家執行一次 eject，然後看看 create-react-app 會吐出哪些設定檔！

執行 npm run eject 的時候，create-react-app 會顯示一些訊息，然後告訴你：「這個動作是永久的，你確定要執行嗎？」

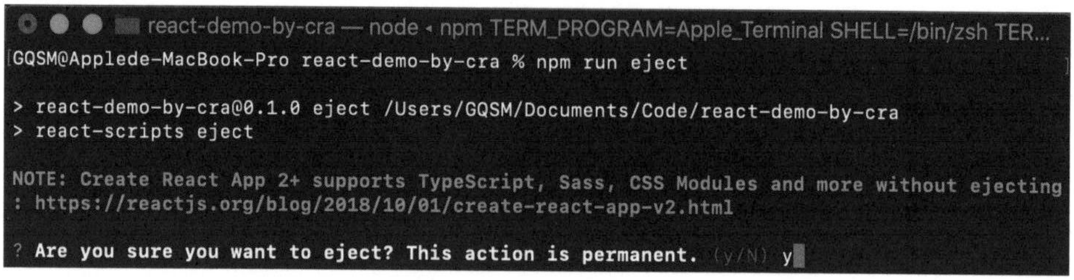

圖 1-10　在 create-react-app 執行了 npm run eject

上方藍色訊息的意思是說，現在即使你不用 eject，我們也支援了 TypeScript、Sass、CSS 的模組等更多功能了^{＊6}！簡單來說，就是想要試圖挽留你的意思，而如果你發現了 create-react-app 的努力，被它的真誠所感動，決定再給它一次機會，那就可以輸入「N」來取消操作，繼續在 create-react-app 下開發。但是，如果你真的覺得不行了，從現在起一定要活出真正的自我，想看看這些表面上的美好到底掩蓋了多少東西，那就輸入「y」，正式和 create-react-app 決裂。

輸入「y」之後，eject 的動作就會開始執行。在完成後，你會發現專案的目錄變得有點不太一樣，多了 scripts 與 config 這兩個資料夾，而其中就是 create-react-app 在背後幫你做的一切：

＊5　請參照 create-react-app 官方文件：https://create-react-app.dev/docs/available-scripts/#npm-run-eject。

＊6　更多 create-react-app 提供的功能，請參照：https://reactjs.org/blog/2018/10/01/create-react-app-v2.html#whats-new。

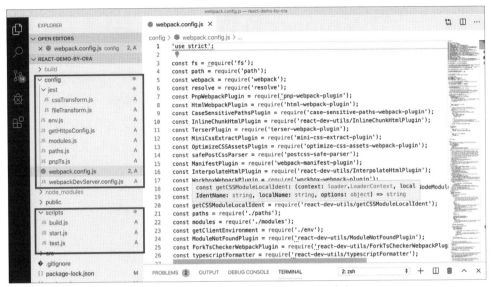

圖 1-11　eject 後的 create-react-app 專案

先不提這些檔案裡面都做了什麼，但各位必須知道，當你對 create-react-app 執行 eject 後，你會多了將近一千行的程式碼需要維護，這時候你可能會有疑問：

「假如我從頭到尾自己處理開發環境，也是會有一樣多的程式碼嗎？」

答案是否定的，為什麼？原因也是一提再提的，create-react-app 想要讓你擁有最全面的開發環境，因此會不斷的把開發者常用的套件包都納進來，想達成一個 All For One 的概念，所以設定檔才會那麼肥大。另一方面，如果是我們自己從頭開始寫設定檔，我們會預期專案裡使用了哪些套件，就算之後專案不斷的成長，那些在設定檔內增加的功能也都是我們真正有用到的，而不像 create-react-app 預先寫了一堆可能不會用到的配置。

對於 create-react-app 的結論，就像在章節 1.1.1 提到的，如果你不希望在剛開始學習 React 或只想測試些什麼的時候，就要先面對排山倒海的開發環境設置，那 create-react-app 絕對是很好的選擇，你可以專注在學習 React 以及打程式。如果某天你真的得要 eject 的時候，那些原本沒花費到的學習成本就會向你襲來。

像本節一開始提到的，本書現在有兩條岔路，如果你想要先確認 React 是不是適合你，暫時不想了解開發環境，則直接跳到第 2 章學習 React 囉！但如果你有被虐傾向，想要好好學習有關於 React 開發環境的二三事，那就可以繼續閱讀接下來的章節！

1.3 用 Webpack 打包你的心血結晶

在介紹 webpack 之前，讓我說個小故事。在很久很久之前，我們如果需要在網頁上使用 jQuery，就會到 jQuery 的官網取得一串網址，然後加到 HTML 裡面，用 script 載入（也許你是下載下來的，不過也一樣要做載入）：

```
/* 某 html 檔案 */
<html>
  <body>
    <script src="https://code.jquery.com/jquery-3.4.1.min.js"></script>
  </body>
</html>
```

然後，現今的前端技術越來越潮，效果越來越炫砲，常常需要這邊一個輪播，那邊要燈箱顯示圖片，如果你依然用上述的方式加載套件，你可能會搞不清楚哪串網址是什麼功能，搞得還要為每個 script 寫註解，等一段時間過後，原本單純乾淨的 HTML 就會變成：

```
/* 被荼毒的某 html 檔案 */
<html>
  <body>
    <!--jQuery-->
    <script src="https://code.jquery.com/jquery-3.4.1.min.js"></script>

    <!-- 燈箱 -->
    <link href="https://cdnjs.cloudflare.com/ajax/libs/lightgallery/1.6.6/css/lightgallery.
min.css" rel="stylesheet" />
    <script src="https://cdnjs.cloudflare.com/ajax/libs/lightgallery/1.6.6/js/lightgallery.
min.js"></script>

    <!-- 輪播 -->
    <link rel="stylesheet" type="text/css" href="//cdn.jsdelivr.net/npm/slick-carousel@1.8.1/
slick/slick.css"/>
    <script type="text/javascript" src="//cdn.jsdelivr.net/npm/slick-carousel@1.8.1/slick/
slick.min.js"></script>
  </body>
</html>
```

上方的程式碼並沒有特別搞得很亂，不信看一下你自己的 HTML，只要載入的資源或使用的套件一多，就會像上方的程式碼範例一樣，各種資源都混在一起而難以閱讀，久了以後，甚至會搞不清楚到底哪些才是有用到的。現在，請各位讀者摸著自己的良心，然後問：

「這是你們想要的嗎？」

不是對吧？大家都不想要這樣子，於是就有個救星出現，它的名字是「webpack」！

簡單來說，webpack 就是一個程式碼的打包工具，它能夠依照你的設置，從程式開始的地方（也被稱作入口處）一直向其他檔案延伸，把所有搜尋到的檔案包含使用到的套件，都綑綁成一個 JavaScript 的檔案，而那個檔案就是最後的產品程式碼。更厲害的是，webpack 就連 CSS 也能夠處理（在章節 1.5 會介紹）。

1.3.1　下載 Webpack 並配置設定檔

首先，請大家重新建立一個 npm 的專案（如果忘了怎麼建立，可以查看章節 0.2.4），因為 webpack 的版本不只一個，配置設定也都有些微的不同，所以本書會以當前最新的 webpack4 做配置講解，請先使用 npm 下載 webpack4 以及 webpack-cli3：

```
npm install --save-dev webpack@4.44.1 webpack-cli@3.3.10
```

接著，在專案的根目錄下建立 webpack 的設定檔，名字是固定的，叫做「webpack.cofig.js」，並輸入以下內容：

```
/* webpack.config.js */
const path = require('path');

module.exports = {
  entry: './src/index.js',
  output: {
    filename: 'bundle.js',
    path: path.resolve(__dirname, './dist/'),
  },
};
```

上方有幾個地方要說明一下：

- 當我們用 webpack 做打包檔案的時候，這個 JavaScript 檔會被運行在 Node 環境，所以最上方你會看到一行「const path = require('path');」，這個 path 是 Node 本身提供的核心模組[7]，在這個檔案中，我們用 path.resolve 這個方法來組合路徑[8]。

- entry：這是進入點，webpack 會從這裡指定的檔案開始往上爬，然後把所有用到的程式碼都打包。待會我們會來看看 webpack 是怎麼爬的。

- output：這裡指定了兩個東西，第一個是 filename，就是打包後的檔案名稱。第二個是 path，打包後的檔案會放在這裡。上方的設定為輸出檔案到根目錄的 dist 資料夾。

- __dirname：這一個變數出現在 output 的 path 裡，__dirname 也是 Node 的變數[9]，代表當前目錄的絕對路徑。

1.3.2　打包第一個 JavaScript 檔案

打包檔案的第一步就是要建立進入點，記得剛剛說的嗎？ webpack 會從指定的進入點開始打包程式。而剛剛我們在設定檔裡面指定的進入點，是 src 目錄下的 index.js，因此讓我們在專案的根目錄中建立 src 資料夾，並且在 src 中再新增一個名稱為「index.js」的檔案。所以現在專案的檔案結構會變成：

```
node_modules
src
   └──── index.js
package-lock.js
package.json
webpack.config.js
```

確認沒問題後，請輸入下方的程式到 src/index.js 中：

```
/* src/index.js */
const profile = {
  name: '神Q超人',
  position: 'Front End Development',
};
```

---

[7]　path 請參照 Node 的官方文件：https://nodejs.org/api/path.html。

[8]　path.resolve 請參照 Node 的官方文件：https://nodejs.org/api/path.html#path_path_resolve_paths。

[9]　__dirname 請參照 Node 的官方文件：https://nodejs.org/docs/latest/api/modules.html#modules_dirname。

```
console.log(`Hi! My name is ${profile.name}`);
console.log(`position is ${profile.position}`);
```

完成後，打開 package.json，讓我們在 scripts 裡面增加一行關於打包的指令，如果各位的 package.json 中，原本就有一行叫「test」的指令，則可以先直接刪掉：

```
/* package.json */
{
  /* 其餘內容省略 */
  "scripts": {
    "build": "webpack -p" /* 加入這行 */
    "test": "echo \"Error: no test specified\" && exit 1" /* 這行刪掉 */
  }
}
```

上方加入的 webpack 就是打包的指令，而後面「-p」＊10 的意思是用產品模式＊11 打包。用產品模式打包的話，webpack 就會幫你做一些程式碼的優化。

現在，精彩的部分來了，請各位打開你的 Terminal，然後把路徑指到當前的專案，並輸入指令執行：

```
npm run build
```

執行成功的話，會顯示以下的畫面，畫面上有一些訊息，大家可以稍微過目一下。尤其是最後一行，顯示了這次處理哪些檔案，目前只有我們的進入點檔案 .src/index.js：

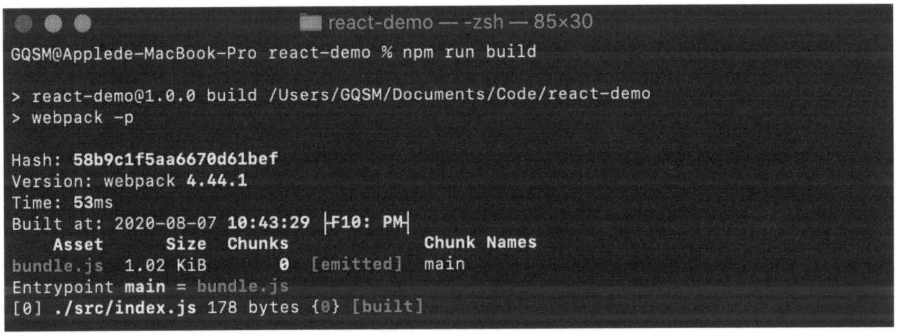

圖 1-12 用 webpack 對專案進行打包

＊10 -p 其實是 --mode production 的縮寫，請參照 webpack 的官方文件：https://webpack.js.org/api/cli/#shortcuts。

＊11 除了 product 產品模式之外，還有開發模式的 development 和什麼都沒有的 none，請參照 webpack 的官方文件：https://webpack.js.org/configuration/mode/#mode-production。

再來，把視線移到專案的目錄，會發現多了一個 dist 的資料夾，而裡面靜靜的躺著剛才被打包出來的 bundle.js，打開的話，也能看見裡面的程式碼都是經過 webpack 優化處理的：

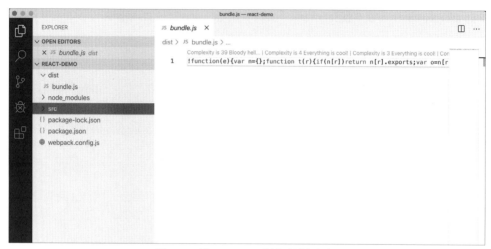

圖 1-13　用 webpack 對專案進行打包

上方有提過 webpack 會從進入點開始，尋找在專案使用到的 JavaScript 檔案或套件做打包，但剛剛只有打包 src/index.js，各位可能還沒辦法體會，所以請大家在 src 底下再另外建立一個叫做「position.js」的檔案，來假裝是另一個套件，並輸入以下的程式碼：

```
/* src/position.js */
const position = 'Front End Development';


export default position;
```

接著打開 src/index.js，把剛剛建立的 src/position.js 用 import 匯入使用：

```
/* src/index.js */
import position from './position.js'; // 匯入 position.js 進來使用


const profile = {
  name: '神Q超人',
};


console.log(`Hi! My name is ${profile.name}`);
console.log(`position is ${position}`); // 改為 print position.js 裡面的變數
```

最後再執行一次打包：

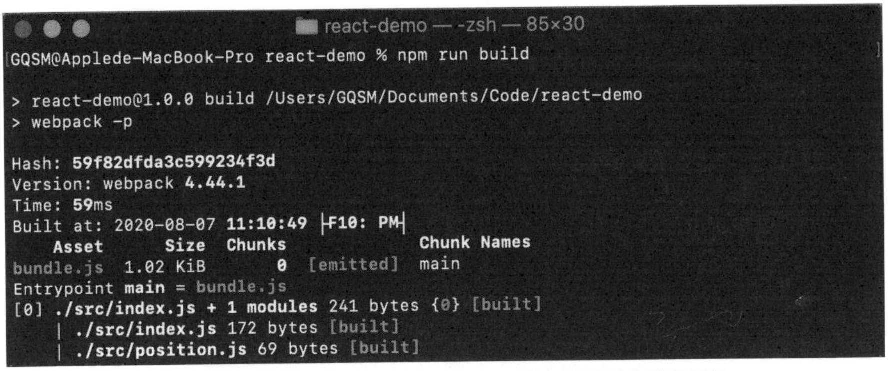

```
■ react-demo — -zsh — 85×30
[GQSM@Applede-MacBook-Pro react-demo % npm run build

> react-demo@1.0.0 build /Users/GQSM/Documents/Code/react-demo
> webpack -p

Hash: 59f82dfda3c599234f3d
Version: webpack 4.44.1
Time: 59ms
Built at: 2020-08-07 11:10:49 |F10: PM|
      Asset      Size  Chunks                Chunk Names
  bundle.js  1.02 KiB       0  [emitted]  main
Entrypoint main = bundle.js
[0] ./src/index.js + 1 modules 241 bytes {0} [built]
    | ./src/index.js 172 bytes [built]
    | ./src/position.js 69 bytes [built]
```

圖 1-14　webpack 會從進入點開始找專案使用到的檔案打包

這時，可以很明顯地看到被打包進 bundle.js 的檔案增加了 src/position.js，因此就算你用 npm 下載了一堆在專案中沒使用到的套件，webpack 也不會無腦的把全部都包進去，會對你感到不爽的就只有你同事而已。

但是，要注意哦！雖然沒有用到就不會被打包，但是「使用到」的定義是有沒有被匯入，所以如果上方把最後一行 console.log 刪掉，就算沒有直接使用 position.js，但因為在 index.js 中被匯入了，所以 position.js 還是會被 webpack 打包。

因此透過 webpack，不只能夠打包有使用到的程式碼為一個 JavaScript 檔案，還能在打包時進行優化，這時候你的 HTML 檔就不會再因為套件變多，而長得到處都是，而是集所有程式碼打包而成的：

```
/* 只讀取 bundle 的 html 檔案 */
<html>
  <body>
    <script src="./bundle.js"></script>
  </body>
</html>
```

那你會疑惑，這麼一來，就不曉得到底用了哪些套件嗎？當你心中浮現了這個問題，我只想要你回到章節 0.2.4 重新讀一遍，你一定忘了有 npm 幫你把所有用到的套件都寫到 package.json 管理了！HTML 本來不是你用來管理套件的地方。

1.3.3　Webpack 如何尋找匯入套件的位置

不過 webpack 是怎麼知道套件來自 node_modules？舉例來說，現在我在專案中安裝 React：

```
npm install react
```

然後把 src/index.js 中的程式碼全部砍掉，變成匯入 React：

```
/* src/index.js */
import React from 'react';
```

再用 webpack 替 src/index.js 執行一次打包，但這次打包想要請大家在原本的指令後面多帶一個 flag：

```
npm run build -- --display-modules
```

從輸出的結果可得知，webpack 找到了存放在 node_modules 的 React 套件：

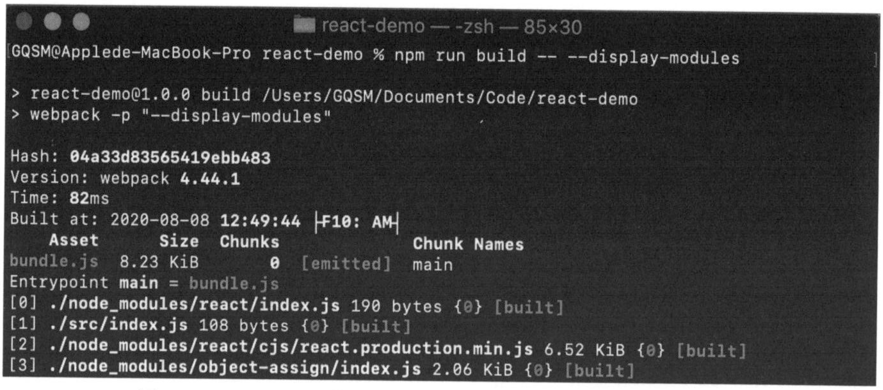

圖 1-15　webpack 的解析器預設會到 node_modules 內找套件

會有這樣子的結果，是因爲在 webpack 中有一個解析套件的設置叫做「resolve.alias」，你可以依照常用的路徑去設定 resolve.alias，webpack 就會按照你的設定去尋找使用套件的位置 *12，而這個解析器預設就是會尋找 node_modules 目錄。

---

*12　關於 resolve.alias 的設置，請參照 webpack 的官方文件：https://webpack.js.org/configuration/resolve/
　　#resolvealias。

依靠 npm 下載套件做管理，再搭配 webpack 替你將使用到的套件以及你所撰寫的程式碼，打包成一個 JavaScript 的檔案，給 HTML 載入做使用，就完全解決了以前前端需要把套件通通塞到 HTML 中載入的問題。在這樣子的模式下，不論目的是不是寫 React，webpack 都對前端開發者相當有幫助。

1.4 ES6 不支援？ JSX 瀏覽器看不懂？靠 Babel 編譯吧！

本小節會分成兩個部分。第一個部分會針對 JavaScript 做編譯，讓程式碼可以變成支援度較高的版本，不會因為各個瀏覽器支援度不一，而導致程式無法執行。以最簡單的例子來說，JavaScript 在 ES6 中有個新語法叫做「箭頭函式」（Arrow function），寫起來長這樣：

```
const sayHello = () => { console.log('Hello'); };
```

但是在 IE 瀏覽器（至少在本節筆者撰寫的最新版 11 中[*13]）還沒有支援這個語法，所以就會產生錯誤。如果我們必須考慮瀏覽器的支援度限制，就不能寫那些又新又好用的語法了！不過，只要透過 Babel 的編譯，就能把上方的箭頭函式編譯成支援度較高的寫法：

```
var sayHello = function sayHello() {
  console.log('Hello');
};
```

如此一來，在寫 JavaScript 的時候，幾乎就能忽略瀏覽器的支援度問題了。

本小節的第二個部分是在使用 React 的時候，通常會使用另一種叫做「JSX」的語法糖，撰寫方式就像把 JavaScript 寫在 HTML 裡面（在章節 2.2 會仔細說明）：

```
const HelloWorld = () => (
  <div>Hello world!</div>
);
```

---

*13 請參照：https://caniuse.com/#feat=arrow-functions。

但是瀏覽器根本就看不懂 JSX 的語法，因此需要有個編譯器來把 JSX 轉換成 JavaScript，如此瀏覽器才可以執行。

而上述的兩個問題，都可以透過一個叫做「Babel」的編譯器同時解決，那讓我們開始學習吧！

1.4.1 Babel 與 Webpack 的搭配使用

請先打開在章節 1.5 為了學習 webpack 所建立的專案，然後開啟 src/index.js，並在程式碼裡使用實務上常見的 map，來取得一個新的陣列：

```
/* src/index.js */
const newArray = [1, 2, 3].map(n => n);

console.log(newArray);
```

然後，用 npm run build 將上方程式碼進行打包，讓我們看看打包後的成果：

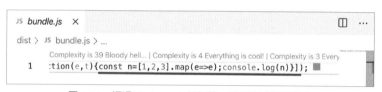

圖 1-16　經過 Webpack 打包後，箭頭函式還是存在

從打包後的檔案可以看出，語法基本上都沒有變化。也就是除了優化之外，webpack 只是將所有用到的檔案或套件打包成同一份執行而已，雖然這本來就是 webpack 的基本工作，但為了能使用新版本的 JavaScript 語法，除了被動等瀏覽器支援，還可以搭配 Babel，讓 webpack 在打包的時候，替程式做編譯。

首先，輸入指令下載 Babel：

```
npm install --save-dev @babel/core
```

在 Babel 裡，還要再安裝 preset 來替我們處理編譯，不同的編譯對象（有些可能是較新版本的 JavaScript 或是 JSX）會有不同的 preset，preset 會觀察程式裡有哪些地方需要處理語法轉換。我們先下載對 ES6 轉換語法的 preset：

```
npm install --save-dev @babel/preset-env
```

　　如果單單使用 Babel 的話，會有個設定檔叫做「babel.config.js」，但目前我們還不需要，因為在 webpack.config.js 裡面，能夠直接設定 loader 去設置 Babel 編譯，但在設定 webpack 之前，還得先下載 webpack 需要的 loader 套件：

```
npm install --save-dev babel-loader
```

　　把上述所有套件都下載完後，就能夠打開 webpack.config.js 設置在打包時的編譯設定了：

```
/* webpack.config.js */
const path = require('path');
module.exports = {
  /* 其餘省略 */
  module: {
    rules: [
      {
        test: /.js$/,
        use: {
          loader: 'babel-loader',
          options: {
            presets: ['@babel/preset-env'],
          },
        },
      },
    ],
  },
};
```

　　在原有的 webpack 設定中，加了一個 module 來做關於 Babel 的設定，而關於 module 的配置，以下分為幾個部分講解：

- rules：是一個陣列，裡面放著的每一個物件，都是你想要對什麼類型的檔案做什麼樣的處理。像上方的設置，就是對副檔名為 js 的檔案做編譯，之後的 SCSS 轉 CSS 的設定，也會在這邊增加。

- test：用正規表達式搜索期望的目標檔案，讓所有符合條件的檔案都經由這個 rule 處理。以上方的例子來說，是尋找 .js 結尾的檔案。

- presets：針對符合條件的檔案，使用一個或多個的 preset 做編譯。上方的 preset 只使用了 @babel/preset-env 而已。

設定完後，進行一次編譯看結果吧！

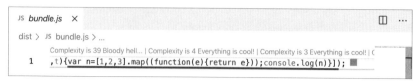

圖 1-17　在 webpack 上加裝 babel-loader 後的編譯結果

不只是箭頭函式的部分被編譯支援度較高的 ES5 語法，連 const 宣告都變成 var 了。

1.4.2　編譯 React 的語法糖 JSX

各位可能要稍微忍耐一下這一節，對初學者來說，難度可能會 90 度上升，因為我們必須要在這裡建立一個用 React 製成的頁面，當然我知道大家可能還沒有碰過或是看過 React，所以我會儘量先用沒有負擔的方式讓大家能懂！

總之這一節你們會讀得很吃力，但是我建議大家可以不用把關於編譯設置以外的東西看懂，只需要先照著做，然後將重點放在如何用 webpack 和 Babel 編譯 JSX 就可以了，之後會在介紹 React 和 JSX 的章節（章節 2.1 和 2.2）中，重新把一些細節解釋清楚。

首先，請大家下載關於 React 的兩個套件：

```
npm install --save react react-dom
```

下載後，麻煩在 src 的目錄下，建立一個新的資料夾叫做「components」，接著在 components 的目錄下新增一個名字是「HelloWorld」的資料夾，然後在 HelloWorld 裡新增兩個檔案，分別是 HelloWorld.jsx 以及 index.js。完成後，整個專案的目錄會像這樣子：

```
dist
node_modules
src
├── components
│   ├── HelloWorld
│   │   ├── HelloWorld.jsx
│   │   └── index.js
└── index.js
package-lock.js
package.json
webpack.config.js
```

> **貼心小叮嚀** 這裡有兩個地方想和大家說明：
>
> - 把 JavaScript 的副檔名改成「.jsx」，是因為 JSX 終究不是一般的 JavaScript 語法，所以比起放在 .js 裡，筆者更偏好在用了 JSX 語法的檔案，以 .jsx 作為副檔名。但也有另外一派認為直接使用 .js 副檔名就足夠了，這個部分可以看各位的開發喜好或團隊約定。
> - 第二點是 React 的開發守則，如果將來要建立任何 React 的 component（在 React 中被稱為「元件」，在章節 2.2.2 會更詳細說明），請將檔案的命名做首字大寫，在檔案內的元件本身也是，如同下方的 HelloWorld 範例，第一個 H 也是大寫。

請先打開 HelloWorld.jsx，並輸入以下內容來完成一個簡單的元件，大家可以把它想成一個會回傳 HTML 的函式，這樣就可以了：

```
/* src/components/HelloWorld/HelloWorld.jsx */
import React from 'react';

const HelloWorld = () => (
  <div>Hello world!</div>
);

export default HelloWorld;
```

再來，我們會利用和 HelloWorld.jsx 同目錄下的 index.js 當作介面（待會會解釋原因），把 HelloWorld 匯出去：

```
/* src/components/HelloWorld/index.js */
import HelloWorld from './HelloWorld.jsx';

export default HelloWorld;
```

最後，讓我們到 src/index.js，請各位先幫我把這個檔案的副檔名從「.js」改成「.jsx」，接著把內容改成以下程式碼：

```
/* src/index.jsx */
import React from 'react';
import ReactDOM from 'react-dom';
import HelloWorld from './components/HelloWorld';

ReactDOM.render(
```

```
    <HelloWorld />,
    document.getElementById('root')
);
```

大家看一下在 src/index.jsx 內，把 HelloWorld 匯入的那一行，指定的路徑只有指到 HelloWorld 這個資料夾而已，但仍然能夠得到 HelloWorld，那是因為在匯入某個資料夾，但又沒有指定要資料夾中的哪個檔案時，都預設會去找該目錄下的 index.js，所以在有 index.js 當介面的情況，要匯入某個元件時就不用寫成：

```
// 這樣子太長了
import HelloWorld from './components/HelloWorld/HelloWorld.jsx';
```

貼心小叮嚀　因為上方開始用到大量的 import 和 export 語法，所以簡單和大家介紹一下：

- 如果在 A 檔案使用 export default 匯出某個東西，那在其他檔案就能以 import XXX 的方式，從那支檔案中，取得在 A 檔案中匯出的東西。
- 如果 A 檔案是使用 export XXX 匯出某個東西，那其他檔案則必須在匯入時，指定要 import 該東西的名字，例如：import { XXX }。
- 匯出時，export 和 export default 可以同時使用，例如：在 A 檔案 export default XXX 和 export YYY，其他檔案就必須以 import XXX, { YYY } 取得不同方式匯出的東西。
- 在一個檔案內 export default 只能出現一次，但 export 可以多次使用。

在 src/index.jsx 中的最後，還呼叫了 ReactDOM.render 這個方法，這個方法有兩個參數，第一個就是我們要輸出的畫面，第二個是要輸出到哪個 DOM 裡面。也就是說，當我把打包後的檔案，利用 script 放到 HTML 時，會在 HTML 裡面找 id 為 'root' 的標籤，之後在該標籤中，把 HelloWorld 給渲染出來。

讀完上面那一段，聰明的你們應該聯想到了吧！我們還需要一個 HTML 檔，讓打包後的 JavaScript 檔案能找到 id 為 'root' 的標籤輸出畫面，所以請大家在 dist 的資料夾裡建立一個 index.html，內容主要是載入打包後的 JavaScript 檔案和寫一個 id 為 'root' 的標籤：

```
/* dist/index.html */
<html>
    <head>
        <meta charset="UTF-8">
    </head>
```

```
    <body>
        <div id="root"></div>
        <script src="./bundle.js"></script>
    </body>
</html>
```

完成了關於 React 的一切，現在就可以開始下載負責處理 JSX 語法的 preset，應該是還記得 preset 是什麼吧？：

```
npm install --save-dev @babel/preset-react
```

@babel/preset-react 會去尋找檔案中的 JSX 語法，並編譯成普通的 JavaScript，編譯完後，會再用 @babel/preset-env 處理瀏覽器的支援度。而如果在檔案中沒搜到 JSX 的語法，也就不會做處理，會直接跑 @babel/preset-env，把程式碼編譯成瀏覽器支援度較高的 JavaScript 的語法，所以 .js 與 .jsx 的 loader 是可以共用的。

讓我們改一下 test 的規則，讓它能夠一次尋找 .js 與 .jsx 的檔案，並加上對 JSX 的 presets，也不要忘了還要把進入點的檔案從 src/index.js 改成 src/index.jsx：

```javascript
/* webpack.config.js */
const path = require('path');
module.exports = {
  entry: './src/index.jsx', // 修改進入點的副檔名
  /* 其餘省略 */
  module: {
    rules: [
      {
        test: /\.(js|jsx)$/,
        use: {
          loader: 'babel-loader',
          options: {
            presets: ['@babel/preset-react', '@babel/preset-env'],
          },
        },
      },
    ],
  },
};
```

經歷了一番寒徹骨，就可以再執行打包了，成功後也能從打包的資訊中清楚看到 JSX 被處理了，結果如下：

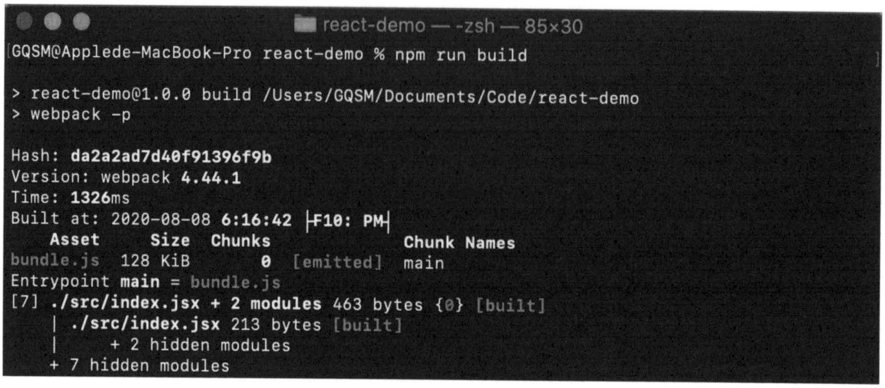

圖 1-18　成功編譯 JSX 的語法

既然都成功編譯了，就順便從網頁看一下成果吧！請大家用瀏覽器打開 dist/index. html，就可以看到使用 React 做好的第一個頁面：

圖 1-19　用 React 搭配 webpack 和 Babel 誕生出的第一個頁面

1.5　善用 SCSS 讓 CSS 寫法更上一層樓

SCSS 是 CSS 的預處理器，它擴充了 CSS 沒有的語法，像是繼承或是巢狀等，讓你可以用更接近程式語言的邏輯來使用 CSS。

舉例來說，在 CSS 裡，若我們要為 div 裡面的 p 和 span 標籤寫樣式，就必須要這麼做：

```
div {
  /* something */
}

div p {
```

```
  /* something */
}

div span {
  /* something */
}
```

但在 SCSS 裡，就可以用巢狀的方式撰寫，這麼一來，寫起來不但更明瞭，可讀性也提高了：

```
div {
  /* something */

  p {
    /* something */
  }

  span {
    /* something */
  }
}
```

而這樣甜甜的寫法就像 JSX 語法糖（在章節 2.2 會仔細提到 JSX）一樣，總是需要經過編譯的，這一小節就來學習如何透過 webpack 處理 SCSS 吧！

1.5.1　在 Webpack 加入 SCSS 的編譯設定

首先要下載和 SCSS 相關的 loader 套件（如同章節 1.4.1 的 babel-loader），待會我們要在 webpack 中做設定：

```
npm install --save-dev node-sass css-loader sass-loader
```

接著，因為 webpack 主要是處理 JavaScript 檔案的，所以若你希望可以透過 webpack 在打包的時候，能夠也分出一個 CSS 檔案，就必須要再下載負責 CSS 的外掛程式：

```
npm install --save-dev mini-css-extract-plugin
```

　　然後我們要在 webpack 的 rules 中增加對 SCSS 的設定，並且設定打包後的 CSS 要放到哪裡（之前我們只設定了 JavaScript 而已，CSS 也要另外設定），但是不要忘記要先用 require [14] 把爲 CSS 下載的外掛程式匯入：

```javascript
/* webpack.config.js */
const path = require('path');
/* 要先把處理 CSS 的外掛程式匯入 */
const MiniCssExtractPlugin = require('mini-css-extract-plugin');

module.exports = {
  entry: './src/index.jsx',
  /* 其餘省略 */
  module: {
    rules: [
      /* 省略 JavaScript 和 JSX 的 rule */
      {
        test: /\.(scss)$/,
        use: [
          {
            loader: MiniCssExtractPlugin.loader,
          },
          {
            loader: 'css-loader',
            options: {
              modules: {
                localIdentName: '[path][local]___[hash:base64:5]',
              },
            },
          },
          {
            loader: 'sass-loader',
          },
        ],
      },
    ],
  },
  plugins: [
    new MiniCssExtractPlugin({
```

---

[14] 也許你會好奇，爲什麼有時候使用 import，而有時候卻使用 require 匯入套件，這個部分和 Node 的執行環境有關係，請參照此篇 Stack overflow：https://stackoverflow.com/questions/58384179/syntaxerror-cannot-use-import-statement-outside-a-module。

```
      filename: 'index.css',
    }),
  ],
};
```

上方的 use 一下用了三種 loader，代表我們的 SCSS 多尊榮不凡，但除了基本處理 CSS 需要用到的 min-css-extract-plugin 和 css-loader 之外，就只是多了編譯 SCSS 的 sass-loader [15] 而已。

要特別說的是在 css-loader 中設置的 localIdentName，它會替你重新命名 style 裡的 class 名稱，如果你的 class 名稱為「title」，那就會被轉化成特別的格式，待會直接帶大家看會比較清楚，並說明為什麼要這樣做。

還要注意的是，CSS 是另外用外掛程式做處理的，所以打包 CSS 檔案的資訊，要放在 plugins 中，MiniCssExtractPlugin 會接收一個物件，裡面的選項類似於 output，目前我只指定了 filename，也就是檔案名稱，而輸出路徑會去抓上方 output 的 path。

好的，那各位請幫我到在章節 1.4.2 中完成的 HelloWorld 目錄下建立一個 index.scss，我們要來替 HelloWorld 上樣式啦！下方先將 class 為 title 的字體大小設為 32px。

```
/* src/components/HelloWorld/index.scss */
.title{
  font-size: 32px;
}
```

再來是到 HelloWorld.jsx，把同目錄下的 index.scss 匯入，這樣 webpack 在打包時，才會爬得到這支檔案，接著把 HelloWorld 內 div 的 class 名稱設置為「title」（章節 2.2.3 會再提到其他在 React 中使用 CSS 的方式）：

```
/* src/components/HelloWorld/HelloWorld.jsx */
import React from 'react';
import styles from './index.scss';

const HelloWorld = () => (
  <div className={styles.title}>
    Hello world!
```

---

[15] 雖然我們使用的是叫做「scss」的預處理器，但這裡提到 sass 並不是手誤，而是 sass 本身就支援兩種語法，而這兩種之間也可以互相使用，取決於團隊如何決定。請參照官網：https://sass-lang.com/documentation/syntax。

```
  </div>
);


export default HelloWorld;
```

貼心小叮嚀　在 JSX 中請使用 className 代替 class，因為 class 是 JavaScript 裡的語法關鍵字。

最後就可以輸入指令打包了！這次我們一樣在打包的時候，加入「--display-modules」（如同章節 1.3.3 所做的）這個 flag，看看 webpack 在打包時有沒有處理到 SCSS：

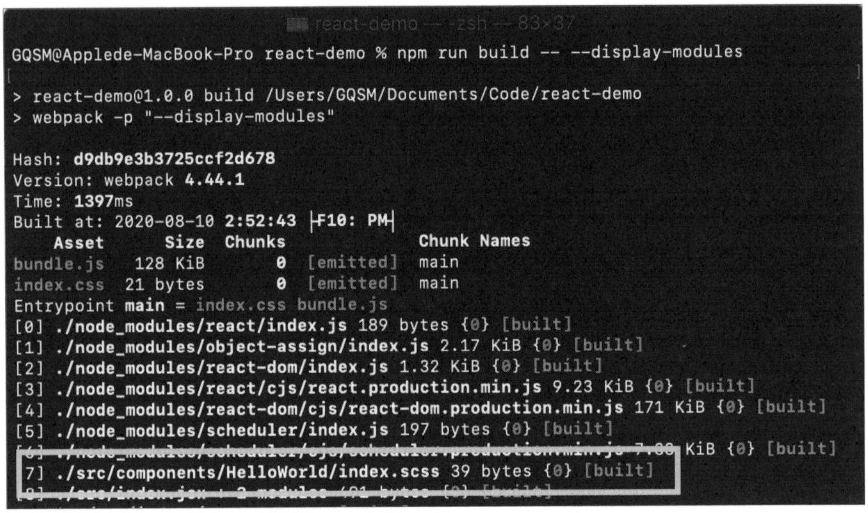

```
GQSM@Applede-MacBook-Pro react-demo % npm run build -- --display-modules

> react-demo@1.0.0 build /Users/GQSM/Documents/Code/react-demo
> webpack -p "--display-modules"

Hash: d9db9e3b3725ccf2d678
Version: webpack 4.44.1
Time: 1397ms
Built at: 2020-08-10 2:52:43 F10: PM
     Asset      Size  Chunks                 Chunk Names
 bundle.js   128 KiB       0  [emitted]  main
 index.css  21 bytes       0  [emitted]  main
Entrypoint main = index.css bundle.js
[0] ./node_modules/react/index.js 189 bytes {0} [built]
[1] ./node_modules/object-assign/index.js 2.17 KiB {0} [built]
[2] ./node_modules/react-dom/index.js 1.32 KiB {0} [built]
[3] ./node_modules/react/cjs/react.production.min.js 9.23 KiB {0} [built]
[4] ./node_modules/react-dom/cjs/react-dom.production.min.js 171 KiB {0} [built]
[5] ./node_modules/scheduler/index.js 197 bytes {0} [built]
[6] ./node_modules/scheduler/cjs/scheduler.production.min.js 7.08 KiB {0} [built]
[7] ./src/components/HelloWorld/index.scss 39 bytes {0} [built]
[8] ./src/index.jsx + 2 modules 491 bytes {0} [built]
```

圖 1-20　框框處顯示著被使用到的 SCSS 檔案

如果各位看到被打包的檔案中有 SCSS，然後打包的過程又沒有錯誤的話，就代表編譯成功囉！除此之外，也可以在 dist 的目錄中，看到 index.css 被建立出來了：

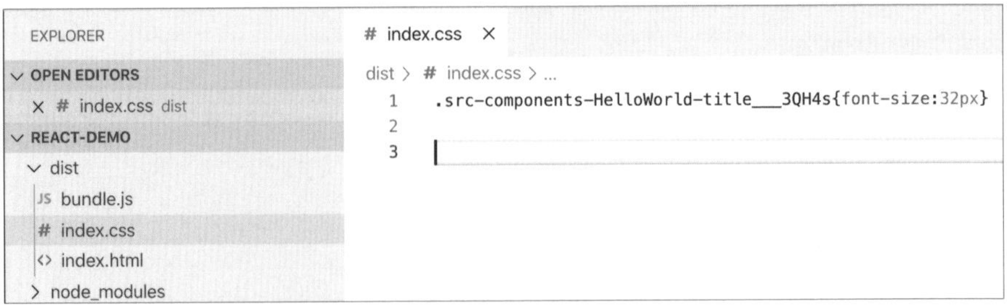

```
EXPLORER                   # index.css  ×

∨ OPEN EDITORS             dist > # index.css > ...
  ✕ # index.css  dist         1   .src-components-HelloWorld-title___3QH4s{font-size:32px}
∨ REACT-DEMO                   2
  ∨ dist                       3
    JS bundle.js
    # index.css
    <> index.html
  > node_modules
```

圖 1-21　被 webpack 打包後的 CSS 檔案

　　從打包後的 CSS 檔案中，就可以看出 localIdentName 的效果了，剛剛我們在 SCSS 上設置的 title，變成由元件路徑加上原本的 title 和一段 hash 組成。

　　那這麼做有什麼好處呢？以元件來說，除了很通用的 style 之外，每個元件的 SCSS 檔案都會放在每個元件各自的資料夾裡，但是最後經過 webpack 打包，都還是會變成同一個檔案，在這個情況下，如果有相同的 class 選擇器，那打包過後，樣式就會互相覆蓋，雖然從開發時的角度來看，它們是在不同的檔案設置同一個 class，但是經過打包後，就會變成在同一個檔案裡面有多個相同條件的 class 選擇器。

　　說了那麼多，localIdentName 就是為了解決這個問題而存在的，因為它會替每個 SCSS 中的 class 選擇器指定的名稱做處理，讓在不同目錄的相同名稱可以變成唯一，除非你自己在同一個檔案中設置兩個相同 class。

　　既然我們已經打包出了一個 index.css，那何不把它加進 HTML 檔，然後用瀏覽器看看結果呢？下方把產出的 index.css 放到 dist/index.html 中：

```
/* dist/index.html */
<html>
    <head>
        <meta charset="UTF-8">
        <link rel="stylesheet" href="./index.css">
    </head>
    <body>
        <div id="root"></div>
        <script src="./bundle.js"></script>
    </body>
</html>
```

　　最後用瀏覽器打開 dist/index.html 看看成果。大家可以從開發者工具中看到被渲染出來的 div，它的 class 屬性值也跟著變化了哦！

圖 1-22　加入了 CSS 的頁面

好的！那到這裡，恭喜大家。有關於 webpack 的打包設置，都到這裡結束啦！我們學了很多關於 webpack 設置，不知道看到這裡的各位，現在感覺怎麼樣，藉此也感受到 create-react-app 替我們做了多少事情，而且我們還沒有導入測試和 TypeScript（在第 5 章和第 6 章會在介紹），所以替自己和 create-react-app 來個掌聲。現在往本章的最後一節邁進吧！

1.6　加上 webpack-dev-server 提高開發速度

不曉得大家還記不記得我在章節 1.2.3 介紹 create-react-app 專案時，曾提到一個非常屬害的功能，那就是以自己的本機當作伺服器來運行前端專案，然後當你修改程式碼的時候頁面還會自動重新整理！本小節就會用 webpack-dev-server，在我們的專案裡導入相同的功能！

先講一下優點，如果能夠直接運行前端專案，就不必自己到資料夾中用瀏覽器打開。第二點是當你的程式碼（不管是 JavaScript 或 CSS）改變，那瀏覽器的頁面就會自動重整！聽起來就覺得非常優秀，完全拯救了你修改程式碼後，還要再重新打包並執行的時間與過程還有你的 F5。

再講一下要注意的部分，我們接下來所使用的 webpack-dev-server，雖然會幫你編譯，然後顯示畫面在頁面上，但 webpack-dev-server 是不輸出任何檔案的哦[16]！最後，打包這個動作還是要自己下指令去完成。

1.6.1　下載 webpack-dev-server 與設置方式

在了解「使用的套件是什麼」，以及「為什麼使用」後，第一步仍然是先從 npm 下載：

```
npm install --save-dev webpack-dev-server
```

打開 webpack.config.js，加上關於 webpack-dev-server 的設定：

```
/* webpack.config.js */
/* 其餘省略 */

module.exports = {
  entry: './src/index.jsx',
  /* 其餘省略 */
  devServer: {
    contentBase: './dist',
  },
};
```

上方加了 devServer，用來設置 webpack-dev-server，其中的 contentBase 指定的是我們的產品程式碼的路徑，如此當本機伺服器開起來的時候，路徑就會直接指到 dist 的 index.html 了。

設置完 webpack.config.js 後，麻煩打開 package.json，並在 scripts 中加入新的指令：

```
/* package.json */
{
  /* 其餘內容省略 */
  "scripts": {
    "build": "webpack -p",
    "start": "webpack-dev-server" /* 加入這行 */
  }
}
```

---

[16]　請參照：https://webpack.js.org/guides/development/#using-webpack-dev-server。

最後就可以輸入指令，讓專案運行起來：

```
npm run start
```

webpack-dev-server 的預設 port 會開在 8080，所以只要訪問本機端，則不論是 localhost:8080 或是 127.0.0.1:8080，都可以看到專案執行的結果：

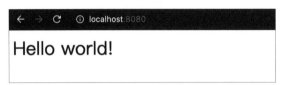

圖 1-23　用 webpack-dev-server 在本機端執行專案

當看到這個畫面，就代表包含自動更新的部分都成功設定完了，所以大家可以去改一下 JSX 或是 SCSS，只要程式碼改變，那 webpack-dev-server 就會馬上重新編譯，並且重整頁面呈現的結果。

貼心小叮嚀　如果要終止 webpack-dev-server 的執行，只要在執行中的 Terminal 上，按下 Ctrl + C 鍵就可以了。

CHAPTER

從 Hooks 開始的 React
新生活

2.1　打開通往 React 世界的大門

　　恭喜各位！現在要開始進入 React 世界了！在第 1 章忙了一輪，就是爲了走到這裡。這個章節我會介紹關於 React 的基本用法和基本的專案結構配置，也重新解釋在章節 1.4.2 沒有說明很清楚的部分。

2.1.1　下載 React 與基本應用

　　React 在下載的時候分成兩個套件：

```
npm install --save react react-dom
```

　　一個是擁有主要功能和邏輯的 react 套件，和負責處理 React 和 DOM 之間接合的 react-dom。通常，我們主要用 react-dom 處理的事情[*1]就是將 React 產生的頁面渲染到 HTML 的頁面上。

　　所以如果事先準備了一個 HTML 檔案：

```
<html>
    <head>
        <meta charset="UTF-8">
    </head>
    <body>
        <div id="root"></div>
        <script src="./bundle.js"></script> /* 打包過後的 JavaScript 檔案 */
    </body>
</html>
```

　　接著用 React 做了一個元件，爲用來顯示 Hello world 的 div：

```
const HelloWorld = () => <div>Hello world</div>;
```

　　react-dom 的工作就是把 HelloWorld 放到 HTML 內的指定節點裡面（也就是上方的 id 爲 'root' 的 div）：

---

*1　react-dom 也可以用來處理 SSR（Server-Side Render），請參照：https://reactjs.org/docs/react-dom-server.html#reference。

```
ReactDOM.render(
  <HelloWorld />,
  document.getElementById('root')
);
```

這就是 React 中最基本的應用架構了，看起來很簡單，但真的很簡單。

2.1.2 React 專案結構

在 React 之中，既然有負責把頁面渲染到 HTML 的程式碼，也有負責做出畫面的程式碼，還有打包過後的程式碼，那整個專案的路徑不就會變得很亂嗎？所以在本節中筆者會提出自己常用的專案結構，來讓大家參考。

會說讓大家參考，這是因為即使是 React 的官方套件 create-react-app，也沒有幫你整理專案的結構（大家可以參照圖 1-2），它把所有的程式碼都丟在 src 的目錄中，而且 React 的生態圈又相當豐富，大概 10 個 React 專案就有 11 種不同的寫法，這造就了專案結構沒有一個制式的規定，所以下方提供的方式就給各位當作參考，如果覺得寫起來不太順或有點多餘，也可以自己修改成自己喜歡的樣子。

專案的結構只會說明 src 內的部分，因為有些人可能是選擇「create-react-app」，有些人是自建環境，兩者在 src 外的檔案會有點不太一樣，但 src 是所有程式碼存放的位置，是兩邊都通用的，所以就直接整理 src 內的目錄吧！

首先是 webpack 打包的進入點 index.jsx，它會在 src 底下，並且使用 ReactDOM.render 將期望的頁面（也就是元件）渲染到 HTML 上：

```
/* ./src/index.jsx */
import React from 'react';
import ReactDOM from 'react-dom';

const HelloWorld = () => <div>Hello world</div>;

ReactDOM.render(
  <HelloWorld />,
  document.getElementById('root')
);
```

目前畫面只有渲染 HelloWorld 而已,但如果在專案中有越來越多元件,那就應該要把所有元件放在一個特定的目錄中管理,而不是全部都丟在 src/index.jsx 裡面,所以請在 src 底下建立一個名為「components」的目錄,用來存放所有的元件。然後每個元件都會有各自的資料夾,讓它們成為獨立的個體,例如:我有 HelloWorld 和 Button 這兩個元件,就會在各自的資料夾中寫下它們的程式碼、CSS 等。

```
src
├── components
│   ├── Button
│   │   ├── Button.jsx
│   │   ├── index.js
│   │   └── index.scss
│   ├── HelloWorld
│   │   ├── HelloWorld.jsx
│   │   ├── index.js
│   │   └── index.scss
└── index.jsx
```

各個元件目錄下的 index.js 目的是匯入各自目錄的元件,然後預設將它們從這個資料夾中匯出。例如:在 HelloWorld 目錄下的 HelloWorld.jsx 和 index.js 分別是長這樣子:

```
/* ./src/components/HelloWorld/HelloWorld.jsx */
import React from 'react';

const HelloWorld = () => <div>Hello world</div>;

export default HelloWorld;



/* ./src/components/HelloWorld/index.js */
import HelloWorld from './HelloWorld.jsx';

export default HelloWorld;
```

如此,當其他檔案要使用 HelloWorld 的時候,就可以更簡短的匯入:

```
import HelloWorld from './components/HelloWorld';
```

```
/* 而不是 */
// import HelloWorld from './components/HelloWorld/HelloWorld.jsx';
```

不過，也有人主張既然index.js的內容只是在做import和export，那何不乾脆直接把HelloWorld的程式碼寫到index.js就好，不需要HelloWorld.jsx的存在，這樣的配置也會有相同的結果，這部分大家可以自己衡量！

使用React製作網頁時，除了元件之外，我們還需要所謂的頁面，一個網站通常會由許多頁面結合，而一個頁面會由多個元件所組成。因此，請在src下再建立一個views，來存放網頁的頁面，並用製作元件的方法，也建立一個Home當作首頁：

```
src
├──── components
├──── views
│    ├──── Home
│    │    ├──── Home.jsx
│    │    ├──── index.js
│    │    └──── index.scss
└──── index.jsx
```

在src/views/Home目錄下的index.js，一樣是負責import和export Home.jsx的內容，而Home.jsx的內容則是使用其他元件組合而成，例如：

```
/* ./src/view/Home.jsx */
import React from 'react';
import HelloWorld from '../../components/HelloWorld';

const Home = () => (
  <div>
    <HelloWorld />
  </div>
);

export default Home;
```

而src/index.jsx就把原本輸出HelloWorld的地方，改成輸出views的Home：

```
/* ./src/index.jsx */
import React from 'react';
```

```
import ReactDOM from 'react-dom';
import Home from './views/Home';

ReactDOM.render(
  <Home />,
  document.getElementById('root')
);
```

雖然把 HelloWolrd 改成 Home 的輸出結果一樣，但那是因爲我們目前的首頁只有 HelloWorld 這個元件而已，各位可以跟著本章的各個練習範例，自行實作並增加其他的元件，或在 Home 裡寫更多 HTML 來豐富這個首頁。

如果需要在專案裡面放圖片或其他資源的話，建議可以在 src 目錄下開一個 assets 目錄，作爲存放的地方。

在第 2 章的 React 基本練習，有這樣子的目錄結構就足夠了，大家應該會比較常到 components 目錄下增加元件或是在 src/views/Home 修改輸出的頁面。而在第 3~5 章的黃金三部曲裡面，如果有另外需要增加目錄結構的地方，會再提出來說明。之後本書的練習中，如果有請各位建立元件或新的頁面，都請放到對應的資料夾，並維持同樣的格式。

2.2 關於 JSX 一口氣全說完

在使用 React 的時候，有個東西你不得不去了解，記得在章節 1.4 和 1.5 曾提過一個名詞叫做「JSX」嗎？總算是要在這一節中打開它的神祕面紗了，我建議大家讀完這小節之後，再回去翻閱章節 1.4 和 1.5 的內容，相信各位會更清楚在做什麼哦！

我們在前面的內容已經建立好基本的執行環境，也介紹過 React 的基本用法了，所以從本節開始之後的解說，就不會再展示完整的程式碼，只會說明和貼上關鍵及有變動的程式碼解說，請大家再配合前面所學，補上範例缺少的部分一一實作！

2.2.1　什麼是 JSX？

　　JSX 並不是一種新的語言，只是用了 HTML 和 JavaScript 的語法特性組成的，可以理解成在 HTML 中穿插 JavaScript，或是在 JavaScript 裡寫 HTML，但更正確的來說，JSX 是 React 所提供的語法糖[2]，它讓我們省去操作 React 頂層複雜的 API。

　　如果我想要使用 React 的原生 API 建立一個元件，必須要這麼寫：

```
import React from 'react';

const HelloWorld = () => (
  React.createElement('div', {class: 'helloWorld'}, 'Hello World')
);
```

　　React.createElement[3] 這個 API 在使用的時候，分別需要傳入標籤的名稱、屬性和內容，只有一個的話，寫起來感覺還算清楚，但如果頁面稍微複雜一點，就需要包覆相當多層：

```
import React from 'react';

const Article = () => (
  React.createElement('div', {class: 'articles'}, [
    React.createElement('p', {class: 'content'}, [
      React.createElement('span', {class: 'inlineCode'}, 'createElement'),
      '是 React 的頂層 API',
    ]),
  ])
);
```

　　要是我一開始看到的 React 長這樣子，我就會直接棄坑 React，跑去寫 Vue，大家也就不會看到這本書了。對於建立一個元件來說，React.createElement 太複雜了，要維護和看懂都很吃力，這樣子在享受到框架帶來的甜美果實之前，就會先被這些 API 搞垮。

　　但是，JSX 改變了這一切，如果以上方的例子用 JSX 來寫的話，看起來就像 HTML 一樣，變得相當清楚：

---

[2]　語法糖的意思是，在原有功能不變下，讓我們用更簡單的方式去寫程式碼。

[3]　React.createElement 請參照：https://reactjs.org/docs/react-api.html#createelement。

```
import React from 'react';

const Article = () => (
  <div className="articles">
    <p className="content">
      <span className="inlineCode">createElement</span>
      是 React 的頂層 API
    </p>
  </div>
);
```

我們也可以看一下打包後的 JSX，最終都會變回使用 React.createElement，因爲本來就沒有 JSX 這種語言嘛！

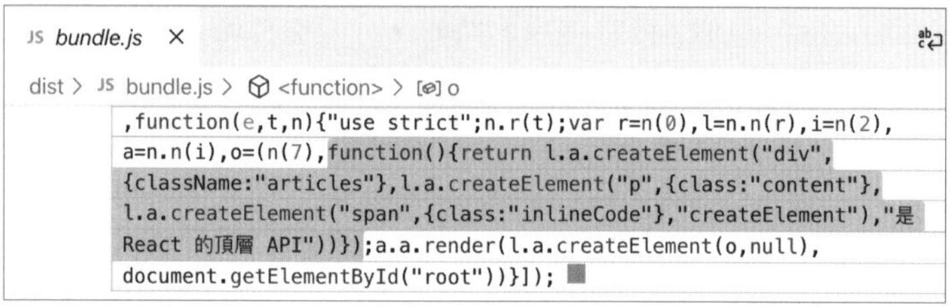

圖 2-1　JSX 經過編譯後會變成 createElement

貼心小叮嚀　請記得在寫 JSX 的時候，要匯入 React 套件，因為 JSX 終究會被轉成 React. createElement，所以雖然你看不見，但還是有用到哦！

好的！那既然我們已經了解 JSX 的原理以及它是什麼了，但 JSX 主要的使用情境是什麼呢？讓我們繼續詳細介紹。

2.2.2　關於元件（Component）

「元件」是 React 中的核心元素，藉由將頁面的各個部分切成一塊塊可重複使用的區塊，那些區塊被寫出來後就叫「元件」。在 React 裡，我們能夠透過組合或拼湊各個元件，成爲一個完整的頁面。

每個元件都是一個獨立的個體，而且又能夠與其他元件共同運作，省去重複撰寫相同的邏輯與畫面，就是我們寫下元件的特色和目標。

要定義一個元件並不困難，在本節之前也做過很多次了，簡單來說，元件就是一個會回傳 JSX 的函式。接下來，會仔細分析給大家看。首先，下方是用 JSX 語法定義的 div：

```
<div>Hello world</div>
```

然後，sayHello 是一個簡單的 JavaScript 函式，目前會回傳 'Hello!' 字串：

```
const sayHello = () => 'Hello!';

// 使用方式
sayHello();
```

元件就是結合了兩者，讓函式回傳 JSX：

```
const HelloWorld = () => <div>Hello world</div>;

// 使用方式（兩者的差別會在章節 2.2.4 提到）
<HelloWorkd /> 或是 <HelloWorkd></HelloWorld>
```

> **貼心小叮嚀** 如果建立的函式是元件，請記得將函式名稱的第一個字寫成大寫！因為如果第一個字小寫的話，在使用該元件的時候，React 就不會當成元件處理，而是一般的 HTML 標籤。像是 <div />，因為 d 是小寫，所以就會被當成 HTML 處理，如果第一個字大寫，像是 <HelloWorld /> 的話，就會是自製的元件。

看起來是不是非常簡單？而且在製作一個元件的時候，可以依照顯示的畫面，定義一個更明確的名稱。如果整個畫面有分成選單、內容、頁尾三個區塊，那以 HTML 呈現就會變成：

```
<div>
  <div class="menu"></div>
  <div class="body"></div>
  <div class="footer"></div>
</div>
```

但是，如果把選單、內容和頁尾都各自做成元件的話，它們就會各自管理自己的呈現顯示，最後再組合起來變成一個完整的頁面，甚至可以在其他地方重複使用這些元件，如果頁尾需要增加內容的話，也只需要修改 Footer，所有頁面中的頁尾就都會變成新內容了，實在是方便輕鬆又清楚：

```javascript
import React from 'react';

const Menu = () => <div></div>;
const Body = () => <div></div>;
const Footer = () => <div></div>;

const Page = () => (
  <div>
    <Menu />
    <Body />
    <Footer />
  </div>
);

const OtherPage = () => (
  <div>
    <Menu />
    <Footer />
  </div>
);
```

除了上面展示用函式定義的元件以外，大家也許還有看過使用 class 語法定義的元件：

```javascript
import React from 'react';

class HelloWorld extends React.Component {
  render() {
    return (
      <div>Hello world</div>
    );
  }
}
```

上方用 class 定義的元件被稱作「Class Component」，而用函式定義的元件被稱為「Function Component」。

在 React v16.0 之前，Function Component 被稱「Stateless Component」，意思是沒有狀態的元件，Funciton Component 沒辦法擁有自己的狀態管理也沒有生命週期（狀態和生命週期會在 2.3 和 2.4 章節說明），Function Component 只能用來輸出固定的值或是簡單的資料。

但是，在 React v16.0 增加 Hooks 後，讓 Function Component 也可以擁有自己的狀態管理和類似生命週期的實現，這也造成寫 Class Component 的人減少了，大家都投入 Function Component 與 Hooks 的懷抱，因為寫起來簡單，程式碼也比 Class Component 簡潔。在接下來的章節中，我也會以 Function Component 去介紹各個常用的 Hooks。

2.2.3 替 JSX 加上 CSS

這裡說明為 JSX 加上 CSS 的幾種方法吧！在章節 1.5 中，我在範例為 HelloWorld 加上了 CSS：

```scss
/* src/components/HelloWorld/index.scss */
.title {
  font-size: 32px;
}
```

```jsx
/* src/components/HelloWorld/HelloWorld.jsx */
import React from 'react';
import styles from './index.scss';

const HelloWorld = () => (
  <div className={styles.title}>
    Hello world!
  </div>
);
```

這個範例中，有三個地方需要特別注意：

● 把 SCSS 檔案匯入到 JavaScript 的時候，裡面的樣式都會被包成一個物件，我們可以從物件中把樣式取出來使用。例如：上方的例子就是把 index.scss 的樣式匯入進來變成名字為「styles」物件，然後在 JSX 中把 styles 的 title 設定給 div 的 className。

如果我在 index.scss 中再多增加一個 nightMode：

```
/* src/components/HelloWorld/index.scss */
.title {
  font-size: 32px;
}

.nightMode {
  color: #fff;
  background: #000;
}
```

接著，就可以在 HelloWorld 裡面，從 styles 中使用 nightMode：

```
/* src/components/HelloWorld/HelloWorld.jsx */
/* 其餘內容省略 */

const HelloWorld = () => (
  <div className={styles.nightMode}>
    Hello world!
  </div>
);
```

最後運行的結果就是會顯示 nightMode 的 CSS 設置：

圖 2-2　HelloWorld 的樣式變成 nightMode 的了

那如果我要同時設置 title 和 nightMode 呢？就用組合的方式，把兩種樣式的名稱變成一個字串：

```
/* src/components/HelloWorld/HelloWorld.jsx */
/* 其餘內容省略 */

const HelloWorld = () => (
  <div className={`${styles.nightMode} ${styles.title}`}>
    Hello world!
```

```
  </div>
);
```

結果就會同時套用上 title 和 nightMode：

圖 2-3　用字串組合的方式同時設置兩種樣式

- 在 JSX 中設置 div 的 class 屬性時，必須要用 className 而不是 class，因為 class 在 JavaScript 裡面是定義類別的語法。為了避開 class 這個語法關鍵字，在為 JSX 內的標籤做 class 屬性時，要改成 className。

- 可以發現我在設置 className 值的前後，都用了大括號把它包著，這個大括號包著的範圍就是可使用 JavaScript 的範圍。換句話說，如果你要在 JSX 的語法裡寫下 JavaScript 的話，就要用大括號包起來，下方會有更多 JSX 與 JavaScript 的應用例子。

除了撰寫 SCSS 檔之外，你也可以直接把 style 寫在 JSX。在 JSX 裡面，標籤的 style 屬性可以接受一個 JavaScript 物件，裡面可以設置多組樣式，而物件的 key 是 CSS 的樣式名稱，value 則是要設置的值：

```
/* src/components/HelloWorld/HelloWorld.jsx */
/* 其餘內容省略 */

const HelloWorld = () => (
  <div style={{color: '#fff', background: '#000', fontSize: 32}}>
    Hello world!
  </div>
);
```

一樣分成三個部分說明：

- 在 JSX 中，使用 JavaScript 時，要用大括號包住，JavaScript 中的物件也是使用大括號定義，所以才會有兩個大括號，並不是什麼特別的寫法。

- 有些 CSS 的樣式名稱是用短橫線命名的，像是 font-size，但是在 JavaScript 的物件中，key 值不能有短橫線，所以在使用的時候就要變成小駝峰的 fontSize 才可以，或是你把 key 值用引號或雙引號包成字串，如 'font-size'。

- 在 fontSize 後方的 32 沒有顯示單位，因為 React 會在某些數字的屬性後，加上 px 當後綴，如果要指定其他單位，請用字串如 '1rem' 賦值。

2.2.4 元件的 Props

每個元件都會自帶一個參數叫做「props」，用來接收使用時被賦予的資料。Props 是讓元件能夠重複使用的關鍵之一，假設 HelloWorld 這個元件除了 'Hello world!' 外，還要再顯示 'Hello sun'、'Hello air' 或 'Hello water'，就可以透過 props 完成，而不用再另外寫一個元件。

設置 props 的重點就在於觀察相似元件中的差異部分，將它抽出來用 props 控制。props 的用法就像 HTML 屬性一樣，在使用元件的時候，傳入自己設置的屬性。

舉例來說，我新建立一個元件叫做「SayHello」，並在這個元件裡面從 props 取 name 屬性的值，然後將 name 和字串 Hello 組合在一起：

```jsx
/* src/components/SayHello/SayHello.jsx */
/* 其餘內容省略 */

const SayHello = (props) => (
  <div>
    {`Hello ${props.name}!`}
  </div>
);
```

這麼一來，在使用 SayHello 的時候，就可以加上一個 name 屬性，該屬性就會作為 props 傳到 SayHello 中：

```jsx
/* src/views/Home/Home.jsx */
/* 其餘內容省略 */
import SayHello from '../../components/SayHello';

const Home = () => (
  <div>
    <SayHello name="world" />
    <SayHello name="sun" />
    <SayHello name="air" />
    <SayHello name="water" />
  </div>
);
```

SayHello 就會根據傳入的 name 顯示不同的結果：

圖 2-4　同一個元件輸出不同的結果

> **貼心小叮嚀**　在上方的程式碼片段中，Home 頁面使用了多個 SayHello，在那些 SayHello 的
> 外層，多用了 div 包起來，那是因為不論是元件的回傳值或是 ReactDOM.render 參數，都只能
> 有一個父節點，不允許存在多個。不過，在 React v16.0 之後，如果覺得再一層 div 會非常多
> 餘，也可以用空標籤的語法：
>
> `<>{/* component */}</>`，來當作最後的父節點使用。

　　能夠透過 props 傳遞的不只有字串或數字，還有變數、函式、物件或是另一個元件，都
可以藉由 props 給予。

　　最後，props 有一個預設的屬性 children，當我們直接把某些東西（下方程式碼以元件
作為範例）放在 SayHello 之間：

```
const Home = () => (
  <SayHello>
    <OtherComponent>
  </SayHello>
);
```

　　那就可以在 SayHello 中，以 props.children 取到 OtherComponent，這裡的道理和 props
一樣，可以放入字串與數字等類型。

> **貼心小叮嚀**　在元件中，key 是不能當作 props 的名稱的，因為 key 對於元件來說，有特別
> 的意義，我們會在章節 2.2.5 中提到。

2.2.5　迴圈（Loop）

開始之前，我們先看看在上一節最後的例子：

```
/* src/views/Home/Home.jsx */
/* 其餘內容省略 */

const Home = () => (
  <div>
    <SayHello name="world" />
    <SayHello name="sun" />
    <SayHello name="air" />
    <SayHello name="water" />
  </div>
);
```

這個例子看似很正常，但如果你要說 Hello 的對象有 10 個或 20 個呢？那你就要複製貼上 20 次，然後再修改每一個 name 嗎？這樣子重複的事情太笨了，為了不做笨事情，就交給迴圈吧！

首先，我們把要說 Hello 的對象整理成一個陣列：

```
const names = ['world', 'sun', 'air', 'water'];
```

然後在父 div 節點內加上大括號，讓我們可以用 JavaScript 的原生方法 Array.prototype. map[4] 產生多個元件：

```
/* src/views/Home/Home.jsx */
/* 其餘內容省略 */

const names = ['world', 'sun', 'air', 'water'];

const Home = () => (
  <div>
    {
      names.map(name => <SayHello key={name} name={name} />)
    }
```

---

[4]　Array.prototype.map 請 參 照：https://developer.mozilla.org/zh-TW/docs/Web/JavaScript/Reference/Global_Objects/Array/map。

```
  </div>
);
```

大家可以試著思考一下，這行程式碼運行的流程：

|STEP| **01** 以 Array.prototype.map 讀取 names 的每一個值。

|STEP| **02** 將從 names 裡面取出來的每個 name 值，傳入 SayHello 的 props，這裡要注意 name 是變數，而不是叫做「name」的字串，所以傳入 props 的時候，也要加大括號，這樣才會以變數的值被傳入，而不是變成字串 name。

|STEP| **03** Array.prototype.map 的特性就是會產生新的陣列，所以最後會有一堆被傳入不同 name 的 SayHello 被放在陣列中，一起被渲染出來。

最後要說明的是 key 這個 props，在迴圈中 key 值是 React 用來分辨哪個項目被新增、修改或是移除的一個指標，用來處理渲染時的效能的。試想當你有數千筆資料在迴圈中，但裡面只有其中一筆資料修改了，就會造成幾千個元件都要再重新繪製一次，而這個 key 就是為了去判斷該筆資料是否一樣，有沒有再渲染一次的必要。

> **貼心小叮嚀** 注意，在迴圈中的 key 必須要是每筆資料的唯一值，而且 React 建議別使用迴圈中的索引值作為 key[*5]，否則對性能可能會有負面影響，甚至是導致某些元件的行為不正確。

2.2.6 判斷式（if...else...）

經過了前幾個練習，大家應該對在 JSX 內使用 JavaScript 非常擅長了，這裡會來說明如何使用判斷式。

假設我們無法確定 names 中每個索引都有值，有些索引可能會是 null，為了避免顯示錯誤的資料在畫面上，我們必須在 SayHello 裡面判斷，如果收到的 name 是 null 的話，就預設顯示 noBody。

```
/* src/components/SayHello/SayHello.jsx */
/* 其餘內容省略 */


const SayHello = (props) => (
  <div>
    {`Hello ${props.name === null ? 'noBody' : props.name}!`}
```

[*5] 請參照：https://reactjs.org/docs/lists-and-keys.html#keys。

```
    </div>
);
```

相當簡單對吧！接著就可以來測試一下判斷是否正常，讓我們將 names 這個陣列的其中一個索引值改成 null：

```
/* src/views/Home/Home.jsx */
/* 其餘內容省略 */

const names = ['world', null, 'air', 'water'];

const Home = () => (
  <div>
    {
      names.map(name => <SayHello key={name} name={name} />)
    }
  </div>
);
```

最後顯示在畫面上的結果，讀取到空值的 SayHello 會顯示 Hello noBody：

圖 2-5　在 name 是 null 的狀況下，就用 noBody 取代

其實不只有內容，只要是你想要的地方，加上大括號就能夠用 JavaScript 寫下邏輯。下方展示了用 JavaScript 判斷 name 來改變樣式：

```
/* src/components/SayHello/SayHello.jsx */
/* 其餘內容省略 */

const SayHello = (props) => (
  <div
    style={
      props.name === null ? { color: '#fff', background: '#000' } : {}
    }
```

```
  >
    {`Hello ${props.name === null ? 'noBody' : props.name}!`}
  </div>
);
```

這樣子設定的話，如果原先的 names 裡面真的有 noBody 這個值，也就可以分辨 name 到底是不是因為 null，所以才顯示 noBody，因為只有為 null 時，樣式才會和其他的不同（大家可以先到 names 裡面加一個字串 noBody），然後看看結果：

圖 2-6　上方是以 ['world', null, 'noBody', 'air', 'water'] 做迴圈的成果

是不是覺得 JSX 非常有趣，雖然一開始可能會不習慣 HTML 和 JavaScript 混在一起的寫法，但是只要多多練習，這些都不會是問題。下一節會開始介紹 Hooks 提供的各種 API！讓你運用起來像鬼一樣開發。

2.3　用 useState 管理元件的 State

第一個登場的 Hooks 是 useState，我們可以在元件裡面透過 useState 來讓每個元件都保有自己獨立的 State（狀態）。那 State 又是什麼呢？ state 類似於 props，差別是 state 為各個元件自己所擁有的，而 props 則是在使用元件時從外面傳進來的。重點是 state 和 props 的改變，都會讓元件更新畫面（元件的更新機制會在 2.7 詳細說明）。

舉例來說，假設我需要做一個元件，用來記錄使用者點擊的次數，每點一下元件，所顯示的數字就會加一，這時候就會很適合使用 state 記錄點擊的次數，因為該數字只需要在該元件中使用，更重要的是當數字改變的時候，元件就需要重新繪製，把舊的數字取代成新的數字。

那 useState 怎麼使用呢？其實相當簡單，以下是簡單的使用範例：

```
import React, { useState } from 'react';

const [state, setState] = useState(1);

console.log(state); // 1

setState(2); // 將 state 改成 2 觸發畫面重新渲染
```

　　useState 在使用時會回傳一個陣列，陣列中的第一個值就是 state 的初始內容，第二個值是一個方法，能夠以它直接更新對應的 state。稍微了解使用的方式後，就可以來應用看看了。

　　首先，建立一個元件叫做「Counter」：

```
/* src/components/Counter/Counter.jsx */
/* 其餘內容省略 */

const Counter = () => { };
```

　　接著，在 Counter 裡面使用 useState，建立一個初始值為 0 的 state，叫做「count」：

```
/* src/components/Counter/Counter.jsx */
/* 其餘內容省略 */
import React, { useState } from 'react'; // 記得引入 useState

const Counter = () => {
  const [count, setCount] = useState(0);
};
```

　　然後，回傳一個 div 顯示目前 count 的數字：

```
/* src/components/Counter/Counter.jsx */
/* 其餘內容省略 */

const Counter = () => {
  const [count, setCount] = useState(0);

  return (
    <div> 目前數字：{count}</div>
```

```
  );
};
```

最後加入一個 button，並在該按鈕的點擊事件內，去觸發 setCount 更新 count 的值：

```
/* src/components/Counter/Counter.jsx */
/* 其餘內容省略 */

const Counter = () => {
  const [count, setCount] = useState(0);

  return (
    <div>
      <div> 目前數字：{count}</div>
      <button onClick={() => { setCount(count + 1); }}>
        點我加一
      </button>
    </div>
  );
};
```

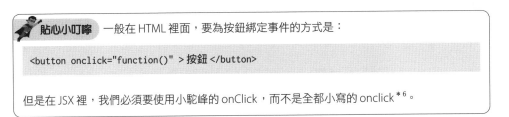

貼心小叮嚀　一般在 HTML 裡面，要為按鈕綁定事件的方式是：

```
<button onclick="function()" > 按鈕 </button>
```

但是在 JSX 裡，我們必須要使用小駝峰的 onClick，而不是全都小寫的 onclick [6]。

　　如果你也完成了上方的程式碼，就可以把 Counter 加到 Home 裡，看看運行在畫面上的結果：

圖 2-7　點擊按鈕後，count 會加 1，畫面也會跟著改變

---

[6]　請參照：https://reactjs.org/docs/handling-events.html。

上方還有提到過，每一個元件的 state 都是獨立的，所以如果我同時放兩個 Counter 在 Home 裡面，他們的計數器也會是分開的，執行的過程不會互相影響：

圖 2-8　每個元件的 state 在執行時都是獨立的

> **貼心小叮嚀**　上方雖然一直都用 state 稱呼，但你也可以把它想成是在元件內的資料，畫面會在這個資料改變的時候重新變動。

在使用 useState 的時候，也要特別注意對物件和陣列的處理，因為物件和陣列都是參考到記憶體位置，所以如果是下方這種情況，React 也不會認為 state 被改變了，因為記憶體位置相同：

```
const [items, setItems] = useState([1, 2, 3]);

items.push(4);    // 從原本的 items 中增加一個值

setItems(items); // 這是行不通的，因為仍然是原本的記憶體位置
```

為了解決這個問題，必須要先產生一個全新的物件或是陣列後再更新 state。陣列的話可以視情況使用一些原生方法，例如：用 Array.prototype.map 產生一個新的記憶體位置，而物件的話我推薦用 Object.assign 處理，或直接用展開運算子（Spread syntax [7]）同時對陣列和物件，都是很棒的方式：

```
// 陣列的處理
const [items, setItems] = useState([1, 2, 3]);

setItems([...items, 4]); // 搭配展開運算子更新 items 的值

// 物件的處理
```

---

[7]　請參照：https://developer.mozilla.org/en-US/docs/Web/JavaScript/Reference/Operators/Spread_syntax。

```
const [name, setName] = useState({firstName: '', lastName: ''});

setItems({...name, firstName: 'Clark'}); // 搭配展開運算子更新 name 的值
```

最後還有一個重點要注意，官網在解釋 setState 的運作時說了這段話：

「Think of setState() as a request rather than an immediate command to update the component. For better perceived performance, React may delay it, and then update several components in a single pass. React does not guarantee that the state changes are applied immediately.」[8]

這說明了 useState 是非同步執行的，為了效能，React 可能會先延遲 state 的更新，然後一口氣重新渲染幾個元件，所以各位如果在計數器的點擊事件中，將 setCount 執行好幾次加一，那最後得到的結果也還是加一而已：

```
const [count, setCount] = useState(0);

onClick = () => {
  setCount(count + 1);
  setCount(count + 1);
  setCount(count + 1);

  console.log(count); // 還是 1
};
```

官方文件上，也有為這個需求提出用 updater 來解決，updater 就是 setState 的 callback 函式，預設會有兩個引數，分別是最新的 state 值和 props 值，所以我們可以用 updater 來改寫上方的更新過程：

```
const [count, setCount] = useState(0);

onClick = () => {
  setCount((newCount, newProps) => newCount + 1);
  setCount((newCount, newProps) => newCount + 1);
  setCount((newCount, newProps) => newCount + 1);
```

---

[8]　請參照：https://reactjs.org/docs/react-component.html#setstate。

```
console.log(count); // 就會是 3
};
```

到這裡，關於 React 第一個 Hooks 的介紹，就告一段落了，以下幫 useState 的使用做個重點整理：

- 每個元件的 state 都是獨立的，它們不會互相干擾。

- state 或是 props 改變的時候，元件就會重新渲染，因為畫面是取決於 state 和 props 的變化所繪製的，如果畫面的顯示和 state 與 props 無關，那就沒有設置 state 或 props 的必要。

- 當更新的 state 是物件或是陣列的時候，記得要給一個新的記憶體位置，才算新值，畫面也才會更新。

- setState 可能會是非同步的，如果要馬上取得最新的 state，請使用 updater。

2.4 掌管元件一切作用的 useEffect

Function Component 能夠取代 Class Component 的主要原因，除了 useState 外，另一個就是 useEffect 了。useEffect 在 Function Component 內可以做到類似 Class Component 生命週期的效果。

「生命週期」是指一段程式在執行開始到結束的每個階段，而 React 的元件也不例外，在先前的 Class Component 中也有屬於自己的生命週期。

Class Component 的生命週期可以被劃分為三個階段：

- 在 Component 渲染完的 componentDidMount。

- 在 Component 內的 state 改變時的 componentDidUpdate。

- 在 Component 被移除時的 componentWillUnmount。

所以生命週期就類似於元件的生老病死，在 React 的官方文件有提到：

「If you're familiar with React class lifecycle methods, you can think of useEffect Hook as componentDidMount, componentDidUpdate, and componentWillUnmount combined.」 [*9]

[*9]　請參照：https://reactjs.org/docs/hooks-effect.html。

　意思是，如果你知道有關 Class Component 的生命週期，那你可以把 useEffect 想成相同的事，所以我們會在這一節來介紹如何運用 useEffect，來控制每個階段應該要發生的作用。

　useEffect 是 React 提供的 Hooks 之一，它能夠掌管在 Function Component 內的作用，此 Hooks 會接收一個函式，並在特定情況的時候執行。基本用法如下：

```
import React, { useEffect } from 'react';

useEffect(() => {
  /* do something... */
});
```

　上方的用法會在每一次元件渲染完後觸發內部的函式，這個渲染也包含了每一次 state 改變所造成的畫面渲染。

　在特殊情況下，useEffect 也可以利用第二個參數來決定是否要觸發函式。useEffect 的第二個參數可以接收一個陣列，也被稱作該作用的依賴，如果依賴內有放元件中特定幾個 state，那就只會在該 state 改變造成畫面重新渲染的時候才會觸發，當然你也可以傳入一個空陣列，代表你只需要在元件渲染後觸發一次。

　知道 useEffect 的基本用法後，就能繼續學習如何配置 useEffect，以讓我們在特定的生命週期觸發想要做的事情。

　首先是元件渲染完成的時候，我們可能會需要透過 API 查詢資料，並更新 state 顯示在畫面上，但是這個動作只需要執行一次，渲染後就不再需要重新獲取資料。這種情況就可以在使用 useEffect 的時候，將空陣列傳入第二個參數來達成，下方例子以章節 2.3 所做的 Counter 修改：

```
/* src/components/Counter/Counter.jsx */
/* 其餘內容省略 */
import React, { useState, useEffect } from 'react'; // 記得匯入 useEffect

const Counter = () => {
  const [count, setCount] = useState(0);

  useEffect(() => {
    console.log('Counter 第一次渲染後 ');
```

```
  }, []);

  /* 省略其他 */
};
```

上方的 useEffect 會在 Counter 被渲染到畫面上後執行 console.log：

圖 2-9　Counter 渲染後會觸發 useEffect 內的函式

接下來，如果你希望能夠在 count 改變的時候，觸發 useEffect 的函式，那就把 count 放入 useEffect 的第二個參數的陣列中：

```
/* src/components/Counter/Counter.jsx */
/* 其餘內容省略 */

const Counter = () => {
  const [count, setCount] = useState(0);

  useEffect(() => {
    console.log('Counter 第一次和因為 state 改變而重新渲染後 ');
    console.log(`Count 的新值為 ${count}`);
  }, [count]);

  /* 省略其他 */
};
```

這麼一來，除了第一次的渲染後，就連每一次 count 改變造成的畫面渲染，都會觸發到 useEffect：

圖 2-10 Counter 首次和因 count 改變而渲染後會觸發 useEffect 內的函式

比較特別的是，在 state 改變的階段又被細分為兩個時期，第一個是剛才因為 state 改變，而導致畫面重新渲染後觸發的，第二個時期也是在畫面重新渲染之後，但是會以改變前的 state 值觸發。

要捕捉 state 改變前的值做某些事情，必須從 useEffect 的函式中回傳一個函式：

```
/* src/components/Counter/Counter.jsx */
/* 其餘內容省略 */

const Counter = () => {
  const [count, setCount] = useState(0);

  useEffect(() => {
    console.log('Counter 第一次和因為 state 改變而重新渲染後 ');
    console.log(`Count 的新值為 ${count}`);

    return () => {
      console.log(`Count 的舊值為 ${count}`);
    };
  }, [count]);

  /* 省略其他 */
};
```

只要這麼做，那回傳的函式就會比原本的函式內容還要先被觸發：

圖 2-11　回傳的函式會在 state 改變後，帶著舊值先被觸發

　　最後是當元件被移除的時候要觸發的 useEffect，而這個其實我們剛剛就已經實作了，只要在 useEffect 的函式內回傳一個函式，就會在元件被移除之前執行。下方先在 useEffect 內加上新的 console.log，以識別觸發的時間點：

```
/* src/components/Counter/Counter.jsx */
/* 其餘內容省略 */

const Counter = () => {
  const [count, setCount] = useState(0);

  useEffect(() => {
    console.log('Counter 第一次和因為 state 改變而重新渲染後 ');
    console.log(`Count 的新值為 ${count}`);

    return () => {
      console.log(`Count 的舊值為 ${count}`);
      console.log('Counter 被移除了 ');
    };
  }, [count]);

  /* 省略其他 */
};
```

爲了實驗元件被移除時，是否眞的會觸發 useEffect，請大家先幫我到 src/view/Home 這個頁面，接著利用 useState 在 Home 裡面增加一個計數器的開關，如果開了就顯示 Counter，關閉則把 Counter 從畫面中移除：

```jsx
/* ./src/view/Home.jsx */
import React, { useState } from 'react';
import Counter from '../../components/Counter';

const Home = () => {
  const [displayCounter, setDisplayCounter] = useState(true);

  return (
    <div>
      <button onClick={() => { setDisplayCounter(true); }}>
        打開計數器
      </button>
      <button onClick={() => { setDisplayCounter(false); }}>
        關閉計數器
      </button>
      {displayCounter ? <Counter /> : null}
    </div>
  );
};

export default Home;
```

當在頁面上點選「關閉計數器」的按鈕時，Counter 就會從頁面中被移除，而在移除時就會觸發到 useEffect 內回傳的函式：

圖 2-12　useEffect 函式內回傳的函式也會在元件被移除時觸發

以上全部就是 useEffect 的應用情境了！最後再把 useEffect 所影響的時間點稍微整理一下：

```
useEffect(() => {
  (1)
  return () => {
    (2)
  };
});
```

- 在元件被渲染完成的時候，會執行 (1) 的程式碼。

- 在元件被移除之前，會執行 (2) 的程式碼。

- 在元件內的 state 改變導致元件重新渲染的話，會先執行 (2)，再執行 (1)。

> **貼心小叮嚀** useEffect 在元件裡面是可以多次使用的哦！因此，你可以針對不同的 state，用不同的 useEffect 去寫下該 state 改變時要觸發的事件。

2.5 從 React.memo、useMemo 和 useCallback 優化效能

本小節介紹的幾個 Hooks，都是為了因應效能變差的時候拿出來使用，但通常 React 的效能會變差，都是因為元件一直在頁面上做無用的渲染或龐大的運算處理，那什麼是無用的渲染呢？讓我們看看下方的例子：

```
const Title = () => {
  console.log('Render title component');
  return (
    <div>
      <h1> 計數器 </h1>
    </div>
  );
};


const Counter = () => {
```

```
  const [count, setCount] = useState(0);

  return (
    <div>
      <Title />
      <div> 目前數字：{count}</div>
      <button onClick={() => { setCount(count + 1); }}>
        點我加一
      </button>
    </div>
  );
};
```

在章節 2.3 和 2.4 都有提到，如果元件內的 state 改變，整個元件就會重新渲染。那以上面的例子來說，想請問大家，如果我點了一下 Counter 的按鈕，讓 count 的值發生變化，這時候沒有使用到 count 的 Title 會一起被重新渲染嗎？

答案是會的哦（參照圖 2-13）！對 React 來說，只要 Counter 的 state 改變，那它裡面的 DOM 就全都會被重新渲染，就算是沒有任何改變的 Title 也是一樣，因為它在 Counter 裡。以這個情況來說，不需要改變的 Title 被重新渲染，就被稱為「不必要的渲染」。

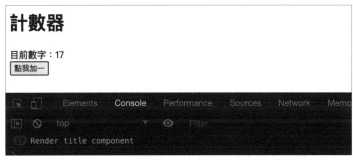

圖 2-13　count 改變幾次 Title，就重新渲染幾次

那該怎麼防止這件事發生呢？本章會一一說明，當不必要的渲染真的影響到效能時，我們能怎麼做。

2.5.1　React.memo

其實，要解決不必要的渲染非常簡單，只要使用 React.memo 把 Title 包起來，就能夠避免 Title 在不需要改變的狀況下重新繪製：

```
const Title = React.memo(() => {
  console.log('Render title component');
  return (
    <div>
      <h1> 計數器 </h1>
    </div>
  );
});
```

重新執行 Counter，就只會有第一次被渲染出來的 console.log，之後不論怎麼點擊按鈕，Title 都不會重新渲染：

圖 2-14　對 Title 使用 React.memo，就解決了它不必要的渲染

React.memo 的原理是以 props 有沒有改變來判斷需不需要重新渲染，像例子中的 Title，它根本就沒有 props，所以不會有變化的可能，也就不會重新被渲染。

在使用 React.memo 的時候，除了元件外，還可以傳入一個函式作為第二個參數，這個函式預設會有兩個引數可以使用，分別是舊的 props 和新的 props，你可以在函式裡比較新舊 props，去判斷需不需要重新渲染，在函式中回傳 false 就會渲染，回傳 true 則不會：

```
const Title = React.memo(() => {
  console.log('Render title component');
  return (
    <div>
      <h1> 計數器 </h1>
    </div>
  );
}, (prevProps, nextProps) => {
  console.log(prevProps, nextProps);
  return false; // 回傳 false 就還是會重新繪製
});
```

　　這個方法在 props 傳遞物件的情況下非常有用，因爲 React.memo 只會去淺比較 props 的內容[*10]，導致即使物件內容相同，Title 還是會重新繪製，這種情況就能透過上方的技巧去比較 props，確認它們的差異。

 貼心小叮嚀　React.memo 只能比較 props，無法以 state 作爲判斷的標準哦！

2.5.2　useMemo 與 useCallback

　　如果元件內有許多 state，在某些 state 改變後，需要花費大量的時間做運算，有些 state 就不需要，但是因爲它們都在同一個元件的關係，所以不論哪一個 state 改變，畫面都會重新渲染一次，其他沒有改變的 state 還是會進行沒必要的運算。以下方的程式碼爲例子：

```
const Counter = () => {
  const [userName, setUseName] = useState('');
  const [count, setCount] = useState(0);

  const decorateName = () => {
    console.log('decorate name');
    return `超級 ${userName}！`;
  };

  return (
    <div>
      <div> 使用者：{decorateName()}</div>
      <input
        value={userName}
        onChange={(e) => {setUseName(e.target.value)}}
      />
      <div> 目前數字：{count}</div>
      <button onClick={() => { setCount(count + 1); }}>
        點我加一
      </button>
    </div>
  );
};
```

---

*10　請參照：https://reactjs.org/docs/hooks-faq.html#how-do-i-implement-shouldcomponentupdate。

假設 decorateName 是個很花費效能的函式，它會以目前使用者輸入的名字下去運算，得出結果後，顯示在畫面上，所以真正需要執行該函式的時候，只有 userName 這個 state 改變的時候。不過，因為元件內還有另外一個 state 叫做「count」，根據上方所學到的，當元件內的 state 改變，就會觸發整個元件重新渲染，也就是說，就算現在被改變的 state 是 count 而不是 userName，還是會造成 decorateName 在元件重新渲染的時候被執行：

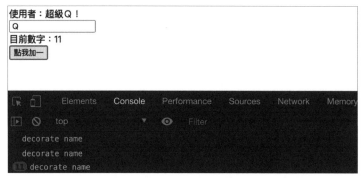

圖 2-15　count 更新會使 decorateName 被重新執行

這種情況下，useMemo 就是很棒的幫手，執行 useMemo 時需要給兩個參數，第一個參數是函式，第二個參數和 useEffect 一樣，可以設定依賴的 state，只有在依賴的 state 被改變時，useMemo 才會重新執行函式回傳新的結果。

所以，我們就可以把 decorateName 執行後的值透過 useMemo 產生，然後在第二個參數的地方只指定 userName，這麼一來，元件執行的時候，就只會在 userName 改變時才重新執行 decorateName，得到新的結果渲染到畫面上。

```
import React, { useState, useMemo } from 'react';

const Counter = () => {
  const [userName, setUseName] = useState('');
  const [count, setCount] = useState(0);

  const decoratedName = useMemo(() => {
    console.log('decorate name');
    return `超級 ${userName}！`;
  }, [userName]);

  return (
    <div>
```

```
    <div> 使用者：{decoratedName}</div>

    /* 其餘省略 */
  </div>
  );
};
```

透過 useMemo 的限制，不管 count 怎麼改變，都不會執行 decorateName，而是直接使用上一次 decorateName 的回傳結果：

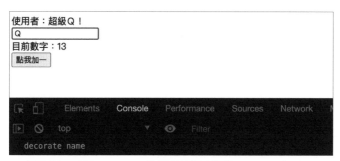

圖 2-16　只在 userName 改變的時候才觸發 decorateName

貼心小叮嚀　useMemo 的第二個參數可以不傳，表示任何 state 改變都會重新執行函式，並記憶執行結果，等於結果一樣，然後還多做了一件事。另外，第二個參數也可以是空陣列，那就代表沒有需要判斷的 state，也就永遠不會重新執行。

useCallback 和 useMemo 非常像，如果 useMemo 的目的是為了要記憶住函式執行的結果，那 useCallback 就是記憶整個函式用的，它會記憶住一個函式的宣告，同樣也能夠選擇要不要使用第二個參數，來指定依賴的 state 產生新的函式。

過程非常簡單，假設我們把按鈕從 Counter 中分裂出另一個元件，而按鈕的點擊事件變成從 Counter 用 props 傳遞給該元件：

```
const IncrementButton = (props) => {
  console.log('Button 被重新渲染 ');
  return (
    <button onClick={props.increment}>
      點我加一
    </button>
  );
```

```
};

const Counter = () => {
  const [count, setCount] = useState(0);

  const increment = () => {
    setCount(count + 1);
  };

  return (
    <div>
      <div> 目前數字：{count}</div>
      <IncrementButton increment={increment} />
    </div>
  );
};
```

　　當每次點擊按鈕的時候，count 就會改變，Counter 就會重新渲染，這也會導致 Counter 中的 IncrementButton 也跟著被渲染，但我們在章節 2.5.1 學到了使用 React.memo 去判斷 props 來決定是否重新渲染，因此先把 React.memo 加到 IncrementButton 身上：

```
const IncrementButton = React.memo((props) => {
  /* 其餘省略 */
});
```

　　但執行後，仍會發現 IncrementButton 還是一直被重新渲染：

圖 2-17　count 更新會使 IncrementButton 被重新渲染

　　這種情況是因爲每次 Counter 重新渲染的時候，都會產生一個新的 increment，然後 React.memo 又只會去做淺層的比較，所以就算是內容完全一樣的函式，React.memo 也會認爲是不相等的：

```
const a = () => { console.log('Hi'); };
const b = () => { console.log('Hi'); };

console.log(a === b); // false
```

　　如果不想要讓 IncrementButton 產生不必要的渲染，就可以使用 useCallback 處理 increment。useCallback 的使用方法和 useMemo 完全相同，但 useCallback 是記憶住整個函式，而不是函式的執行結果，它的第二個參數也可以指定依賴的 state，但在這個情境下，increment 完全不需要重新產生，因此第二個參數直接給一個空陣列就好：

```
import React, { useState, useCallback } from 'react';

const Counter = () => {
  const [count, setCount] = useState(0);

  const increment = useCallback(() => {
    setCount(count + 1);
  }, []);

  /* 其餘省略 */
};
```

　　請注意，這裡會發生一個問題，那就是不管如何執行，計數器永遠都會是 1，不會再向上累加。

　　問題是因爲 increment 在第一次 count 爲 0 的情況下，就被 useCallback 過，所以不再重新產生新的 increment 函式，又因爲 React 的 state 更新是 immutable，每次更新都要使用一個新的記憶體來儲存，所以 count 在 useCallback 裡面的值就會一直是 count 爲 0 這個記憶體，而不是更新後 count 爲 1 的記憶體，才會導致不管怎麼執行都等於是 0 加上 1。

　　這種情況就可以使用在章節 2.3 提到的 updater，讓每次 setCount 都是用最新的值：

```
const increment = useCallback(() => {
  setCount((newCount) => newCount + 1);
}, []);
```

這麼一來，計數器的功能運作正常，IncrementButton 也不會一直被重新渲染了：

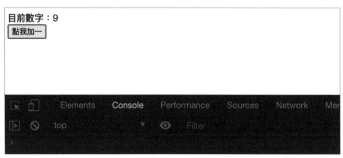

圖 2-18　IncrementButton 不會因為 count 改變就重新渲染

　　在本節中，React 提供了三個相當好用的功能，可讓我們處理不必要的渲染和函式執行，但是其實做效能優化這些事情本身，也是需要成本的，並不是胡亂的把所有的元件都加上 React.memo、useMemo 和 useCallback，效能就會變好，如果過度使用，反而會使程式執行的成本大於優化的效益。

　　舉例來說，在使用 useCallback 的時候，不只要定義原本的函式，還要在呼叫 useCallback 處理該函式，而且 useCallback 的第二個參數內，你還會給一個陣列（不然就等於沒寫了）。這時，你為了優化僅僅一行的程式碼，所做的事已經遠遠超過效能優化帶來的效益了，下方可以看看 useCallback 多做了什麼：

```
// 原本的函式內容
const increment = () => {
  setCount((prevCount) => prevCount + 1);
};

// 額外使用 useCallback 再產生
const incrementCallback = useCallback(increment, []);
```

　　而且正常來說，當元件被重新渲染時，都會釋放原本內部函式的記憶體空間，再建立一個新的函式，但如果是使用 useCallback 的話，React 就不會釋放掉上一次宣告函式所用的記憶體空間，又會再產生一個新函式給 useCallback，以判斷需不需要更新。

有關於優化效能所帶來的問題與套論,相當推薦各位再去看一下 Kent C. Dodds 撰寫的《When to use useMemo and useCallback》[11]。

總之,想告訴大家,效能優化是在效能出現問題的時候才去處理,千萬別對還沒出現問題的元件超前部署一堆多餘的配置,當我手上有把鎚子,看什麼都是釘子。

2.6 製作一個自己的 Hooks 掌管共用邏輯

在本節中,我們學習了幾個 React 提供的 Hooks,但我們也可以自己創造一個自定義的 Hooks,自定義的 Hooks 可以替我們保管原本在元件內的 state 邏輯,讓我們在需要的元件中使用,以避免在各個相同功能的元件間寫下重複的程式碼。

舉例來說,下方有兩個元件,一個是超炫砲的計數器,它的起始數字是從 100 開始,而且一次可以加 10,加完後會觸發 useEffect 做一些事情:

```
const SuperAmazingCounter = () => {
  const [count, setCount] = useState(100);

  useEffect(() => {
    console.log(' 超炫砲計數器執行 ');
  });

  return (
    <div>
      <div> 目前超炫砲的數字：{count}</div>
      <button onClick={() => { setCount(count + 10); }}>
        點我加十
      </button>
    </div>
  );
};
```

另一個是普通的計數器,一次只能加 1,而且也有設定 useEffect 事件:

```
const Counter = () => {
  const [count, setCount] = useState(0);
```

---

*11 請參照：https://kentcdodds.com/blog/usememo-and-usecallback。

```
useEffect(() => {
  console.log(' 一般的計數器執行 ');
});

return (
  <div>
    <div> 目前的數字：{count}</div>
    <button onClick={() => { setCount(count + 1); }}>
      點我加一
    </button>
  </div>
);
};
```

　　這兩個計數器看起來也許沒什麼，邏輯也都只有處理計數而已，但是目前的計數邏輯是用加的，如果之後需求改成要用乘的，就必須要到所有使用了計數的元件，然後增加或修改計數的邏輯。

　　為了避免重複的程式碼散佈在不同的元件內，導致維護的成本增加，這種情況就很適合把「計數」這個共通的邏輯從元件內抽出來，並丟到自定義的 Hooks 處理。以下就開始實作一個負責計數的 Hooks 來解決問題吧！

　　首先，請大家在專案內的 src 下建立一個 hooks 的資料夾，我們會把所有的自定義 Hooks 都放在這裡，而本節要建立的 Hooks 就叫做「useCounter」，因此也麻煩在 hooks 下建立一個叫做「useCounter.js」[*12] 的檔案。看看目前專案結構：

```
src
├── components
├── hooks
│     └── useCounter.js
├── views
└── index.jsx
```

　　打開 useCounter.js，我們需要在 useCounter.js 中做的事情有幾個：

● 接收一個參數，用來當作狀態 count 的初始值。

[*12] 只要是 Hooks，那命名規則都是以 use 開頭做命名，請參照：https://reactjs.org/docs/hooks-custom.html#extracting-a-custom-hook。

- 建立一個函式，來處理增加 count 的邏輯。

- 接收一個函式，在 count 改變的時候要執行。

- 把 count 和處理計數邏輯的函式回傳。

  下方逐步處理上述的需求。

|STEP| *01* 讓 useCounter 接收一個參數 initialCount，並將它設定為狀態 count 的初始值：

```
/* src/hooks/useCounter.js */
import { useState } from 'react';

const useCounter = (initialCount) => {
  const [count, setCount] = useState(initialCount);
};

export default useCounter;
```

|STEP| *02* 建立一個函式，來處理增加 count 的邏輯。這裡建立的函式要考慮到可能會有不同的加數，像是 SuperAmazingCounter 一次就加 10，但 Counter 一次才加 1，所以決定把加數當成計數時的參數，在使用時以參數來決定一次加多少：

```
/* src/hooks/useCounter.js */
import { useState } from 'react';

const useCounter = (initialCount) => {
  const [count, setCount] = useState(initialCount);

  const add = (addend) => {
    setCount(count + addend);
  };
};

export default useCounter;
```

|STEP| *03* 讓 useCounter 再接收一個函式，並搭配 useEffect，在 count 改變的時候執行該函式：

```
/* src/hooks/useCounter.js */
import { useState, useEffect } from 'react';

const useCounter = (initialCount, callbackFunction) => {
```

```
  const [count, setCount] = useState(initialCount);

  useEffect(callbackFunction, [count]);

  const add = (addend) => {
    setCount(count + addend);
  };
};


export default useCounter;
```

|STEP| **04** 把 count 和 add 回傳，這裡不論是像 useState 一樣用陣列回傳，或是像下方範例用物件回傳都可以：

```
/* src/hooks/useCounter.js */
import { useState, useEffect } from 'react';

const useCounter = (initialCount, callbackFunction) => {
  const [count, setCount] = useState(initialCount);

  useEffect(callbackFunction, [count]);

  const add = (addend) => {
    setCount(count + addend);
  };

  return { count, add };
};


export default useCounter;
```

　　以上四個步驟其實都是前兩節所學過的內容，只是應用的層級從元件變成自定義的 hooks，如果還有不懂的地方，可以往前翻閱章節 2.3 和 2.4。

　　既然已經完成了 useCounter，那就可以到 SuperAmazingCounter 和 Counter 中，替換掉原本寫在元件中的 useState 和 useEffect，直接使用 useCounter 就可以了。下方以 Super AmazingCounter 為例子修改，大家可以自行替換 Counter 當作練習看看：

```
import useCounter from '../../hooks/useCounter';
```

```
const SuperAmazingCounter = () => {
  const { count, add } = useCounter(
    100, () => { console.log(' 超炫砲計數器執行 '); }
  );

  return (
    <div>
      <div> 目前超炫砲的數字：{count}</div>
      <button onClick={() => { add(10); }}>
        點我加一
      </button>
    </div>
  );
};
```

　　本小節透過簡單的例子來展示自定義的 Hooks 的特性，不只能讓元件內部更乾淨簡潔，也從元件中把重複且可共用的邏輯抽成函式，使不同的元件可以共享相同的邏輯。

3
CHAPTER

用 Router 來控制元件的呈現

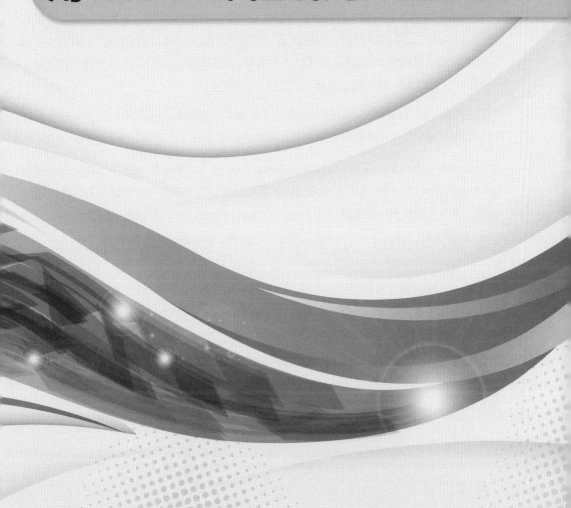

3.1　為什麼需要 Router 以及什麼是 SPA（Single-Page Application）？

在說明什麼是 Router 和 SPA 之前，我想先讓大家複習 React 畫面呈現的過程。首先，我們準備了一份 HTML，在該 HTML 檔案中擁有一個 id 為 root 的 div 節點，接著我們會用 React 製作一些元件，在組成一個完整的頁面後，透過打包後的 JavaScript 檔案，把該頁面渲染到 HTML 檔的 div 裡。

也就是說，整個網站只會有一個 HTML，我們會用 JavaScript 來判斷在不同的網址下，需要渲染哪一個元件所組成的頁面，這就是 SPA。

在 SPA 的開發下，我們不再需要製作許多不同頁面的 HTML 和後端放在一起，要做的是透過 JavaScript 去判斷在特定的網址下，需要把哪個頁面輸出到 HTML 中顯示，也因為顯示頁面的邏輯變成 JavaScript 判斷了，所以當換到新的頁面時，就不需要告訴後端當前的網址，讓後端回傳該網址要顯示的 HTML 到前端！

因為 SPA 裡換頁不再需要送請求給後端，也讓呈現到使用者面前的初始畫面變快。當第一個畫面顯示後，才會視需求透過 API 向後端請求資料，將整個頁面的完整度補齊。

但是 SPA 也有缺點，那就是 HTML 在 JavaScript 載入之前，都只會有一個 id 為 root 的 div，所以大部分的搜尋引擎沒辦法知道網頁裡面到底有什麼內容，也就不太容易出現在查詢結果中，導致搜尋引擎最佳化（SEO，Search Engine Optimization）比較弱。

為了應付 SPA 的缺點，有一個因應的方法叫做「伺服器渲染」（SSR，Server-Side Rendering）[1]。簡單來說，SSR 就是在第一次輸入網址的時候，先發一個請求問後端我該顯示什麼頁面，但是在呈現頁面之後的所有操作中，就又回到了 SPA 的機制。關於 SSR 本書就不多談了，~~（如果想知道，請寄信給出版社發起連署，讓我再出一本書）~~大家可以參閱備註的說明和連結。

現在大家應該稍微了解 SPA 是什麼了。在第 3 章的章節中，就會開始介紹打造 SAP 的套件和用法。

---

[1]　在 React 中，有個 SSR 的網站產生器叫做「Next.js」，如果要製作 SSR 網頁可以考慮使用，請參照：https://nextjs.org/。另外，筆者也有撰寫另一篇文章解釋 SSR 的原理，如果有興趣則請參照：https://reurl.cc/ EzKMWK。

3.2 ▶ Router 的基本用法

本書會使用 react-router-dom 來控制頁面的切換，react-router-dom 在 Github 上擁有四千多顆星星，是在 React 開發中很普遍的套件，它使用 DOM 包裝了 react-router 提供的邏輯，讓我們更容易使用。

那在正式進入教學之前，請大家先輸入指令下載 react-router-dom，在下一節就會開始介紹 router 的基本用法囉：

```
npm install --save react-router-dom
```

3.2.1 BrowserRouter 與 HashRouter 的區別

所有使用了 react-router-dom 的網站中，都必須要由一個叫做「Router」的元件包覆整個網站的內容。大家可以思考一下，假如我有很多個頁面，那最後都會在哪邊輸出到 HTML 呢？

答案是 src/index.jsx，也就是使用了 ReactDOM.render 的那個檔案！因為所有的頁面都是靠 ReactDOM.render 輸出到 HTML 上，所以我們需要用 Router 包裹著所有會渲染到 HTML 的頁面。

但是，react-router-dom 分別提供了 BrowserRouter 與 HashRouter，它們到底有什麼不一樣？又該選擇使用哪一種 Router 呢？下方會根據官方文件[*2]和 Github 上的 F&Q[*3]，仔細解說兩者的特性。

BrowserRouter 的網址和一般看到的一樣，但是使用 BrowserRouter 會需要你的 Server 上有能夠處理網址路徑的設定。舉例來說，如果你網址後方的路徑名稱是 /articles/32，那你的 Server 上就必須要有能夠處理 /articles/32 的方法，並丟出對應的 HTML 給前端顯示。

這時候你可能會想，但是我們的目的不是 SPA 嗎？為什麼使用 BrowserRouter 還需要 Server 去解析 /articles/32 回傳 HTML 呢？因為不管你傳的路徑是什麼，Server 都照單全收，然後回傳那唯一的 index.html 以及你打包過後的 JavaScript 檔案，之後再經由

[*2] 　請參照：https://reactrouter.com/web/guides/primary-components。

[*3] 　請參照：https://github.com/ReactTraining/react-router/blob/master/FAQ.md。

JavaScript 決定顯示哪個頁面，所以結果還是一樣的，只是經過了一層 Server，丟那個空的 index.html 出來。

HashRouter 就比較單純，它的網址組成比較醜一點，在網址中會有一個 # 符號，# 符號後的就是路徑的名稱，例如：#/articles/32。真正的網址（# 符號之前的）都是指到打包後的 index.html，它不會發送路徑到 Server，所以不用設置 Server 就可以使用。

本書之後的篇章都會直接使用 HashRouter，就不再花篇幅細說如何為了 BrowserRouter 設置 Server 了。雖然 HashRouter 的網址有點醜，但使用上是不會有任何問題的。

請大家將 HashRouter 從 react-router-dom 取出來，並加到 src/index.jsx 中吧！

```jsx
/* ./src/index.jsx */
import React from 'react';
import ReactDOM from 'react-dom';
import { HashRouter } from 'react-router-dom';
import Home './views/Home;


ReactDOM.render(
  <HashRouter>
    <Home />
  </HashRouter>,
  document.getElementById('root')
);
```

3.2.2　Router 鐵三角─Switch、Route、Link

router 的使用方式非常簡單，主要的操作幾乎都圍繞著 Switch、Route 和 Link 等三個元件，只要學會運用它們，那關於在 SPA 中的換頁功能幾乎就沒問題了！

首先就來說明 Link ！ Link 被渲染到頁面上的時候，會變成 a 標籤，在使用 Link 的時候，需要透過 props 指定一個 to，這個 to 的值會在 Link 被點擊後，變成網址的路徑，Link 的基本用法如下：

```jsx
import { Link } from 'react-router-dom';

<Link to=" 導向的 url 名稱 "> 顯示的文字 </Link>
```

　　為了更好的使用 router，請各位先建立一個新的元件叫做「Menu」，並使用幾個 Link 做一些切換網址的選項：

```
/* ./src/component/Menu/Menu.jsx */
import React from 'react';
import { Link } from 'react-router-dom';

const Menu = () => (
  <ul>
    <li>
      <Link to="/home"> 首頁 </Link>
    </li>
    <li>
      <Link to="/about"> 關於我們 </Link>
    </li>
  </ul>
);


export default Menu;
```

> **貼心小叮嚀** 　傳遞 to 的時候，記得要在 url 的路徑前加上一個斜線 /，否則在某些情況下，網址的路徑改變，將會出現問題，大家可以試著不加斜線，之後重複點擊 Link，以觀察路徑的變化。

　　接著把 Menu 加到 Home 之中：

```
/* .src/views/Home/Home.jsx */
/* 其餘省略 */
import Menu from '../../components/Menu';

const Home = () => (
  <div>
    <Menu />
    <h1> 這裡是首頁 </h1>
  </div>
);
```

當你把 Home 渲染到畫面上，並且點擊任何一個 Menu 中的項目，你都可以發現到網址的變化。就像在章節 3.2.1 所說，因為我們使用的是 HashRouter，所以網址的路徑前面會有一個 # 符號：

圖 3-1　點擊 Link 渲染出來的連結後，網址會依設定改變

進行接下來的實作之前，請各位到 views 目錄下，再新增一個 About 頁面，好讓我們可以透過 router 在「首頁」和「關於我們」之間切換頁面：

```jsx
/* .src/views/About/About.jsx */
import React from 'react';
import Menu from '../../components/Menu';

const About = () => (
  <div>
    <Menu />
    <h1> 這裡是關於我們 </h1>
  </div>
);


export default About;
```

既然我們已經成功讓網址的路徑名稱改變，下一步就是用 Switch 和 Route 來判斷路徑並渲染不同的頁面。

在使用 Switch 和 Route 的時候，所有的 Route 都必須在 Switch 裡面，每個 Route 都會透過 props 用 path 以及 component 指定對應路徑和要顯示的元件。

Switch 的工作則是去判斷當前網址的路徑，然後從 Switch 裡面的 Route 選擇符合條件的元件做渲染。這裡請打開 src/index.jsx，並在 HashRouter 裡面加上 Switch 和 Route：

```
/* .src/index.jsx */
/* 其餘省略 */

import { HashRouter, Switch, Route } from 'react-router-dom';
import Home from './views/Home';
import About from './views/About';


ReactDOM.render(
  <HashRouter>
    <Switch>
      <Route path="/home" component={Home} />
      <Route path="/about" component={About} />
    </Switch>
  </HashRouter>,
  document.getElementById('root')
);
```

我建議各位可以把所有頁面都要顯示的 Menu 拉到 src/index.jsx，並放到 HashRouter 裡渲染，與其在所有頁面的元件中匯入使用，不如直接在 Switch 外使用一次就好：

```
/* .src/index.jsx */
import Menu from './components/Menu';

ReactDOM.render(
  <HashRouter>
    <Menu />
    <Switch>
      <Route path="/home" component={Home} />
      <Route path="/about" component={About} />
    </Switch>
  </HashRouter>,
  document.getElementById('root')
);
```

當你設置完後，Switch、Route 和 Link 就正式帶你完成了 SPA 的換頁了！（Ya！歡呼這最容易的篇章！）：

圖 3-2　點擊 Link 會改變網址後的路徑名稱，頁面也會跟著渲染對應的元件

Route 除了 path 和 component 外，還可以設置 exact，如果在 Route 中從 props 中傳遞 exact，那就會嚴格判斷當前網址的路徑是否與設置的 path 字串一模一樣，如果完全一樣，那才會渲染該元件。如下方演示，在沒有為 Home 或是 About 的 Route 加上 exact 時，那只要網址路徑的開頭與 Route 的 path 相等，就會渲染對應的元件：

圖 3-3　只要路徑的開頭符合，就會渲染對應元件

不過，如果到設置了 About 的 Route 中加上 exact：

```
<Route exact path="/about" component={About} />
```

那麼網址的路徑就必須要與設置的 path 完全一樣，否則就不會渲染任何組件。另外，要注意 exact 不會去判斷大小寫，即使你設置了 exact，就算大小寫不符，也同樣會渲染該組件，雖然大小寫一點關係都沒有，畢竟不會有人使用大小寫來當作不同的頁面，但如果你真的在乎，Route 也提供了一個 props 叫做「sensitive」，如果設置 sensitive，那就一定會要求大小寫相符。

> **貼心小叮嚀**　各位在測試大小寫的時候，記得要從 Link 的 to 去改哦！把大小寫的路徑名稱直接輸入到網址上，會全部都先被轉成小寫，所以沒有辦法判斷，但如果先改 to，再透過網頁點擊 Link，就能看見大小寫的 router 了。

最後要提醒大家，Switch 的判斷是有順序性的，它只會渲染第一個符合條件的 Route 所指定的元件，也就是說如果我將 Switch 內容改為：

```
<Switch>
  <Route path="/home" component={Home} />
  <Route path="/about" component={About} />
  <Route path="/home" component={() => <h1> 我來亂的 </h1>} />
</Switch>
```

　　上方的程式碼會在網址的路徑名稱為 /home 的狀況下，只渲染 Home，而不會再渲染最後一行的元件。

　　我們可以利用這個規則，在最後一行捕獲所有沒被設定要渲染任何頁面的路徑，把它們都指定到一個指定的頁面，在該頁面告訴使用者這個網址並沒有任何東西可以顯示。要實作上方的功能，請大家再新增一個 NotFound 的頁面：

```
/* .src/views/NotFound/NotFound.jsx */
import React from 'react';

const NotFound = () => (
  <h1> 你是不是迷路了？這裡沒有任何東西！</h1>
);

export default NotFound;
```

　　接著，到 src/index.jsx 裡的 Switch 最後，增加一個 Route 捕獲所有我們沒有設定的網址路徑名稱，並輸出 NotFound 的頁面：

```
/* src/index.jsx */
/* 其餘省略 */

import NotFound from './views/NotFound';

<Switch>
  <Route path="/home" component={Home} />
  <Route path="/about" component={About} />
  <Route path="/" component={NotFound} />
</Switch>
```

　　上方的邏輯是，如果網址的路徑是 /home，就渲染 Home 這個 component 頁面，是 /about 就渲染 About，除了這兩個 router 以外，都會渲染 NotFound。因為 NotFound 的對應 path 是 /，所以不論是 /apple、/banana、還是 /dog，通通都會因為符合而渲染 NotFound：

圖 3-4　沒有符合的路徑設定都會渲染 NotFound

3.3　透過 URL 傳遞參數給元件—match

只要是透過 Route 所渲染出來的元件，都會有一個預設傳入的 props 叫做「match」。match 是一個有關於當前 route 資訊的物件，而本節要提的就是 match 裡面的其中一個資訊：params，以及它的運用時機。

首先，請大家在 views 中建立一個 News，用來展示最新消息：

```jsx
/* ./src/views/News/NewsList.jsx */
import React, { useState } from 'react';
import { Link } from 'react-router-dom';

const NewsList = () => {
  const [news] = useState([
    { id: 1, name: '第一筆最新消息', describe: '這裡是第一筆哦！' },
    { id: 2, name: '第二筆最新消息', describe: '這裡是第二筆哦！' },
    { id: 3, name: '第三筆最新消息', describe: '這裡是第三筆哦！' },
  ]);

  return (
    <ul>
      {
        news.map(theNews => (
          <li key={theNews.id}>
            <Link
              to={`/news/newsReader/${theNews.id}`}
            >
```

```
            {theNews.name}
          </Link>
        </li>
      ))
    }
  </ul>
);
};

export default NewsList;

/* ./src/views/News/News.jsx */
import React from 'react';
import NewsList from './NewsList.jsx';

const News = () => (
  <div>
    <h1> 這裡是最新消息 </h1>
    <NewsList />
  </div>
);

export default News;
```

　　我相信上方的程式碼對現在的各位來說，就像一片蛋糕 a piece of cake，但我還是稍微解釋一下。我建立了一個陣列作為 NewsList 的 state，裡面塞著最新消息的假資料，然後在回傳的 JSX 裡，對於那些假資料用迴圈把每筆最新消息呈現出來，而每筆呈現的資料又都因為包裹著 Link，成為可以改變網址路徑名稱的連結，每筆消息改變的路徑都是 /news/newsReader 加上各自的 id。

　　而 News 這個元件則是當作最新消息的主頁面，用來顯示 NewsList 的內容。

　　下一步請再新增另外一個能夠閱讀單筆消息的元件：

```
/* ./src/views/News/NewsReader.jsx */
import React from 'react';

const NewsReader = props => {
  console.log(props.match);
```

```
  return (
    <div>
      <h1> 您正在閱讀消息 </h1>
    </div>
  );
};


export default NewsReader;
```

NewsReader 會在 console 中印出 props 的 match，待會就可以來看執行結果，以及如何處理閱讀的部分。

現在，News 這個主頁面裡有兩個小頁面，一個是「最新消息」的列表，另一個能夠閱讀每個消息的詳細資訊，為了能夠在 News 中切換這兩個頁面，可以再透過 Switch 和 Router 來處理顯示的邏輯：

```
/* ./src/views/News/News.jsx */
/* 其餘省略 */

import { Switch, Route } from 'react-router-dom';
import NewsReader from './NewsReader.jsx';

const News = () => (
  <Switch>
    <Route
      exact
      path="/news"
      component={() => (
        <>
          <h1> 這裡是最新消息 </h1>
          <NewsList />
        </>
      )}
    />
    <Route path="/news/newsReader/:id" component={NewsReader} />
  </Switch>
);
```

如此一來，在 News 這個頁面中，也有屬於它自己的 router 設定。這裡要注意的地方是在第一個 Route，我有帶一個 exact，讓網址的路徑要完全等於 /news，才會渲染 News 元件。如果不設定的話，即使當前的網址的路徑名稱爲「/news/newsReader/:id」，也會因爲符合 News 的設置，而不會渲染到 NewsReader。最後回到 src/index.jsx，加上顯示 News 的 Router，也要記得把「最新消息」頁面的 Link 加上到 Menu 中：

```
/* ./src/component/Menu/Menu.jsx */
const Menu = () => (
  <ul>
    /* 其餘省略 */
    <li>
      <Link to="/news"> 最新消息 </Link>
    </li>
  </ul>
);


/* src/index.jsx */
import News from './views/News';

<Switch>
  /* 其餘省略 */
  <Route path="/news" component={News} />

  /* NotFound 要保持在最後一個 */
  <Route path="/" component={NotFound} />
</Switch>
```

也請大家再留意一下 News 內要渲染 NewsReader 所指定的 path，在 /newsReader 後方用了 /:id，現在這個格式就和上方在 News 裡，每一項消息的 Link 指定要改變的網址路徑名稱一樣，以下對照：

```
/newsReader/${theNews.id}
與
/newsReader/:id
```

theNews.id 的值剛好會對應到 id 的位置而渲染 NewsReader。可以試著想像，:id 爲路徑中的那個位置留了一個空格，不管填入什麼值，都會對應到那個 id，因此除了程式中使用的 /newsReader/${theNews.id} 以外，/newsReader/dog、/newsReader/cat 都符合渲染 NewsReader 的渲染條件。

那剛好補進 :id 留的空白又怎樣呢？大家可以先試一下，當網站透過「最新消息」列表，進到某個消息頁面而渲染 NewsReader 的時候，那個隨著 props 被送進來的 match 裡面有些什麼呢？

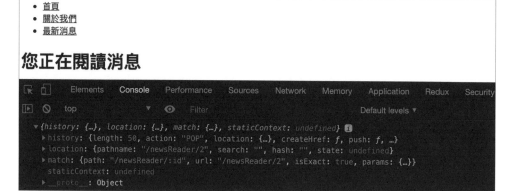

圖 3-5　被渲染的元件會在 props 中得到 match

我們可以從 match 中的 params 得到 :id 所對應的值，這就是用網址傳遞參數的方法。但是，就算我們在 NewsReader 中得到了「最新消息」的 id，那又能怎樣呢？「最新消息」的資料都被存放在 NewsList 裡面沒辦法取得。這時候就要使用一個技巧，叫做「狀態提升」。

「狀態提升」的意思就是，如果有多個頁面或是元件需要同一筆資料，那就將那筆資料提升到共同的父元件，之後再藉由父元件把資料透過 props 傳到需要使用的 component 中。這是設計元件的原則之一[4]，非常重要。

現在的 NewsList 與 NewsReader 共同的父元件就是 News，所以最新消息的資料必須從 NewsList 提升到 News 裡，這麼做就可以從 News 傳遞最新消息給 NewsList 和 NewsReader 了：

```
/* src/views/News/News.jsx */
/* 其餘省略 */

import React, { useState } from 'react';

const News = () => {
```

---

*4　請參照：https://reactjs.org/docs/lifting-state-up.html。

```
const [news] = useState([
  { id: 1, name: '第一筆最新消息', describe: '這裡是第一筆哦！' },
  { id: 2, name: '第二筆最新消息', describe: '這裡是第二筆哦！' },
  { id: 3, name: '第三筆最新消息', describe: '這裡是第三筆哦！' },
]);

return (
  <Switch>
    <Route
      exact
      path="/news"
      component={() => (
        <>
          <h1>這裡是最新消息</h1>
          <NewsList news={news} />
        </>
      )}
    />
    <Route
      path="/news/newsReader/:id"
      component={() => <NewsReader news={news} />}
    />
  </Switch>
);
};
```

上方多用了一個函式包裹了 NewsReader，因為原本的寫法沒有辦法傳遞 props 到 NewsReader 裡，因此才透過函式回傳 JSX 的寫法，把「最新消息」的資料用 props 傳給 NewsReader。

但是這裡要注意！上方有說，match 會透過 props 傳入被渲染的元件，因此以上面的例子來說，在路徑是 /newsReader/:id 的情況下，直接被渲染的元件就不是 NewsReader，而是把 NewsReader 回傳的函式，因此如果想取得 match 的資料，記得要先從包裹的函式取得，再透過 props 送給 NewsReader 哦！

```
<Route
  path="/newsReader/:id"
  component={props => <NewsReader match={props.match} news={news} />}
/>
```

另外，別忘了到 NewsList 中，把定義「最新消息」資料的地方改成使用 props 的 news，因爲狀態提升的關係，現在「最新消息」的資料都來自 News 了：

```jsx
/* ./src/views/News/NewsList.jsx */
/* 其餘省略 */

const NewsList = props => (
  <ul>
    {
      props.news.map(theNews => (
        /* 其餘省略 */
      ))
    }
  </ul>
);
```

經過狀態提升後，NewsReader 也有「最新消息」的資料可以用了！我們能透過從 props 拿到的 news，在所有的消息中，找到與網址路徑上相同 id 的那筆消息，並顯示在畫面上：

```jsx
/* ./src/views/New/NewsReader.jsx */
/* 其餘省略 */

const NewsReader = (props) => {
  const targetNewsId = props.match.params.id;
  const targetNews = props.news.find(theNews => (
    String(theNews.id) === String(targetNewsId)
  ));
  return (
    <div>
      <h1>您正在閱讀 {targetNews.name}</h1>
      <p>{targetNews.describe}</p>
    </div>
  );
};
```

NewsReader 最後被渲染到畫面上的成果如下：

圖 3-6　透過 route 傳遞參數給元件，而顯示不同的內容

　　這個做法在實務上非常常見，因為你不需要做多餘的 state 處理，就能夠直接透過網址的路徑在元件中得到需要的資料。除了上方的「最新消息」例子之外，也可用在任何列表的資料，像是待辦事項、文章列表或瀏覽圖片、漫畫等，全都能夠以這個方式去做，相當方便！

3.4　使用 Hooks 讓控制 Router 寫法更簡潔

　　在 React 有了 Hooks 那麼方便好用的功能後，其他相關生態圈的套件怎麼可能沒有跟上，這一小節會來介紹兩個 react-router-dom 提供的 Hooks，一起看看這些 Hooks 如何讓我們以更方便的方法使用 Router 吧！

3.4.1　useHistory

　　useHistory 是很方便的 Hooks，它提供了讓你直接導向特定網址路徑的方法，簡單來說，就是你不再一定得使用 Link 來改變網址的路徑了。下方是 useHistory 的基本用法：

```
import { useHistory } from 'react-router-dom';

const history = useHistory();
history.push('/ 導向的 router 名稱 ');
```

　　既然 Link 與 useHistory 都能做到同樣的事情，為什麼選擇 useHistory 更方便呢？

　　最明顯的理由應該是，如果我們需要以連結以外的形式去跳轉網頁的話，useHistory 就是無敵的，例如：當使用者在頁面上完成某件事情的時候，希望網頁自動跳轉到某個畫面，在這個情況下，你怎麼使用 Link 做到？

就算是硬想個方法觸發 Link 的點擊事件去跳轉，也太麻煩了。useHistory 的最大好處就是，只要你在元件內，你就能隨時隨地、隨心所欲的把網址的路徑玩弄在你的手中。

以實際的例子來說，如果我有個「儲存並回到首頁」的按鈕，就可以在儲存後操作 useHistory 去跳轉下一個頁面：

```
const UpdateBtn = () => {
  const history = useHistory();

  const update = () => {
    // do something…
    history.push('/home');
  };

  return (
    <button> 儲存並回到首頁 </button>
  );
};
```

> 🦸 **貼心小叮嚀** 其實在沒有 Hooks 的時候，要做到像 useHistory 在 Link 外改變網址的路徑，也可以使用 withRouter，但使用方法還是麻煩很多：
>
> ```
> import { withRouter } from 'react-router-dom';
>
> const Button = withRouter(({ history }) => (
>   <button onClick={() => { history.push('/ 導向的 router 名稱 ') }}>
>     點我
>   </button>
> ));
> ```

除此之外，原本使用的 Link 也都可以拿掉，直接改成使用自己希望的任何一個顯示方式：

```
import { useHistory } from 'react-router-dom';

const Menu = () => {
  const history = useHistory();
  const changeRouter = (router) => {
    history.push(router);
  };
```

```
return (
  <ul>
    <li onClick={() => changeRouter('/home')}> 首頁 </li>
    <button onClick={() => changeRouter('/about')}> 關於我們 </button>
    <a onClick={() => changeRouter('/news')}> 最新消息 </a>
  </ul>
);
};
```

3.4.2　useParams

　　useParams 也是個很方便的 Hooks，從命名來看，就可以知道是爲了要取得 params 用的，你可以直接透過 useParams 取得網址路徑中的參數，而不用一定得把 match 用 props 傳入元件才能使用。

　　大家記得之前我們爲了要在 NewsReader 中取得 match 的參數所做的嗎？

```
<Route
  path="/newsReader/:id"
  component={props => <NewsReader match={props.match} news={news} />}
/>
```

　　只要有了 useParams，就不需要這麼麻煩了，請各位把上方那行改爲更簡單的：

```
<Route
  path="/newsReader/:id"
  component={() => <NewsReader news={news} />}
/>
```

　　接著到 NewsReader 中，改用 useParams 直接取得 router 中的 id：

```
import { useParams } from 'react-router-dom';

const NewsReader = (props) => {
  const { id: targetNewsId } = useParams();

  /* 其餘省略 */
};
```

　　本章關於 react-router-dom 的介紹就到這裡了，如果想要了解更多功能，可以去閱讀官方文件[*5]，程式碼搭配說明的方式相當清楚。

　　另外，建議大家有興趣的話，可以多加關注 React 的 Hooks 生態圈，Hooks 的出現不只影響到 React 本身的寫法而已，幾乎許多套件也都會推出更適合的 Hooks，來使用套件本身的核心功能，就連下一章要介紹的 react-redux 也不例外。

[*5]　請參照：https://reactrouter.com/web/guides/quick-start。

CHAPTER

用 Redux 管理更龐大的 State

4.1 Redux 的基本介紹

所有工具的誕生，都一定是爲了要解決問題，就連 Redux 也不例外，也許目前各位還無法感受到需要 Redux 的原因，但是我們已經可以從一些開發上的小細節，去推敲以後在專案中可能會遇到的問題，讓我們從下一節開始分析吧！

4.1.1　爲什麼需要 Redux？

在第 2 章中，我們已透過各種練習學會了 React 的基本用法，以及透過實作一個簡單的計數器，來練習 React 提供的 Hooks 功能，甚至是自己開發一個自定義的 Hooks。其中最重要的觀念就是，在 React 中只要元件的 state 或是 props 改變，就會觸發畫面重新渲染，這會讓我們對於 state 的管理更爲謹慎。

接著在第 3 章，我們建立的 NewsList 與 NewsReader 會需要使用到相同的資料來源，所以我們做了狀態提升，將原本在 NewsList 裡的資料提升到共同的父元件 News。

所以，當一個網站所需的資料越多，就需要更多的 state 去處理，但各個頁面的 state 都會有可能和其他頁面共用，這時候爲了讓所有的元件使用的資料來源都一樣，我們會將那些 state 通通提升，那會有什麼後果呢？

所有頁面的共同父元件會爆炸！它擁有所有資料，它是神！

再來，如果所有 state 都在最上層管理，那還先不說，遵循把 state 提升到共同的父元件這個原則，可能有些元件的共同父元件不是在最上層，或許是在某個頁面的某個子元件，這會讓所有狀態被提升到的地方都不一樣，那如果繼續開發下去會發生什麼事情呢？你的 state 會像蜘蛛網長得到處都是，根本就無法管理。

當然，如果你對這些不以爲意的話，那你的同事或是未來有可能碰到這些專案的人，一定會非常不爽。

爲了解決以上的問題，和你的生命安全，我們必須要把 state 的資料流和元件分開，元件就妥妥的處理好 UI 的顯示邏輯，state 的部分就交給其他人來處理吧！那誰要來淌這渾水呢？就決定是 Redux 了！

4.1.2　Reudx 的特色與介紹

Redux 是一個全域的 state 管理套件，我們可以把有可能會用在多個頁面或元件的 state，交給 Redux 管理和操作，所以你就不必擔心 state 在元件中管理的問題，整個網站的同一資料都是同一個來源，你可以隨時在任一元件中從 Redux 取出畫面所需要顯示的 state 資料。

除此之外，如果我們在元件內寫下一堆關於獲取資料的 API 請求，那程式就會變得非常亂，且發生問題時也不容易找到，所以 Redux 還能夠讓「畫面」及「資料和資料的行為」分離。有關畫面的問題，就修改 React 的元件，資料的部分就完全交給 Redux，每個角色在專案裡各司其職、分工合作。

4.1.3　也許你聽過 npm uninstall redux

如果你是 React 的新手，你可在查詢 Redux 的時候，看到有些文章和討論區說：「現在都有 Hooks 了啊！不用再多學 Redux 了」之類的文章，所以你會疑惑：「那我是不是就不用學了啊？只要知道 Hooks 就好。」

筆者覺得如果你還不了解 Redux 在 React 中處理了什麼，為什麼要先考慮需不需要學？你應該要去思考的是，我為什麼會選擇 Redux？我用 Redux 做了什麼？而 Hooks 能夠替我做到同樣的事情嗎？在選擇 Hooks 後，有什麼是放棄 Redux 可能會遇到的問題？

當你了解 Redux，並且認真去思考以上提出來的問題，我想你就能得到答案了。就我而言，我還是會選擇 Redux，但是在不那麼大的專案中，我就會直接使用 Hooks 來替我管理狀態，因為我會去評估該案子對 state 的依賴程度有多高，用了 Redux 是不是反而增加維護成本等問題。

就像章節 4.1.1 提到的，有些問題只有在專案慢慢變大的過程中，才會開始浮現，我認為一個好的工程師，必須要能夠去評估到未來的可能性，以及專案在未來的可變化度，這點我也正在學習當中。只是想要告訴大家，每個工具都是為了解決問題而出現的，即使功能是多麼相似，它們出現的目的都不會是為了要幹掉其他工具，也不要因為跟風，就去使用什麼，真正了解自己的需求才是最重要的。

能夠活用概念，就算是 Vanilla JS [*1] 也難不倒你。

---

*1　原生 JS 的意思，請參照：http://vanilla-js.com/。

4.2　Redux 的資料架構及狀態管理篇

在章節 4.1 中，已經說明過使用 Redux 的理由，因為對元件來說，管理 state 是件非常重要的事情。本章會先解釋 Redux 是如何傳遞以及操作 state 的。

4.2.1　Redux 的數據流架構

在寫 Redux 的時候，我們必須要先知道在 Redux 裡，所有的 state 都是集中保管在一個叫做「store」的地方，然後元件內的所有 state 都是從 store 中單向傳遞。store 中的 state 是不可被修改的，如果你想要在元件中更新 store 保管的 state，就得透過另一個被稱作「Reducer」的純函式[*2]回傳下一個新的 state 來取代原本的資料，而不是直接修改原本的值。

根據上述的說明，把 store、reducer、state 和元件的關係圖畫出來的主要架構，就長這樣子：

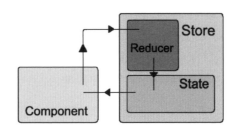

圖 4-1　Redux 與 React 資料溝通的基本架構圖

> 貼心小叮嚀　上方的架構圖僅僅是談論到資料的位置以及它們是如何流動的，並未提及到有關於事件觸發以及在觸發時，還會進行額外的處理流程。這些會在章節 4.3 之後解說。

4.2.2　Redux 的基本用法──狀態管理篇

本章會先把 Redux 的應用架構套進我們的網站中，並嘗試從元件取得 store 中的資料，因此請大家先在這裡從 npm 下載 Redux：

```
npm install --save redux react-redux
```

---

*2　意思是，只要以固定的輸入值執行函式，永遠都會輸出固定的結果。請參照：https://reurl.cc/bRm1xr。

除了下載擁有管理資料核心功能的 redux 套件外，要與 React 一起使用，還必須下載 react-redux，有 react-redux，我們才可以從元件取得 store 的資料。

安裝完後，我們首先做的就是建立一個 store，以保存網站需要的 state，為了確保資料的唯一來源，整個網站只能存在這一個 store。請大家替我在 src 中增加一個資料夾「store」，並在其中建立一個 index.js 檔案，輸入以下程式碼：

```javascript
/* .src/store/index.js */
import { createStore } from 'redux';

const store = createStore();

export default store;
```

上方使用了 createStore 建立了一個 store，並且將它匯出。但目前的 store 是沒有任何資料的，因為整個 Redux 的架構中還缺少 reducer 來處理資料，所以下一步就是要來建立 reducer！

請各位在 src 下建立一個叫做「reducers」的資料夾，然後再建立 news.js，用來存放「最新消息」的資料：

```javascript
/* .src/reducers/news.js */
const initialState = {
  news: [
    { id: 1, name: '第一筆最新消息', describe: '這裡是第一筆哦！' },
    { id: 2, name: '第二筆最新消息', describe: '這裡是第二筆哦！' },
    { id: 3, name: '第三筆最新消息', describe: '這裡是第三筆哦！' },
  ],
};

const news = (state = initialState, action) => {
  switch (action.type) {
    default:
      return state;
  }
};

export default news;
```

建立 reducer 的時候，都會先指定這個 reducer 內的預設保管資料，所以在上方範例的第一行先宣告了一個 initialState，initialState 的作用不只提供了預設資料，開發者也可以從這個 initialState 中知道該 reducer 會回傳什麼。

> **貼心小叮嚀** 我也有看過直接把 reducers 放在 store 的資料夾底下的結構，例如：上方的 news 就會建立成 store/news/index.js 這樣，大家可以看看哪種方式比較好。

上方例子中的 news 就是純函式，第一個參數是預設的資料 initialState，而 action 會帶入希望該函式做什麼事情以及做該事情的參數（這會在章節 4.3.2 的事件處理提到），但姑且不論 action.type 是什麼，這個 news 預設就是會回傳你一開始給的 initialState。

既然現在有 news 可以輸出資料了，就可以在建立 store 的時候，把 news 加進去：

```
/* .src/store/index.js */
import { createStore } from 'redux';
import news from '../reducers/news';

const store = createStore(news);

export default store;
```

上方都只用到 Redux 本身提供的管理功能，接下來的操作要到元件中，讓元件可以得到儲存在 store 的 state。首先和使用 Router 一樣，Redux 也提供了一個叫做「Provider」的元件，我們會需要用它包裹整個網站的所有元件，所以先到 src/index.jsx 中，加上以下程式碼：

```
/* ./src/index.jsx */
/* 其餘省略 */
import { Provider } from 'react-redux';

ReactDOM.render(
  <Provider>
    <HashRouter>
      /* 其餘省略 */
    </HashRouter>
  </Provider>,
  document.getElementById('root')
);
```

　　只有 Provider 還不夠，你也要把 Redux 保管的資料交給 Provider，讓 Provider 下的元件可以取得。還記得資料儲存在哪裡嗎？在 store 裡面，因此必須要再匯入 store 進來，並用 props 交給 Provider：

```
/* ./src/index.jsx */
/* 其餘省略 */
import store from './store';

ReactDOM.render(
  <Provider store={store}>
    <HashRouter>
      /* 其餘省略 */
    </HashRouter>
  </Provider>,
  document.getElementById('root')
);
```

　　完成後，就能到元件中取資料啦！這裡請大家先把第 3 章中為了讓 NewsList 和 NewsReadr 共用，而提升到 News 的 state 砍掉。在 Route 中，也不需要用 props 傳遞 state 了，因為接下來就要直接從 Redux 取資料：

```
/* ./src/views/News/News.jsx */
/* 其餘省略 */
const News = () => {
  // 把 news 砍掉
  const [news] = useState([
    { id: 1, name: '第一筆最新消息', describe: '這裡是第一筆哦！' },
    { id: 2, name: '第二筆最新消息', describe: '這裡是第二筆哦！' },
    { id: 3, name: '第三筆最新消息', describe: '這裡是第三筆哦！' },
  ]);

  return (
    <Switch>
      <Route
        exact
        path="/news"
        component={() => (
          <>
            <h1>這裡是最新消息</h1>
            <NewsList />
```

```
        </>
      )}
    />
    <Route path="/news/newsReader/:id" component={NewsReader} />
  </Switch>
 );
};
```

首先到 src/views/News/NewsList.jsx，我們需要把元件和 store 裡面的資料做連結。做連結的時候，需要定義一個函式，回傳要從 store 中取出的資料，它的格式為：

```
/* ./src/views/News/NewsList.jsx */
/* 其餘省略 */

// 定義要取出的資料格式
const mapStateToProps = state => ({
  news: state.news,
});
```

mapStateToProps 就是定義要取哪些資料的函式，它預設會傳入一個參數 state，這個 state 就是當前 store 裡面所保存的資料內容。而 state 的 news 是對應到上方在 src/reducers/news.js 中所定義的資料：

```
/* .src/reducers/news.js */
const initialState = {
  news: [
    /* 其餘省略 */
  ],
};
```

所以，大家如果在實作的過程中，news 是取另外一個名字的話，在 mapStateToProps 就要使用你定義的名稱。

最後要做的就是「連結」。react-redux 提供了一個 connect 函式，透過 connect 就能夠把我們定義的資料從 store 傳到元件的 props 了，使用方式如下：

```
/* ./src/views/News/NewsList.jsx */
/* 其餘省略 */
import { connect } from 'react-redux';
```

```
/* 其餘省略 */

const mapStateToProps = state => ({
  news: state.news,
});

export default connect(mapStateToProps)(NewsList);
```

但是用到 news 的，除了 NewsList 外，還有 NewsReader，所以也要在 NewsReader 做一樣的事情：

```
/* ./src/views/News/NewsReader.jsx */
/* 其餘省略 */
import { connect } from 'react-redux';

/* 其餘省略 */

const mapStateToProps = state => ({
  news: state.news,
});

export default connect(mapStateToProps)(NewsReader);
```

當你完成了上方所有的事情，你就可以到網站上操作「最新消息」的功能，你會發現一切都運作得很棒，如果有問題請留言告訴我。

當你完成這一個部分，整個專案的結構應該會像這樣子：

```
src
├──── components
├──── hooks
├──── reducers
│      └──── news.js
├──── store
│      └──── index.js
├──── views
└──── index.jsx
```

以上就是如何在元件中從 store 中取資料的方法和基本的 Redux 架構，我們可以再來複習一次所有流程：

|STEP| **01** 建立 store 作為所有資料的來源，整個專案只能有一個。

|STEP| **02** 定義 reducer 和保管的資料，並交給 store。

|STEP| **03** 到建立元件的文件裡，新增 mapStateToProps，並回傳一個物件，來告知需要哪些資料。

|STEP| **04** 把元件和 mapStateToProps 用 connect 做連結，就能在元件內，以 props 取出資料。

4.2.3　結合多個 Reducer 到 Store

這裡要向大家補充關於「資料管理」的問題，大家應該有注意到我替 reducer 取的名字是 news，代表這個 reducer 是用來處理有關最新消息的 state，但是 Redux 就是為了管理變得複雜的 state 而存在的，所以可能還會有管理使用者 state 的 reducer 等。

在有多個 reducer 的情況下，可以透過 Redux 提供的 combineReducers，來組合多個管理各自資料的 reducer。請大家到 src/reducers 裡再建立一個新的 user.js，我們用它管理關於使用者的資料，但目前沒有使用者，所以就先寫上假的資料：

```
/* .src/reducers/user.js */
const initialState = {
  name: '神 Q 超人',
};


const user = (state = initialState, action) => {
  switch (action.type) {
    default:
      return state;
  }
};


export default user;
```

有兩個以上的 reducer 後，就能用 combineReducers 了（其實一個也可以，只是就有點多餘），使用 combineReducers 的方式，就是直接把所有的 reducer 都放到物件中，並當作參數給 combineReducers：

```
/* .src/store/index.js */
import { createStore, combineReducers } from 'redux';
import news from '../reducers/news';
import user from '../reducers/user';

const store = createStore(
  combineReducers({ news, user })
);

export default store;
```

這麼做的話，如果要從 store 裡面取值，mapStateToProps 內的函式就要這麼寫，因為在 state 內經過 combineReducers，又多包了一層物件：

```
const mapStateToProps = state => ({
  news: state.news.news,
  user: state.user.name,
});
```

相信各位對 Redux 的資料流向和架構已經非常清楚了，那下一節我們就要繼續介紹如何操作 store 中的資料。

4.3　Redux 的事件觸發篇

在本節中，本書會實作新增及刪除最新消息的功能，希望能夠透過這兩種不同異動資料的方式，讓大家對操作 React 和 Redux 都更加熟練。

4.3.1　Redux 的事件架構

要更新 store 的唯一方法，就是使用 store 裡提供的 dispatch 函式。當你從 store 中呼叫 dispatch，你必須要給一個 action，Dispatch 的目的是觸發 store 執行 reducer，而作為參數的 action 會決定 reducer 該執行什麼動作，這也是為什麼在章節 4.2.2 建立 reducer 的時候，我們需要給定第二個參數 action 的原因了。

在 reducer 中，每個 action 的 type 都代表不一樣的事情，當 reducer 執行 action 時，會以當下在 store 中的 state 去執行，然後回傳新的 state 來更新 store 的資料。你必須注意，雖然每個 reducer 都是分開的，但即使是在不同的 reducer 中，action 的 type 也絕對不能重複。

另外，更新 state 的時候，你必須永遠回傳一個全新的物件或是陣列，而不是用舊的去修改來回傳，這和章節 2.3 更新 state 所提到的概念是一樣的。

在接下來的實作中，我們會謹記以下幾點：

- 只透過 dispatch 來更新 store。

- 呼叫 dispatch 的時候，需要給 action 的 type，對應到相同 type 的 reducer，就會用當下的 state 和得到的參數執行。

- 所有 reducer 中的 action 的 type 都不能重複，而且每個 action 都必須回傳一個新的 state。

把上面的法則默念三次後，我們就可以開始實作囉！

4.3.2　Redux 的基本用法──事件觸發篇

首先，要建立一個新增「最新消息」的表單，這個表單我會直接放在顯示「最新消息」的頁面，所以請在 src/views/News 目錄下建立一個 NewsForm.jsx：

```jsx
/* .src/views/News/NewsForm.jsx */
import React from 'react';

const NewsForm = () => (
  <div>
    名稱：<input />
    敘述：<input />
    <button>新增最新消息</button>
  </div>
);

export default NewsForm;
```

現在開始要來應用到之前所學的，請問大家該如何在元件內儲存使用者輸入到輸入框的資料呢？答案是「useState」。

　　NewsForm 是一個元件，而表單內的資料只會出現在該元件中，也不會與其他的頁面共用這些資料。在這種情況下，如果我使用 useState，就能夠快速完成我期望的功能，把這些資料放到 store 裡，只是增加生產的成本及維護的開銷，所以加上 useState，來管理使用者輸入的值：

```jsx
/* .src/views/News/NewsForm.jsx */
import React, { useState } from 'react';

const NewsForm = () => {
  const [name, setName] = useState('');
  const [describe, setDescribe] = useState('');

  return (
    <div>
      名稱：
      <input
        value={name}
        onChange={(e) => { setName(e.target.value); }}
      />
      敘述：
      <input
        value={describe}
        onChange={(e) => { setDescribe(e.target.value); }}
      />
      <button> 新增最新消息 </button>
    </div>
  )
};

export default NewsForm;
```

　　上方運用了兩個 useState 分別管理不同的欄位，當使用者輸入資料的時候，就會更新各自的 state。

> **貼心小叮嚀** 如果你覺得上方的程式碼使用了兩個 useState，來管理表單的資料非常笨，那你是對的。如果今天表單內有十個欄位，我想就會感受到很明顯的差異，所以你可以把該表單所有需要的欄位放到一個物件中，在使用者輸入資料時，直接更新該物件就行了：
>
> ```js
> const [newsForm, setNewsForm] = useState({
>   name: '',
>   describe: '',
> });
> ```
>
> 只是使用 setNewsForm 的時候，要注意一定要回傳新的物件，畫面才會更新哦！請參照章節 2.3 提供的範例。

在使用 dispatch 之前，我們必須先定義 reducer 收到 action 後要做什麼事情，所以讓我們到 news 的 reducer 中，新增最新消息的處理：

```js
/* .src/reducers/news.js */
/* 其他省略 */
const news = (state = initialState, action) => {
  switch (action.type) {
    case 'ADD_NEWS':
      return {
        ...state,
        news: [
          ...state.news,
          action.payload.news,
        ],
      };
    default:
      return state;
  }
};
```

上方在 news 的 switch 語法中，建立了一個新 case，這個 case 會在 action.type 為 ADD_NEWS 時執行，我們可以在執行 dispatch 的時候，給它一個物件作為參數，並在物件裡帶一組 key 為 type，值是 ADD_NEWS 的屬性，以觸發 news 內的這個 case。

除了 action.type 之外，還可以看見 action.payload.news，簡單來說，如果 action 物件內的 type 是用來決定要做什麼事情，那 payload 就是在做這件事時所需要傳遞的參數了，在

ADD_NEWS 這個動作中，一筆新的「最新消息」是必要的，因此可以看見我把 action.
payload.news 放到了 state.news 的陣列當中。

最後就是再三強調要請大家注意的地方了：

● 如果要更新 store 的值，請回傳一個新的物件，所以在 ADD_NEWS 裡，就是回傳了一
　個新的物件，在該物件裡還用了展開運算子的方式，把舊 state 的內容放到新物件中。

● 不只有更新 state 是新的物件而已，因為元件會判斷 news 的值是否不同，而去重新渲染
　畫面，如果從原本的 news 用 push 去增加一個最新消息，那 news 其實就還是原本那個
　陣列，畫面就不會重新渲染，因此上方也用了和物件同樣的方式，來產生了一個新的
　陣列。

既然 reducer 裡已經有 ADD_NEWS 這個動作了，那何不在元件中用 dispatch 呼叫看看
呢？下方再回到 NewsForm 中：

```jsx
/* .src/views/News/NewsForm.jsx */
/* 其餘省略 */
import { connect } from 'react-redux';


const NewsForm = (props) => {
  /* 其餘省略 */

  return (
    <div>
      /* 其餘省略 */
      <button
        onClick={() => {
          props.dispatch(
            {
              type: 'ADD_NEWS',
              payload: { news: {id: Math.random(), name, describe } },
            }
          )
        }}
      >
        新增最新消息
      </button>
    </div>
  )
```

```
};

export default connect()(NewsForm);
```

一開始，可以看到我從 react-redux 中 import，並對 NewsForm 做 connect，讓 NewsForm 能與 store 做連結，雖然 NewsForm 沒有使用到任何 store 內的資料，但為了觸發 store 的 dispatch 事件，connect 還是不可或缺的。

還有特別需要注意的部分是 button 的 onClick 事件，因為 NewsForm 做了 connect，所以我能夠直接在元件內從 props 中取出 dispatch。接著，就像上方說的，在觸發 dispatch 的時候給了一個物件，物件內用 type 指定了在 reducer 內執行新增的 ADD_NEWS，而 payload 裡面的 news 就是要新增的最新消息。

順帶一提，news 的 id 值用 Math.random() 產生只是為了給個隨機的唯一值而已，沒有其他意義。

現在，大家如果把 NewsForm 放到「最新消息」的頁面裡，就可以在「最新消息」頁面中去新增最新消息了：

```
/* .src/views/News/news.js */
/* 其餘省略 */

import NewsFrom from './NewsForm.jsx';

const News = () => {
  return (
    <Switch>
     <Route
       exact
       path="/news"
       component={() => (
         <>
           <h1> 這裡是最新消息 </h1>
           <NewsFrom />
           <NewsList />
         </>
       )}
     />
     /* 其餘省略 */
```

```
    </Switch>
  );
};
```

執行結果：

這裡是最新消息

名稱：`新的一筆消息`　敘述：`我超新的`　`新增最新消息`

- 第一筆最新消息
- 第二筆最新消息
- 第三筆最新消息
- 新的一筆消息

圖 4-2　點擊按鈕後，新資料如雲流水的加到列表中了

　　要觸發 dispatch，除了從 props 取出來之外，也可以像 mapStateToProps 取得資料一樣，在元件外的地方定義 NewsForm，需要用 dispatch 觸發的事件，並與元件做 connect，如此一來，就不必在元件中直接呼叫 dispatch 了，如以下用法：

```
/* .src/views/News/NewsForm.jsx */
/* 其餘省略 */

const mapDispatchToProps = dispatch => ({
  addNews: (news) => {
    dispatch({ type: 'ADD_NEWS', payload: { news } });
  },
});

export default connect(null, mapDispatchToProps)(NewsForm);
```

　　先用 mapDispatchToProps 定義了新增「最新消息」的事件，而送 connect 的時候，因為第一個參數是要給 mapStateToProps 用的，NewsForm 不需要任何從 store 來的資料，所以就給一個 null。

　　第二個參數才是接收定義事件的 mapDispatchToProps，只要用 mapDispatchToProps 做 connect，在元件裡面就直接從 props 中使用該方法，例如：上方把觸發 dispatch 的事件移到 mapDispatchToProps 內定義，並且也對事件取了新的名稱為「addNews」，所以我們可以在元件內透過 props.addNews，讓 dispatch 觸發 reducer，來執行「最新消息」的新增。

```jsx
/* .src/views/News/NewsForm.jsx */
/* 其餘省略 */
<button
  onClick={() => {
    props.addNews({ id: Math.random(), name, describe })
  }}
>
  新增最新消息
</button>
```

這麼做也能完成同樣的效果，因為在元件內只需要傳遞參數執行就可以了，畫面會顯得乾淨許多。

 貼心小叮嚀　如果使用了 mapDispatchToProps，就不能直接從 props 中得到 dispatch 了哦！

官網也介紹了 action creator[3]，目的在於統一保管同一個 action 的方法，因為不論你在哪個元件，只要是用 dispatch 觸發同一個在 reducer 的 action，需要給 dispatch 執行的參數都會相同。以上方的例子來說，不論我在網頁中的另外幾十個元件要觸發「新增消息」這個動作，永遠都是這樣子呼叫：

```
addNews: (news) => {
  dispatch({ type: 'ADD_NEWS', payload: { news } });
},
```

那我為何要在那幾十個地方都打上相同的程式碼？而且說不定你會因為打錯字而找不到 bug，甚至是難以維護，所以用 action creator 另外保管這些固定動作需要的物件，等需要用到的時候，就能直接取用。以下讓我們實作 action creator。

為了能夠保管各個動作，請到 src 下建立一個目錄叫做「actions」，並在 actions 中再建立一個 news.js：

```
src
├── actions
│   └── news.js
├── components
├── hooks
```

---

[3]　請參照：https://redux.js.org/basics/actions#action-creators。

```
├──── reducers
├──── store
├──── views
└──── index.jsx
```

一個 action creator 主要是執行某個 action 時，產生該 dispatch 需要的物件，所以如果是 ADD_NEWS 的話，那 action creator 就需要回傳長這樣的物件：

```
{ type: 'ADD_NEWS', payload: { news } }
```

只要我們用函式把上方的物件包起來回傳，屬於 ADD_NEWS 這個動作的 action creator 就完成了。完成後，要記得把它匯出，讓需要的地方使用：

```
/* src/actions/news.js */
export const addNews = news => (
  { type: 'ADD_NEWS', payload: { news } }
);
```

有了 action creator 後，就可以直接匯入，並使用在 mapDispatchToProps 的 dispatch 內，而不用每次都還要重新寫一段「落落長」的 action 物件：

```
/* .src/views/News/NewsForm.jsx */
/* 其餘省略 */
import { addNews } from '../../actions/news';

const mapDispatchToProps = dispatch => ({
  addNews: (news) => {
    dispatch(addNews(news));
  },
});
```

處理完新增後，我們先複習一下為了更新 store 中的資料，我們做了什麼：

|STEP| *01* 定義 reducer 內的對應 action。

|STEP| *02* reducers 內的每個 action 都要回傳一個新的物件，新的物件會更新到 store 中。

|STEP| *03* 建立 action creator，統一管理 dispatch 要觸發事件需要的物件。

|STEP| **04** 到建立元件的文件裡新增 mapDispatchToProps，並定義要使用的事件，這裡要搭配 dispatch 與 action creator 呼叫。

|STEP| **05** 把元件與 mapDispatchToProps 做 connect（如果有需要 store 的資料，mapStateToProps 也一起 connect）。

|STEP| **06** 在元件中，從 props 拿出 mapDispatchToProps 定義的函式名稱執行。

如果上方幾點步驟你都懂的話，就可以來試試看「刪除」的功能，對於刪除的部分，我會在每筆顯示的消息前面增加一個刪除的按鈕，只要按下按鈕，就能刪除該筆消息。

為此，請先到管理最新消息的 reducer 中定義要對應的 action：

```
/* .src/reducers/news.js */
/* 其餘省略 */

const news = (state = initialState, action) => {
  switch (action.type) {
    /* 其餘省略 */
    case 'DELETE_NEWS':
      return {
        ...state,
        news: state.news.filter(
          theNews => theNews.id !== action.payload.id
        ),
      };
    default:
      return state;
  }
};
```

上方在 DELETE_NEWS 裡面重新指定並回傳 state 的 news，而移除某筆「最新消息」的邏輯是，利用了 Array.prototype.filter[4]的過濾和它能回傳一個全新陣列的特性來完成。

寫好 reducer 處理資料的邏輯後，就建立一個 action creator：

```
/* .src/actions/news.js */
/* 其餘省略 */
```

---

[4] Array.prototype.filter 請參照：https://developer.mozilla.org/zh-TW/docs/Web/JavaScript/Reference/Global_Objects/Array/filter。

```
export const deleteNews = id => ({
  type: 'DELETE_NEWS',
  payload: { id },
});
```

下一步到 src/views/News/NewsList.jsx，把剛剛建立「刪除最新消息」的 action creator
匯入，然後定義 mapDispatchToProps 與 NewsList 做 connect：

```
/* .src/views/News/NewsList.jsx */
/* 其餘省略 */
import { deleteNews } from '../../actions/news';

/* 其餘省略 */

const mapDispatchToProps = dispatch => ({
  deleteNews: (id) => {
    dispatch(deleteNews(id));
  },
});

export default connect(mapStateToProps, mapDispatchToProps)(News);
```

最後，請到畫面上加一個按鈕用來刪除最新消息，並把按鈕的事件設定爲刪除，且傳
入要刪除的消息 id：

```
/* .src/views/News/NewsList.jsx */
const NewsList = props => (
  <ul>
    {
      props.news.map(theNews => (
        <li key={theNews.id}>
          <Link
            to={`/news/newsReader/${theNews.id}`}
          >
            {theNews.name}
          </Link>
          <button onClick={() => { props.deleteNews(theNews.id); }}>
            刪除
          </button>
        </li>
```

```
    ))
    }
  </ul>
);
```

如此一來，就完成了刪除的功能了！熟悉整個流程後，在做功能是不是超快？現在你已經可以和你爸媽炫耀，能做出一個可以擁有新增和刪除功能的列表了，初見 Redux 的資料流，會覺得超級難又複雜，但如果你好好理解過它，那基本上就不會有什麼大問題了，剩下就多多練習吧！

4.4　用 Hooks 取代 connect 麻煩的寫法

沒有錯！看到標題就知道 Hooks 時代又要來了，這裡會講解 react-redux 推出來的 Hooks 寫法。

但各位有沒有發現，其實在使用 Redux 的時候，所有的操作都圍繞在兩個地方，第一個是用 mapStateToProps 取資料，另一個是用 mapDispatchToProps 更新資料。接下來，要講解的兩個 Hooks 也分別取代了這兩個操作，一起來看看吧！

4.4.1　useSelector

第一個要介紹的 Hooks 是 useSelector，我們可以直接用它在元件中取得 store 的資料。下方是 useSelector 的基本用法：

```
import { useSelector } from 'react-redux';

useSelector(state => state.reducer.data);
```

上方先從 react-redux 中取出 useSelector，而 useSelector 接受一個函式，在該函式裡會有個傳入的參數，那個參數就是 store 內保管的所有資料，接下來就如同在 mapStateToProps 內一樣，指定函式回傳從 store 取出的資料。

稍微了解用法後，就可以打開使用到 mapStateToProps 的 NewsList.jsx，讓我們改成以 useSelector 來取得「最新消息」的資料：

```
/* src/views/News/NewsList.jsx */
/* 其餘省略 */
import { connect, useSelector } from 'react-redux';

const NewsList = props => (
  <ul>
    {
      useSelector(state => state.news.news).map(theNews => (
        <div key={theNews.id}>
          <Link to={`/news/newsReader/${theNews.id}`}>
            <li>{theNews.name}</li>
          </Link>
          <button onClick={() => { props.deleteNews(theNews.id); }}>
            刪除
          </button>
        </div>
      ))
    }
  </ul>
);

const mapStateToProps = state => ({
  news: state.news.news,
});

const mapDispatchToProps = dispatch => ({
  deleteNews: (id) => {
    dispatch(deleteNews(id));
  },
});

export default connect(null, mapDispatchToProps)(NewsList);
```

上方原本是透過 mapStateToProps 加上 connect，再配合從 props 取「最新消息」的資料，但現在都不用了，只要透過 useSelector 就能直接取代上面所有步驟。

不過，請先不要把 connect 砍掉，因為在 NewsList 裡，還有 mapDispatchToProps 所提供的刪除事件需要使用到，但如果你真的很想砍掉的話，就先砍 NewsReader 吧！各位可以先練習看看把 NewsReader 的 mapStateToProps 改成 useSelector 的寫法，NewsReader

的內容沒有使用到 mapDispatchToProps，所以改寫完後，就可以把 mapStateToProps 和 connect 都砍掉：

```jsx
/* src/views/News/NewsReader.jsx */
/* 其餘省略 */
import { useSelector } from 'react-redux';

const NewsReader = (props) => {
  const { id: targetNewsId } = useParams();
  const news = useSelector(state => state.news.news); // useSelector
  const targetNews = news.find(theNews => (
    String(theNews.id) === String(targetNewsId)
  ));
  return (
    <div>
      <h1>您正在閱讀 {targetNews.name}</h1>
      <p>{targetNews.describe}</p>
    </div>
  );
};

const mapStateToProps = state => ({
  news: state.news,
});

export default connect(matStateToProps)(NewsReader);

export default NewsReader;
```

4.4.2　useDispatch

在上一個小節中，我已經解釋了關於 mapStateToProps 的 Hooks，這裡要接著介紹 mapDispatchToProps 的 Hooks 型態，叫做「useDispatch」。

useDispatch 的使用方法非常簡單，在使用的時候會直接回傳一個 dispatch 出來：

```jsx
import { useDispatch } from 'react-redux';

const dispatch = useDispatch();
```

　　取到 dispatch 之後，就能夠像 mapDispatchToProps 在裡面那樣，直接傳進 action creator
更新 store 的資料。下方直接改寫 NewsList.jsx 的內容：

```jsx
/* src/views/News/NewsList.jsx */
/* 其餘省略 */
import { useSelector, useDispatch } from 'react-redux';

const NewsList = () => {
  const dispatch = useDispatch();
  return (
    <ul>
      {
        useSelector(state => state.news.news).map(theNews => (
          <li key={theNews.id}>
            <Link
              to={`/news/newsReader/${theNews.id}`}
            >
              {theNews.name}
            </Link>
            <button onClick={() => { dispatch(deleteNews(theNews.id)); }}>
              刪除
            </button>
          </li>
        ))
      }
    </ul>
  );
};

const mapDispatchToProps = dispatch => ({
  deleteNews: (id) => {
    dispatch(deleteNews(id));
  },
});

export default connect(null , mapDispatchToProps)(NewsList);


export default NewsList;
```

上方所做的改動就是，把 dispatch 取出來，並且直接在元件之中使用，也因為 mapStateToProps 和 mapDispatchToProps 都不需要了，所以就全都砍掉，連 connect 步驟也省略囉！

大家可以在能使用的情況下，多多利用新的 Hooks 寫法，因為 Hooks 不論是在 React、Router 或 Redux，都帶來了很棒的方便性，雖然目前可能還卡在兩個版本的交替期（有沒有用 Hooks 的寫法都會看到），但在之後可能就會變成主流的寫法了。

4.5　製作一個 logger 來了解 Middleware

大家一定覺得 Redux 整個結構就這樣了對吧？但其實還沒有，在 dispatch 觸發後，到 reducer 之間，其實還會再經過一個地方，就叫做「Middleware」。下方會講解如何利用 Middleware 在 dispatch 觸發某個動作的時候產生 log。

4.5.1　Middleware 是什麼？

Middleware 非常簡單，它就是一個長這樣子的函式：

```
const middleware = store => next => (action) => {

  // 執行 reducer 的 action 前

  const result = next(action);

  // 執行 reducer 的 action 後

  return result
};

/* 覺得上方箭頭太多看不懂可以參考這個（感覺更看不懂了）*/
function middleware(store) {
  return function(next) {
    return function(action) {

      // 執行 reducer 的 action 前

      const result = next(action);
```

```
    // 執行 reducer 的 action 後

    return result;
  };
 };
};
```

在用 dispatch 觸發 reducer 的動作時，還有一個 middleware 會被執行。Middleware 的結構就像上方所列的，感覺很複雜，但我們只需要專注於最後一次回傳的函式就好，最後一次回傳的函式，會執行一個叫做「next」的方法，這個 next 可以想像成，開始執行這次 dispatch 該做的事情吧！所以重點是在執行 next 之前，reducer 就還沒有執行，而執行完 next 後，store 裡就是新的 state 了。

比較難懂的是，middleware 會回傳 next 的執行結果，這與 middleware 可以設置多個有一點關係，先執行的 middleware 所回傳的值，會成為下一個執行的 middleware 內 next 的結果。這部分待會我會再展示給大家看。

4.5.2 用 Middleware 製作一個 Logger

那現在我們先做一個 logger，記錄 dispatch 發生了什麼事情。最簡單的方式就是，使用無敵的 console.log 在 next 的前後記錄下，在 store 中保存的 state 和此次 dispatch 接收了什麼 action 物件：

```
const logger = store => next => (action) => {
  console.log('此次執行：', action);
  console.log('執行之前的 state：', store.getState());

  const result = next(action);

  console.log('執行之後的 state：', store.getState());
  return result;
};
```

上方的 store.getState() 之前沒有提到過，透過 store.getState() 這個函式，就可以直接取到當前 store 保管的 state 了。除了 getState 外，也可以從 store.dispatch 做到和 dispatch 相同的事情。

　　那該把 middleware 放到哪呢？請大家到 src/store/index.js 中，先貼上上方的 logger，接著從 redux 套件中匯入 applyMiddleware，之後只要把想增加的 middleware 作為參數，傳到 applyMiddleware 中，並把它放到 createStore 的第二個參數執行就可以了：

```
/* src/store/index.js */
/* 其餘省略 */
import { createStore, combineReducers, applyMiddleware } from 'redux';


const logger = store => next => (action) => {
  /* 其餘省略 */
};


const store = createStore(
  combineReducers({ news, user }),
  applyMiddleware(logger),
);
```

　　當完成上方的步驟，就能到網頁中執行看看有關 dispatch 的事件，例如刪除最新消息：

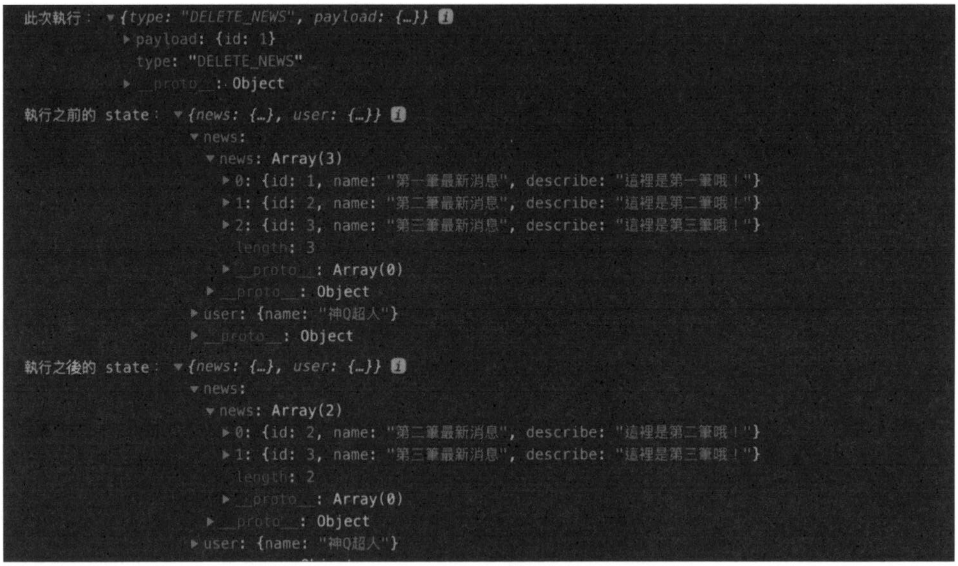

圖 4-3　執行 dispatch 時會觸發 middleware

只要是觸發 dispatch，就一定會經過 middleware，然後 next 執行之前，state 還沒改變，而執行後就改變了。一切就是那麼簡單。

那最後再展示一下剛剛提過的 middleware 的回傳值與 next 的結果。

```
/* src/store/index.js */
/* 其餘省略 */

const logger = store => next => (action) => {
  /* 其餘省略 */
  return '我是 logger1 的回傳值';
};

const logger2 = store => next => (action) => {
  const result = next(action);
  console.log(result);
};

const store = createStore(
  combineReducers({ news, user }),
  applyMiddleware(logger2, logger),
);
```

在上方的程式碼中，我修改了 logger 的回傳值，然後新增另一個 middleware 叫做「logger2」，在 logger2 裡面會印出 next 的結果。

> **貼心小叮嚀**　在多個 middleware 執行的時候，會從比較後面的 applyMiddleware 執行到前面的 middleware。例如：上方的例子，middleware 的執行順序就會從後面的 logger 執行到前面的 logger2。

之後，一樣到網頁中，執行任一個 dispatch 觸發的事件：

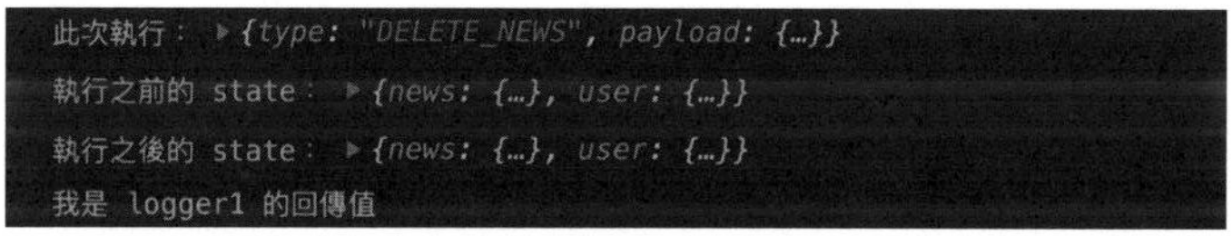

圖 4-4　現在 middleware 中 next 執行的結果，會是上一個 middleware 的回傳值

經過實驗後，應該就會很清楚，當第二個 logger2 執行的時候，next 的結果會是第一個 logger 的回傳值。測試完後，就可以把 logger2 刪掉了。

那 middleware 的章節就介紹到這裡，另外如果大家真的希望有一個可以記錄 Redux 執行時的 state 變化，除了本章的範例外，也可以去下載一個叫做「redux-logger」[5] 的 middleware，相當讚哦！

4.6　用 Redux Thunk 來處理非同步事件

為什麼需要使用 redux-thunk 來處理非同步事件，不用就不行嗎？

如果各位讀者看到這裡，心裡有浮現上方的問題，那你一定可以成為很棒的工程師，因為你會想要去瞭解原因，而不是盲目地看到書上說要使用什麼就用。

原因很簡單，因為在 Redux 的官網上記載著這段話：

「Without middleware, Redux store only supports synchronous data flow. This is what you get by default with createStore().」[6]

也就是說，在沒有 middleware 的情況下，Redux 的 store 就只接受同步的函式而已，非同步的我一律不收。

所以，如果在 Redux 中，想要在觸發 dispatch 向後端請求資料，再透過 reducer 將得到的資料寫入 store，就得找個 middleware 來處理這件事。在本章中，我們會介紹如何使用 redux-thunk 這個套件來處理非同步事件。

會選擇 redux-thunk，是因為它的學習門檻最低，任何人都可以輕鬆使用，等到之後需求提高或是用膩了，就能再考慮學習 redux-saga[7] 或是 redux-observable[8] 等其他 middleware 來使用。

那在進入 redux-thunk 之前，請大家先從 npm 下載它：

```
npm install --save redux-thunk
```

[5]　請參照：https://github.com/LogRocket/redux-logger。
[6]　請參照：https://redux.js.org/advanced/async-flow。
[7]　請參照：https://github.com/redux-saga/redux-saga/。
[8]　請參照：https://github.com/redux-observable/redux-observable/。

4.6.1 同步與非同步的 Action creator

先簡單解釋一下什麼是同步的 action creator，以及與非同步有什麼差異。首先，同步的 action creator 就像在前幾個篇章所寫的：

```
const addNews = news => (
  { type: 'ADD_NEWS', payload: { news } }
);
```

而非同步的 action creator 會長這樣子：

```
const fetchNews = (id) => {
  let news = [];
  setTimeout(
    () => { news = [{ id: 'xx', name: '', describe: '' }] },
    1000,
  );
  return { type: 'SET_NEWS', payload: { news } };
};
```

主要的差異就在於，非同步的 action creator 擁有非同步事件的 setTimeout（此處用 setTimeout 來模擬 fetch 呼叫 API），而 fetchNews 並不會等到 setTimeout 執行完才回傳 action，而是先回傳 action，之後過了 1 秒，才執行裡面函式的內容，所以我們抓到的 news 就還是一開始定義的新陣列，這個部分執行一次就知道了：

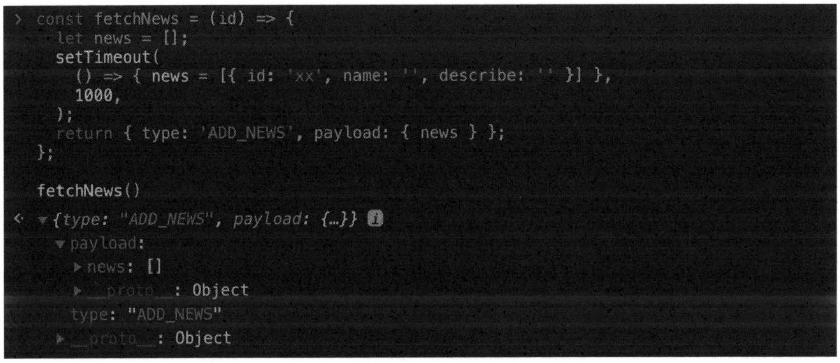

圖 4-5　執行後的回傳值是不會等 setTimeout 的

為此，我們需要使用 redux-thunk，讓它在我們確定成功得到資料後，再執行 dispatch。

4.6.2 Redux Thunk 基本用法

進入本節之前，大家都應該下載完 redux-thunk 了，而既然 redux-thunk 是個 middleware，那我們先到 src/store/index.js 中，把它加進 applyMiddleware 中：

```
/* src/store/index.js */
/* 其餘省略 */

import thunk from 'redux-thunk';

/* 其餘省略 */

const store = createStore(
  combineReducers({ news, user }),
  applyMiddleware(thunk, logger),
);
```

> **貼心小叮嚀** 如果你有留著章節 4.5.2 中自己建立的 middleware logger，或是你下載了 redux-logger 來使用，那一定要把它放在最後面哦！不然，它就會把給 redux-thunk 的非同步 action creator 也記錄進去，但它並不是真正異動 store 內資料的 action。大家可以試著換位置看看，確認有什麼不同。

完成後，我們需要建立讓 redux-thunk 能夠接收到的非同步 action creator，簡單來說，redux-thunk 會去判斷，如果被送到 dispatch 執行的是一個函式，而不是一般的 action 物件，那會就直接把 dispatch 交給你，在我們能拿到 dispatch 的情況下，就可以在請求資料成功後，才執行 dispatch 囉！

假設目前的需求是要向後端請求使用者的資訊，並把得到的資訊寫入 user 的 reducer。請大家先打開 src/reducers/user.js，並增加一個寫入 user 資訊的 action：

```
/* src/reducers/user.js */
const initialState = {
  name: '神 Q 超人 ',
  user: {},
};

const user = (state = initialState, action) => {
```

```
  switch (action.type) {
    case 'SET_USER':
      return {
        ...state,
        user: action.payload.user,
      };
    default:
      return state;
  }
};
```

接下來，因為向後端發送請求是非同步的行為，所以為了讓 redux-thunk 認得它是非同步的 action，action creator 就必須要回傳函式。請在 src/actions 底下建立一個 user.js，並增加一個同步的 action creator 和非同步的 action：

```
/* src/actions/user.js */
const setUser = user =>({
  type: 'SET_USER',
  payload: { user },
});

export const fetchUser = () => async (dispatch) => {
  const response = await fetch('http://httpbin.org/get'); // *9
  const user = await response.json();
  dispatch(setUser(user));
};
```

上方的程式碼的總流程是：

|STEP| *01* 在元件中，用 dispatch 觸發 fetchUser。

|STEP| *02* fetchUser 這個 action 會回傳一個函式，所以在 middleware 的 redux-thunk 會抓到它。

|STEP| *03* 抓到的話，就會把 dispatch 這個神聖的事件當作參數，去執行 fetchUser 回傳的函式。

|STEP| *04* 在 fetchUser 這個方法裡等待 fecth 成功後，再用收到的 dispatch 執行 setUser 這個 action。

|STEP| *05* 讓 setUser 拿著從 fetchUser 來的資料寫進 store。

---

*9　這是一個提供 ResfulAPI 請求的網站，大家如果想試打 API 但又沒有資源的話，可以試試看，請參照：http://httpbin.org/。

但是，這裡會有一個問題，那就是上方所用到的 async 和 await 並不在 babel 的基本編譯設置中（@babel/preset-env），所以我們必須要另外載入擴充語法包[10]：

```
npm install --save core-js regenerator-runtime
```

下載完後，要到專案的入口文件中把這兩個套件匯入：

```
/* src/index.jsx */
import 'regenerator-runtime/runtime';
import 'core-js/stable';

/* 其餘省略 */
```

完成載入擴充語法後，就能夠到頁面觸發 dispatch 來得到資料了。我打算在 Home 的頁面載入時做 fetchUser，所以請先打開 src/views/Home/Home.jsx。請問有什麼方法能夠在元件第一次渲染完後執行呢？答案是 useEffect。我們要使用 useEffect，讓 Home 可以在渲染完成的時候，去觸發 fetchUser：

```
/* src/views/Home/Home.jsx */
import React, { useEffect } from 'react';
import { useSelector, useDispatch } from 'react-redux';
import { fetchUser } from '../../actions/user';

const Home = () => {
  const dispatch = useDispatch();
  useEffect(() => {
    dispatch(fetchUser());
  }, []);
  return (
    <>
      <h1> 這裡是首頁 </h1>
      <div>
        {JSON.stringify(useSelector(state => state.user.user))}
      </div>
    </>
  );
};
```

---

*10　原本 Babel 都是使用 babel-polyfill 在擴充語法的，但在 Babel7.4.0 版之後就不建議這麼做，請參照：
https://babeljs.io/docs/en/babel-polyfill。

```
/* 其餘省略 */
```

上方在 Home 裡面，除了用 useEffect 控制資料獲取的時機外，也用了 useDispatch 取出 dispatch 去觸發 fetchUser，而把 user 資料拉出來顯示則是使用 useSelector，JSON.stringify 是爲了把物件轉換成字串在網頁上顯示，最後因爲必須只能回傳一個父節點，所以就用了與章節 2.2.4 同樣的空標籤包裹住 h1 和 div。如果修改完，就可以打開網頁進入 Home 的頁面：

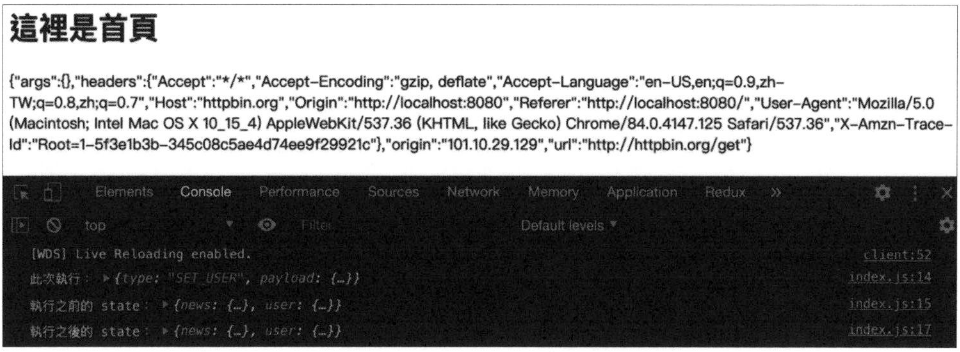

這裡是首頁
{"args":{},"headers":{"Accept":"*/*","Accept-Encoding":"gzip, deflate","Accept-Language":"en-US,en;q=0.9,zh-TW;q=0.8,zh;q=0.7","Host":"httpbin.org","Origin":"http://localhost:8080","Referer":"http://localhost:8080/","User-Agent":"Mozilla/5.0 (Macintosh; Intel Mac OS X 10_15_4) AppleWebKit/537.36 (KHTML, like Gecko) Chrome/84.0.4147.125 Safari/537.36","X-Amzn-Trace-Id":"Root=1-5f3e1b3b-345c08c5ae4d74ee9f29921c"},"origin":"101.10.29.129","url":"http://httpbin.org/get"}
Elements Console Performance Sources Network Memory Application Redux
top
Default levels
[WDS] Live Reloading enabled.
client:52
此次執行： {type: "SET_USER", payload: {…}}
index.js:14
執行之前的 state： {news: {…}, user: {…}}
index.js:15
執行之後的 state： {news: {…}, user: {…}}
index.js:17

圖 4-6 fetchUser 請求成功，setUser 也順利寫入資料到 store 裡

不論是使用或是概念，redux-thunk 都是非常簡單的 middleware，只要記得非同步的 action creator 要回傳一個函式就可以了，而在請求完成後，仍然是去拿一般的 action creator 去給 dispatch 觸發，最後把資料寫入 store 中，讓元件重新渲染。

關於 Redux 的章節，到這邊告一段落了。就目前來說，各位應該可以試著去寫一些簡單的小網站作爲作品了。至於做出來的作品，可以放到哪裡展示，大家可以到第 7 章，我將會示範如何製作一個簡單的待辦事項，並將打包好的網頁放到 GitHub 上顯示。

5

CHAPTER

為程式碼做單元測試

5.1　單元測試基本介紹

「單元測試」是個很有趣的技術，如果各位還沒有使用過單元測試，或不曉得什麼是單元測試，那本節會做一些詳細的介紹，希望大家可以好好瞭解單元測試在開發上為我們帶來了什麼優勢。

5.1.1　為什麼要為程式做測試？

也許你會相當有自信的認為，當函式完成後你不去修改它，那怎麼會出現 bug？沒錯！如果你完成了某個函式，當下它也照你預期的運作，而且這輩子絕對不會再有人去修改它，就這樣永遠把它封印起來，那你就不需要為它寫測試。但是我們每天都在新增與修改功能，就問大家一句：

「誰沒有製造 bug 過？誰沒有因為改了某個功能而導致 bug 出現？」

都有對吧？如果沒有的話，請直接跳過這一節，進入 TypeScript 篇，感謝。因為我們是人類，而程式碼是思考的產物，所以我們很容易會忽略一些小細節，或是在現階段的經驗與思考中沒有辦法發現到的細微變化，導致某個原本正常的函式出現 bug，我們卻沒有發現。

就是因為開發中擁有這種未知性，所以隨著專案越來越龐大，我們越無法保證在每一次的修改後，所有方法都仍然會維持原本預期的功能，所以需要測試。如果你在程式碼改完後，沒有做任何測試就 push 到 GitHub 上，請現在馬上發 Line 和你的同事道歉。

修改或是建立後沒有經過測試的程式，就像薛丁格的貓一樣，是一種量子函式。在你真正去執行，並觀察到它的執行結果之前，你都不會知道該函式正不正確，它有可能正確，也有可能是出現 bug 的，一直到看到結果才能確定。

假設在我們寫了一個能在購物網站中被重複使用的函式 add：

```
const add = (a, b) => a + b;

console.log(add(1 + 2)); // 3
```

但在某天你的頁面因為購物車的結帳金額出現問題了，為了找到問題出現的原因，你可能需要進行幾個流程：

|STEP| **01** 從畫面上先操作整個購物流程一次，發現真的有問題。

|STEP| **02** 先推斷可能是哪裡有問題，然後下 console.log 在某些關鍵環節。

|STEP| **03** 發現是處理金額計算的部分錯了，所以到計算金額的方法裡面下一堆 console.log。

|STEP| **04** 終於發現是 add 的錯，原因是小數點相加會有浮點數的問題，替它修改 bug。

|STEP| **05** 重新在畫面上操作一次購物流程，發現問題解決了。萬歲！

　　這很正常對吧？因為從你剛開始學程式的時候，大家只有告訴你「把重複的功能包成函式，方便再次呼叫相同的邏輯」，卻沒有人告訴你「把測試的重複動作也包成函式，讓程式自動測試」，所以你就會覺得親自下去測試系統，是一件理所當然的事情，甚至把一拖拉庫的時間都耗費在尋找 bug 上。

　　人工測試除了必須一直執行重複的動作外，還有幾個缺點：

- 每次的測試樣本不同，導致每次的測試結果不一樣。有時候你明明就知道這段程式碼有 bug，但是在輸入的值不一定相同的情況，會導致測出來的結果時好時壞。

- 守備範圍太大，很難找到原因。以上方的例子來說，整個購物車結帳金額錯誤的原因就在於那小小的 add，對於一整個流程的測試，你需要看的程式碼太多了，很難直接發現 add 是錯誤的。

- 需要搭鷹架。用前端的例子來說，我必須要依賴後端的 API，才能運行網頁測試，沒有網路、沒有後端，就沒辦法測試。不然就是要先補上假資料，讓網頁能夠顯示，再 console.log 印出暫時的結果，然後測試完了，還要記得砍掉。

- 人工測試不會留下任何紀錄。當程式出現問題的時候，主管問起：「難道你都沒測試過嗎？」，你只能回答「有」，但也拿不出任何證據。

　　有時候，我們會在被 bug 糾纏的加班夜裡懷疑人生，但其實我們只是沒有遇到對的測試方法。

5.1.2 關於自動化測試

　　「自動化測試」並不是自動產生程式碼，它就會自動找到你的程式碼有沒有 bug，而是要靠自己多寫一段程式，記錄著你測試的步驟，驗證你在乎的結果，並且告訴你是否正確。它就像一段腳本，在你想要測試的時候，去執行那段腳本，讓腳本運行你寫的程式碼，確認所有程式碼的執行結果是不是都如腳本所預期的一樣。

你就像編劇，你會寫下每一項想要測試的東西當作劇本，而你期望你的程式碼就像稱職的演員，能夠按照劇本達成你的要求。

自動化測試在未來一定會越來越普遍，因為隨著專案的需求越來越大，高成本又不穩定的人工測試操作，只適合用在補足自動化測試測不到的案例。在開發的時候，開發者沒有辦法去思考到所有的細節，或根本就沒有時間去測試所有的情境，但是你寫下的測試會限制你程式的行為邊界，也許程式的行為在未來會愈來愈複雜，不過你對程式碼的原始期望絕對不會變，只有新的期望（需求）疊加上去，如果改變了測試就直接失敗，你也會馬上知道。

其實在前端的自動化測試上，有三種測試的類型，而三種測試的類型也各有特色：

● 單元測試（Unit Testing）：測試的範圍可以很小，導入專案和學習的成本都很低，而且寫下單元測試和執行測試的速度都超快。

● 整合測試（Integration Testing）：能夠真的去執行 API 來測試，必須依賴真實的環境，能測出前後端間的運作等行為是否正常。

● 端對端測試（E2E Testing）：導入、維護和學習的成本都比前兩者高，測試速度也很慢。但是只有端對端測試是直接在瀏覽器的環境做測試，能夠確認不同瀏覽器間的執行狀況，以及最貼近真實使用者的操作是它最大的特色。

上方的三種自動化的測試，根據各自的特色，可以用「測試金字塔」來表現：

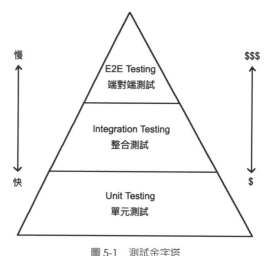

圖 5-1　測試金字塔

最上層的 E2E 測試的導入成本是最高的，而且執行速度最慢，反之「單元測試」是成本最低，而且測試的速度最快。但是，右邊的指標除了成本外，也表示了對使用者的價值，E2E 測試對使用者的價值是最高的，因為它開啓一個瀏覽器，然後假裝使用者開始執行，反之單元測試使用者看不到，所以對使用者來說就沒有價值，即使單元測試對開發者來說非常有用。

不論是哪一種自動化測試，都有屬於它們的特色與理想的使用情境，沒有一種測試是毫無意義的。而本書會著重說明單元測試的特色和使用方法。

5.1.3　什麼是單元測試？

單元測試能夠驗證程式碼執行的過程是否如你所想，或是結果是否符合軟體規格。假設我們想要使用單元測試，確認章節 5.1.1 提到的 add 運行結果正不正確，就必須用程式碼另外寫下驗證：

```
const add = (a, b) => a + b;

if (add(1, 2) === 3) {
  console.log(' 正確 ');
} else {
  console.log(' 錯誤 ');
}
```

上方的 if 條件式就是一個簡單的測試了，為了驗證 add 的運行結果，而為它寫下的判斷。如果執行後在 console 中出現的是正確，那就代表 add 的行為正常，否則就是有問題。

這時你心裡也許會覺得很困惑，何必為了一個知道結果的函式，再多寫另外一個測試，去驗證它執行的結果？但是各位，你寫下的函式到底是會執行你預期的結果？還是會執行程式碼跑出來的結果呢？你對它的預期終究只是預期，而不是真實的結果。把實際結果限制成與預期相同，正是測試的意義。

以 LeetCode 為例，當我們解完題目的時候，都會點選「提交」，這時候 LeetCode 就會去測試你的程式碼，驗證解出來的函式跑出來，是不是會如預期中的執行，如果都是，那恭喜你！測試是通過的，函式也沒有問題，反之的話，就是測試不通過，並且會告訴你在什麼樣的情況下執行，應該要回傳什麼結果。這可能是大家最接近單元測試，但又不知其實就是單元測試的例子：

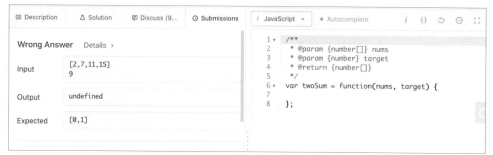

圖 5-2　截圖自 LeetCode [*1]，左邊顯示跑測試的結果

使用單元測試有幾個好處：

- 單點擊破的能力很強。從一個函式到畫面中的一個行為（例如：查詢資料，確認資料是否顯示），都可以做測試。

- 隔離真實環境。在單元測試中，你不需要真實連接資料庫，你可以使用模擬的方式，讓它固定回傳一些資料，而且不需要刪掉。

- 任何時候都可以導入測試，即使是在寫下程式之前。

- 測試的速度很快，你只需要一行指令，就能等待測試的結果。

- 寫完的測試案例可以訴說該行為是如何被觸發以及預期的結果。它是個現成的工程師使用手冊。

- 如果你希望，也能夠產生測試覆蓋率的報告（在稍後的章節會提到覆蓋率），讓每一行程式被測試執行的次數與過程皆一目瞭然。

單元測試的最大缺點，就是它終究沒有辦法模擬程式從瀏覽器執行的樣子，你只能確認它單一行為的功能是否正確，但所有行為組合起來還是有可能會出現問題。

要特別注意的是，單元測試絕對不是萬能藥。單元測試扮演的角色，只是在執行人工或其他測試前，用有效率的方式把藏在程式中的錯誤先處理掉，先確認每個單元的功能都正常，就不會讓我們在人工測試時，大海撈針的尋找錯誤。

下一小節就會開始介紹如何撰寫單元測試，以及在撰寫單元測試中該注意的事情。

＊1　請參照 :https://leetcode.com/。

5.2　Jest 的基本用法

在前端有許多優秀的單元測試框架，本書會選用 Jest 說明如何使用單元測試，但不論你是使用哪一種測試框架，只要學會了寫單元測試的核心概念，那就算換上其他的框架也難不倒你。

所以進入本節的教學之前，請大家先從 npm 下載 Jest：

```
npm install --save-dev jest
```

因為很久沒看到 --save-dev 這個 flag，所以提醒一下大家：因為測試只在我們開發的時候執行，所以在 package.json 中是歸類到 devDependencies，而不是在 dependencies。

> 貼心小叮嚀　各位要注意哦！ Jest 的版本如果高於 26，必須把 Node 升到 10 才能使用，如果 Node 還是 8 版，記得要裝版本 26 以下的 Jest。

5.2.1　第一個測試案例與測試環境配置

「測試案例」就是為每一個行為寫下的測試。在單一測試案例中，我們會撰寫在給予什麼樣參數的情況下，會預期得到什麼結果。

為了寫下一個簡單的測試，請大家先打開專案，並到 src 下建立一個名稱為「utils」的資料夾，在 utils 裡面會放置一些專案內常用的方法：

```
src
├────── components
├────── hooks
├────── reducers
├────── store
├────── utils
├────── views
└────── index.jsx
```

那事不宜遲，我們就在 utils 裡建立 math.js，並輸入以下程式碼：

```
/* src/utils/math.js */
export const addTwoNumbers = (a, b) => a + b;
```

接著，在同一個資料夾下建立另一個檔案，名字叫做「math.test.js」，各位可以注意到，這次新增的檔案名稱後多了「.test.js」，那是因為 Jest 這個測試框架在執行的時候，會在專案裡面搜尋要測試的檔案，而預設的測試條件有幾項：

- 在副檔名（如 .js）前面加上 .test 或是 .spec 的檔案。
- 放在資料夾 __tests__ 內的所有檔案。

兩種放法我都有在專案中看過，自己也都有嘗試過，其實和測試本身沒有關係，也不會因為放哪就導致測試失敗，如果團隊中沒有規定的話，可以直接挑選自己喜歡的。個人目前都把測試檔案直接和要測試的程式碼放在一起，這樣才不用再到另外一個資料夾（例如：__tests__）中翻找對應的測試程式。

在 math.test.js 中，就能寫下第一個單元測試：

```
/* src/utils/math.test.js */
import { addTwoNumbers } from './math';

test('The result of addTwoNumbers will be 5 if use 3 and 2', () => {
  /* 測試內容 */
  const expected = 5; // Arrange

  const result = addTwoNumbers(3, 2); // Act

  expect(result).toBe(expected); // Assert
});
```

上方的測試案例用了 Jest 的 test 方法，test 在執行的時候會接收兩個參數，一個是測試案例的名稱，第二個則是函式，我們的測試內容就要寫在那個函式裡。

除了使用 test 之外，還有 expect，expect 會接收你想要驗證的值，並且依照你的選擇，而採用不同的方式去驗證它，像上方的驗證方式就是 toBe，toBe 的功用是「驗證兩個值是不是相等的」。Jest 提供許多驗證的方式，本書就不一一列出說明，大家可以參考官方文件[2]。

---

*2　請參照：https://jestjs.io/docs/en/expect#methods。

> **貼心小叮嚀** 想要提醒大家，在現階段就一股腦的到官方文件中，把所有的驗證方式全部
> 記下來，是一點都沒有幫助的，你應該做的是先寫下各種測試，了解哪些驗證方式是會常用到
> 的。當有某種驗證方式沒有辦法處理你的需求（例如：你想判斷是否會丟出一個錯誤），再到
> 文件上尋找適合的驗證方式就好。

　　大家可以注意到範例中的測試內容分成了三個部分，每個部分都是測試的其中一個原則的實踐，這三個原則被稱作「3A 原則」，分別是 Arrange、Act 和 Assert。如果一開始不曉得怎麼寫測試，就可以先依照這三個部分下去撰寫，每一個部分中撰寫的內容如下：

- Arrange：這個部分叫做「準備階段」，預先準備好整個測試案例需要的角色，像是上方就先定義好了我期望的結果是什麼。其他更多的例子，我們會在之後一一呈現，只是要了解這是準備階段，目的是預先準備好可以執行的東西。

- Act：這裡是「執行階段」，你想要在測試案例中，為目標測試的行為就寫下這裡，以上方的例子來說我用 3 和 2 去執行了 addTwoNumbers 這個方法，並且將結果記錄在 result 中。有些想測試的行為可能不會回傳結果，不過沒關係，那就不需要定義 result，就只要執行就好。

- Assert：最後一個部分是「驗證」，對於你執行的行為，有什麼樣的期望，就是在這裡做驗證。以上方的範例來說，就是驗證了我期望 result 的值會與 expected 相同。除了單純的驗證值外，可能還會去驗證副作用，在章節 5.2.2 中，我們會對類別（Class）再做一個練習，讓大家更熟悉測試的應用。

　　現在，請大家到 package.json 中，加入執行測試的 scripts：

```
/* package.json */
{
  /* 其餘省略 */
  "scripts": {
    "build": "webpack -p",
    "start": "webpack-dev-server",
    "test": "jest"
  },
  /* 其餘省略 */
}
```

之後，在 terminal 上輸入 npm run test 進行測試：

```
● ● ●                      ■ react-demo — -zsh — 124×33

GQSM@Applede-MacBook-Pro react-demo % npm run test

> react-demo@1.0.0 test /Users/GQSM/Documents/Code/react-demo
> jest

 src/utils/math.test.js
● Test suite failed to run

Jest encountered an unexpected token

This usually means that you are trying to import a file which Jest cannot parse, e.g. it's not plain JavaScript.

By default, if Jest sees a Babel config, it will use that to transform your files, ignoring "node_modules".

Here's what you can do:
 • To have some of your "node_modules" files transformed, you can specify a custom "transformIgnorePatterns" in your config.
 • If you need a custom transformation specify a "transform" option in your config.
 • If you simply want to mock your non-JS modules (e.g. binary assets) you can stub them out with the "moduleNameMapper" config option.

You'll find more details and examples of these config options in the docs:
https://jestjs.io/docs/en/configuration.html

Details:

/Users/GQSM/Documents/Code/react-demo/src/utils/math.test.js:1
import { addTwoNumbers, subTwoNumbers } from './math';
^^^^^^

SyntaxError: Cannot use import statement outside a module
```

圖 5-3　因為執行環境所以測試失敗

如果各位執行測試的結果出現錯誤，那不要緊張，因為 Jest 執行的環境和我們之前在瀏覽器的環境不同，Jest 在執行測試的時候是跑在 Node 的環境中，而我們在使用的 import（ES6 模組）語法，對於預設支援 CommonJS 的 Node 是不直接支援的，所以仍然要在測試時對它進行編譯，就像設置在 webpack 裡的 Babel 做的那個樣子。

根據 Jest 官方的文件[3]，我們只需要安裝 Babel，和在專案的根目錄下建立一個 Babel 的設定檔，這麼一來，執行 Jest 的時候，就能夠依照設置做編譯了。

> 🏃 **貼心小叮嚀**　請大家注意：因為本書先前已經在章節 1.6 下載了 Babel 的核心套件，所以這裡才只需要再建立 babel.config.js 就好，如果是直接跳到測試看的話，請不要忘記下載 Babel 哦！

請各位在根目錄下建立 Babel 的設定檔，名字是 babel.config.json，並指定轉換 JavaScript 語法的 @babel/preset-env：

---

[3]　請參照：https://jestjs.io/docs/en/getting-started.html#using-babel。

```
/* babel.config.json */
{
  "presets": ["@babel/preset-env"]
}
```

完成上方的設置後，請再執行一次測試：

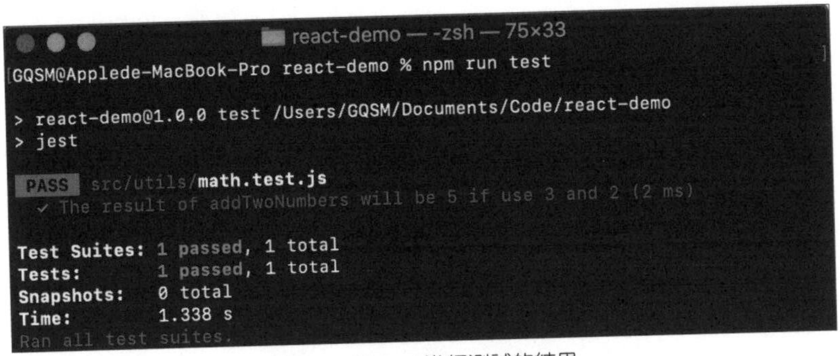

圖 5-4　用 Jest 進行測試的結果

　　這次頁面上就會顯示測試的結果了，結果上會列出在哪個測試檔案中測試了哪些測試案例，還會顯示出該測試案例的名稱，如果前面有個勾勾，就代表通過測試了。

　　那失敗的測試案例會長怎樣呢？各位請到 src/utils/math.test.js 中加上新的測試案例，這一次故意寫下錯誤的結果：

```
/* src/utils/math.test.js */
/* 其餘省略 */
test('Test addTwoNumbers', () => {
  const expected = 6;

  const result = addTwoNumbers(3, 2);

  expect(result).toBe(expected);
});
```

　　之後再進行測試：

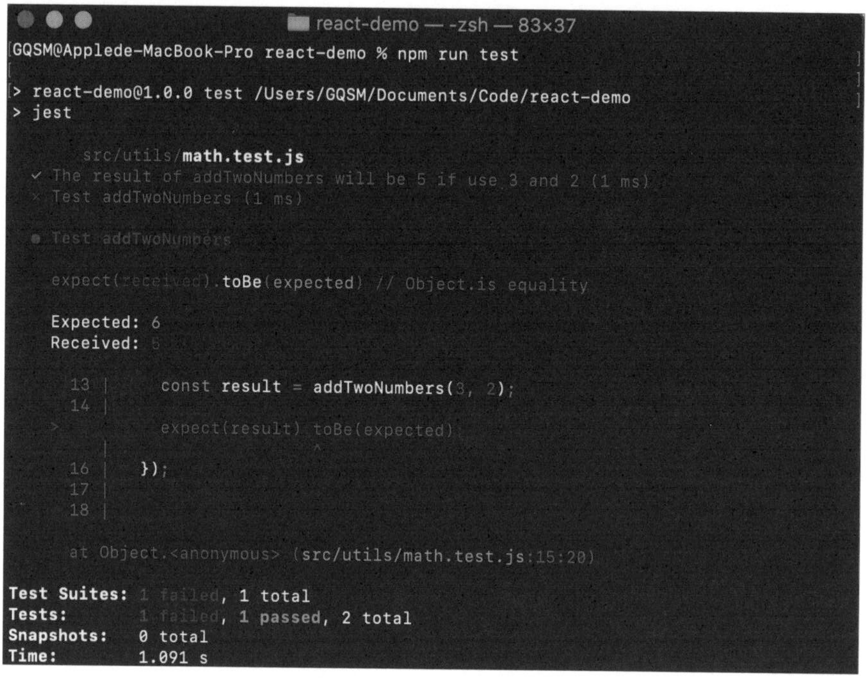

圖 5-5　測試不通過的結果

　　如果測試不通過，會在結果的頁面資訊上會告訴你：Test addTwoNumbers 這個測試案例不通過，下方也會列出不通過的原因，像是它會告訴你期望的值（Expected）是 6，但是 expect 接收到的執行結果（Rececied）是 5。

　　這裡想要特別和大家說明，請大家在寫測試案例的時候，測試案例的名稱能夠多具體就多具體，最好是當看到結果的時候，就可以知道是在什麼樣的情境上出錯。上方的範例就出現了一個反指標，當你在結果上看到 Test addTwoNumbers 這個測試案例不通過，你會知道它怎麼測試的嗎？不會！你只知道你測了 addTwoNumbers 失敗，然後還要進到測試案例中，確認測試情境。

　　反之，第一個測試案例的名稱為「Test the result of addTwoNumbers will be 5 if use 3 and 2」，就很明顯能夠知道，我使用了 3 和 2 去執行 addTwoNumbers 這個函式，而且我希望它的結果是 5 ！好的命名會減少你看程式碼的時間，寫程式是如此，測試案例也一樣。

　　每個測試案例都只測一件事情，如果把許多不同的測試寫到一個測試案例中，那當該測試案例發生錯誤的時候，你根本無法去判斷究竟是哪個情境的驗證錯了，例如下方的測試案例：

```
/* src/utils/math.test.js */
/* 絕對不要這樣寫 */
describe('addTwoNumbers', () => {
  test('Test the result of addTwoNumbers', () => {
    const expected1 = 5;
    const expected2 = 5;
    const expected3 = 5;

    const result1 = addTwoNumbers(3, 2);
    const result2 = addTwoNumbers(2, 5);
    const result3 = addTwoNumbers(1, 2);

    expect(result1).toBe(expected1);
    expect(result2).toBe(expected2);
    expect(result3).toBe(expected3);
  });
});
```

　　還有一點也是很糟糕的測試案例，那就是在測試案例裡面寫邏輯，千萬不要做這種自作聰明的事情，你的測試案例就是為了測試邏輯而存在的，但你又要在測試案例裡面寫邏輯，那當測試案例出錯的時候，究竟是你要測試的邏輯有問題？還是測試案例內的邏輯有問題？就像下方的例子一樣：

```
/* src/utils/math.test.js */
/* 求你別做這種事了，如果做了請別告訴其他人你看過這本書 */
describe('addTwoNumbers', () => {
  test('The result of addTwoNumbers', () => {
    const testCases = [[1, 2, 3], [3, 4, 7], [1, 5, 6]];

    testCases.forEach((testCase) => {
      const [num1, num2, expected] = testCase;

      const result = addTwoNumbers(num1, num2);

      expect(result).toBe(expected);
    })
  });
});
```

不一樣的情境和參數就分開寫到不同的測試案例中，因爲測試案例就是要讓人看了清楚明白，而不是讓你 show 爆程式技巧的地方。如果你眞正想維護的程式碼只有一份，那就不要在測試案例中寫下邏輯。

5.2.2　對類別（Class）進行測試

這裡是想讓大家再更熟練如何寫測試案例，如果對上一節所講的內容還有些懵懂，不如就用下方提供的範例程式來練習寫一下對它的測試案例吧！

請大家在 src/utils 下增加一個檔案，名稱爲「Counter.js」，並輸入以下內容：

```
/* src/utils/Counter.js */

export default class Counter {
  constructor() {
    this.count = 0;
  }

  increment() {
    this.count += 1;
  }
}
```

> **貼心小叮嚀**　注意哦！雖然類別的命名方式和 React 的元件一樣也是首字大寫，但是依照它在專案內的位置和副檔名，就可以知道裡面的內容不會是元件，這也是我習慣使用 .jsx 的其中一個原因。

這個 Counter 非常簡單，被它建構出來的物件內部會有個預設爲 0 的屬性 count，還有能夠增加 count 數目的 increment 方法，只要用 Counter 產生的物件執行 increment 方法，那該物件的 count 就會加 1。下方是基本的執行方式：

```
// 用 new 搭配 Counter 建立物件
const counter = new Counter();

counter.count; // 預設 0
counter.increment(); // 替 count + 1
counter.count; // 變成 1
```

那接下來大家可以思考一下如何寫測試來驗證 Counter 的行為，主要對 Counter 有兩件事需要測試：

● 透過 Counter 建立物件後，確認物件的 count 預設值是否是 0。

● 如果對 Counter 建立的物件使用 increment，能否真的可以讓 count 正確加 1。

這時候，請大家先想想一個問題，上面那兩件事情要寫成幾個測試案例呢？如果答案是一個的話，恭喜你！請再回到章節 5.2.1 好好看一遍。如果答案是兩個的話，就可以先試著寫寫看囉，寫完後再往下看本書提供的範例：

```javascript
/* src/utils/Counter.test.js */
import Counter from './Counter';

test('The default value of count of the counter will be 0', () => {
  // Arange
  const counter = new Counter();
  const expected = 0;

  // Assert
  expect(counter.count).toBe(expected);
});

test('The count will be from 0 become 1 if I first executed increment method.', () => {
  // Arange
  const counter = new Counter();
  const expected = 1;

  // Act
  counter.increment();

  // Assert
  expect(counter.count).toBe(expected);
});
```

第一個測試案例是測試當使用 Counter 建立物件後，該物件的 count 預設值是不是 0，是的話就沒有問題。大家也可以注意到該測試仍然遵守著 3A 原則，但因為只是要測試預設值的關係，所以並沒有任何有關於 Act 的事情，這是沒有問題的。

第二個測試是用 Counter 建立物件，並且執行該物件的 increment，確認物件的 count 有沒有從 0 變成 1。

附上上方兩個測試案例的結果：

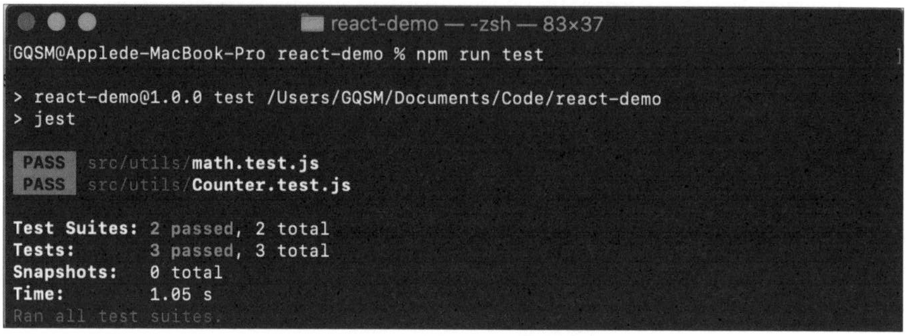

圖 5-6　Counter.test.js 的測試通過

大家可以看到在最後的結果中，如果測試檔案有兩個以上，那 Jest 就會省略測試檔案內的測試案例名稱，其實這是沒什麼關係的，因為如果有錯的話，還是會顯示出來，但是如果你仍然想要看有哪些測試案例被執行的話，可以在 npm 的執行指令後面加上「----verbose」，如下：

```
npm run test -- --verbose
```

那執行結果就都會顯示囉：

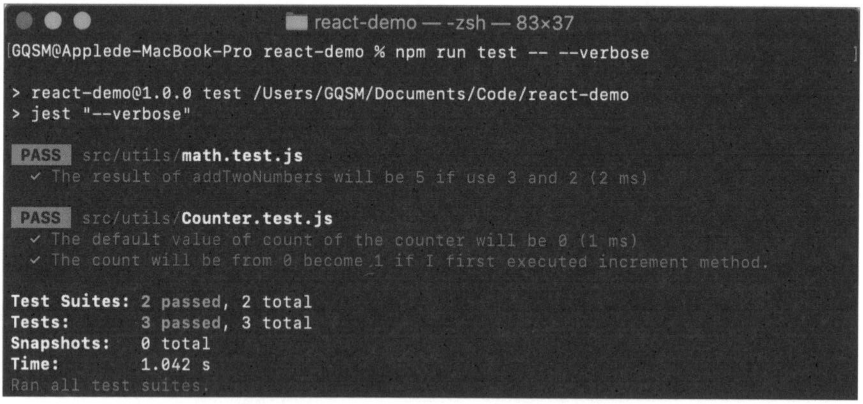

圖 5-7　加上 --verbose flag 的執行結果

　　這裡想要和大家提一件事情，或許有些人會想說，既然所有的測試案例中都需要用Counter建立一個物件來測試，那行不行就把「建立物件」這個行為抽到所有測試案例外面，減少重複的程式碼呢？像這樣子：

```js
/* src/utils/Counter.test.js */
import Counter from './Counter';
const counter = new Counter();

test('The default value of count of the counter will be 0', () => {
  const expected = 0;

  expect(counter.count).toBe(expected);
});

test('The count will be from 0 become 1 if I first executed increment method.', () => {
  const expected = 1;

  counter.increment();

  expect(counter.count).toBe(expected);
});
```

　　如上方所做的，所有的測試案例都只要共用一個Counter建立出來的物件做測試就可以了。

　　這個想法並不壞，但請別直接這麼做，因為這麼做會讓所有的測試案例互相影響，第一個測試的物件結果會留到第二個測試案例繼續使用，這麼一來，每個測試案例就彼此依賴了。

　　彼此依賴的後果會造成程式邏輯沒有問題，測試卻還是不會通過的情況。舉例來說，如果我用上方改過的測試案例去做測試，那應該還是會成功。但是如果我沒有去更改Counter的內容，只是單純把第一個測試案例和第二個測試案例換順序的話呢？這兩個測試案例仍然會通過嗎？

　　讓我們看看結果：

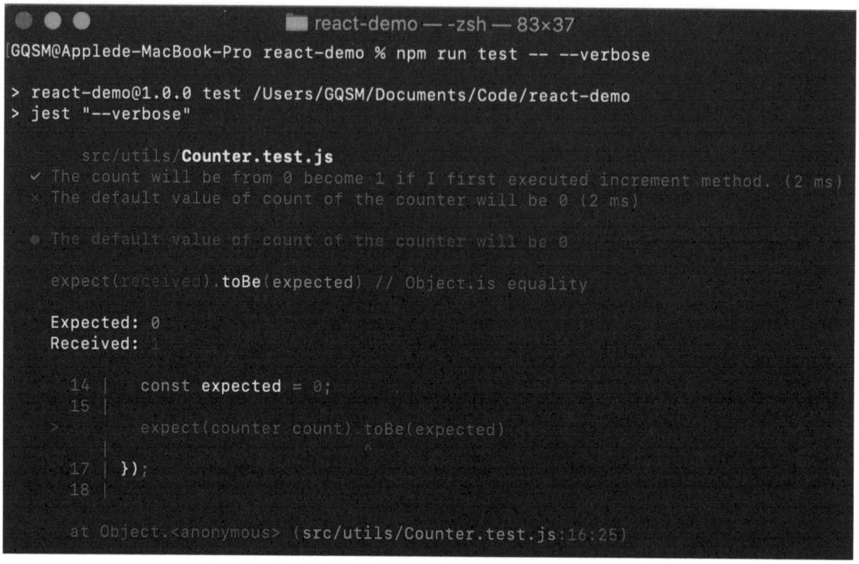

圖 5-8　第二個測試案例失敗了

　　就如上圖所示，我僅僅只是換了一下順序而已，就導致測試案例變得一點都不可靠，原因都來自於測試案例彼此依賴的關係，因此請各位在做測試的時候，務必讓每個測試案例都各自獨立，少了任何一個、多了或是調換順序等都不應該影響到測試的結果。

　　真正會讓測試失敗的原因就只有一個，那就是程式原始的行為改變。你必須要讓測試案例讓人感到信心，否則就等同於沒寫一樣。

5.2.3　測試後產生的覆蓋報告

　　Jest 可以在測試後直接產生覆蓋率報告，覆蓋率報告會列出你當前測試的所有函式，並且標記哪些地方被執行了，哪些地方沒有執行到，然後依比例算出測試的覆蓋率。那要如何產生呢？請大家在執行測試後面加上「-- --coverage」：

```
npm run test -- --coverage
```

執行後所顯示的資訊，就會再多了一個表格，那就是所謂的「測試率報告」了：

圖 5-9　Jest 可產生測試率報告

測試率報告分爲幾個指標，分別是執行的語法數量、分支數量（if...else）、函式數量和行數。

除了在 Terminal 上顯示之外，也會在專案的根目錄建立一個叫做「coverage」的資料夾，在 coverage 裡面有被製作成 HTML 頁面的覆蓋率報告：

圖 5-10　還會有 HTML 版本的覆蓋率報告

讓我們用瀏覽器將這個 HTML 打開，就會看到相當漂亮的表格，但是基本的資訊都和 Terminal 上顯示的一樣：

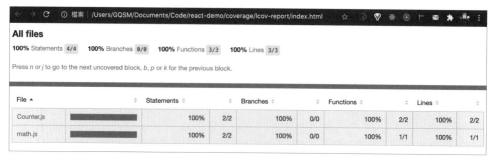

圖 5-11　用瀏覽器瀏覽覆蓋率報告

除此之外，測試的檔案是可以點進去查看的，從裡面可以看出在測試的時候哪些行有被執行到，甚至是執行了幾次，而哪些部分又沒有（目前我們的覆蓋率是 100%，因此沒有沒被執行到的地方，大家可以替 Counter 多寫幾個 method，然後再產生一次覆蓋率報告試試看，就會有差異了）：

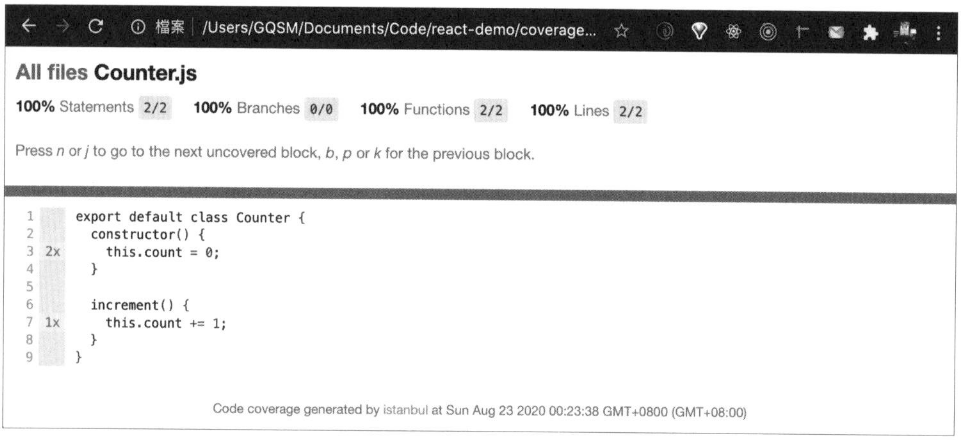

```
1      export default class Counter {
2        constructor() {
3  2x      this.count = 0;
4        }
5
6        increment() {
7  1x      this.count += 1;
8        }
9      }
```

圖 5-12　可在覆蓋率報告中查看程式碼被測試的狀況

這些覆蓋率報告除了查看程式碼被測試的狀況外，還可以讓我們發現有哪些程式碼是多餘的，從來不會被執行到。

可是有些公司會喜歡把「覆蓋率」當作一個指標，認為覆蓋率必須達到 100% 整個專案的程式才會真的安全，但是其實真正重要的並不是覆蓋率，而是你有沒有真的測試到想要測試的功能，我當然可以在測試案例中使用某個函式，讓它被測試覆蓋，但強來的覆蓋根本沒有意義，重要的還是我去測試它的方式是否正確。

5.3　善用 Mock 取代真實環境

　　Mock 在單元測試裡是測試替身的一種，它主要做的就是讓我們在測試案例執行的時候不會被真實環境影響到測試的結果。真實環境包含了許多，像是網路不好、資料庫沒有資料等，凡是程式碼以外的東西，全都是真實環境，我們必須要將焦點放在測試的程式碼上，如果因為真實環境而導致功能正常的函式測試失敗，那測試案例就一點價值也沒有了。

　　聽起來感覺很複雜，但其實一點也不，我們將會花一些時間來教導何謂「測試替身」，以及什麼時候才需要用到它。

5.3.1　相當危險的測試替身

　　先來解釋什麼是「依賴」，依賴就是當我的 A 函式執行時，會使用到 B 函式，那我就可以說 A 是依賴 B 在執行的，因為只要少了 B 的話，A 就無法正常運作。

　　記得在章節 5.1.3 的時候，曾提到單元測試的單點擊破能力很強嗎？它能夠在你僅僅想對一個函式的邏輯做測試時，就對它做測試。那如果遇到像 A 依賴 B 的狀況呢？我還是可以只測試 A 的邏輯嗎？

　　可以的，這時候就可以使用 mock 做一個 B 的替身，也就是一個假的 B 來讓 A 使用，這個假的 B 只會回傳固定的結果，和真正的 B 本身一點關係也沒有。

　　舉例來說，讓我們打開 src/utils/Counter.js，並匯入同目錄的 math.js 的 addTwoNumbers 進來使用：

```
/* src/utils/Counter.js */
import { addTwoNumbers } from './math';

export default class Counter {
  constructor() {
    this.count = 0;
  }

  increment() {
    this.count = addTwoNumbers(this.count, 1);
```

```
  }
}
```

上述的更動並不會影響到 Counter 原本在做的事情，因為只是把 this.count 加 1 的運算丟給 addTwoNumbers 處理而已。不過，這麼做卻讓 Counter 的 increment 方法依賴了 addTwoNumbers。換句話說，現在 addTwoNumbers 的函式內容是否正確，會間接影響到 Counter 的測試內容。

如果我們想要測試 Counter，但又不想要讓 addTwoNumbers 影響到 increment 的測試結果，這時候就可以使用 mock 的技巧，替 addTwoNumbers 做一個測試的替身：

```javascript
/* src/utils/Counter.test.js */
import Counter from './Counter';
import { addTwoNumbers } from './math';

jest.mock('./math'); // 製作替身

test('The count will be from 0 become 1 if I first executed increment method.', () => {

  addTwoNumbers.mockReturnValue(1); // 設置回傳值

  const counter = new Counter();
  const expected = 1;

  counter.increment();

  expect(counter.count).toBe(expected);
});
```

上方有幾點需要解釋：

● jest.mock 是 Jest 提供的函式，用來替模組做替身。以上方的例子來說，因為我們想要做替身的 addTwoNumbers 方法，是來自於 ./math.js 這個路徑，所以直接把該路徑當作參數送給 jest.mock，讓 jest.mock 把來自該路徑的方法都 mock 起來。要注意 jest.mock 這個行為不能放在測試案例內哦！

● 透過 jest.mock 後，從 ./math.js 過來的函式就都是假的了，不會有程式被執行，更不會有回傳值，因此需要另外使用 mockReturnValue，對 addTwoNumbers 的替身函式指定回傳值。以上方的例子來說，就是用 mockReturnValue 設置了 addTwoNumbers 的回傳值為 1，因此不論你丟什麼參數去執行它，addTwoNumbers 永遠都會回傳 1，因為它就只是個替身，當然還有其他方法可以讓你分別指定第一、二、三次的回傳值等[*4]。

貼心小叮嚀　mock 能做到的不只是隔離掉環境，mock 本身還會去記錄被呼叫了幾次、以及每次被呼叫時接收了什麼參數，通通都會被記錄在 calls 中，大家可以試看看。以上方的 addTwoNumbers 為例子：

```
// 打印出 addTwoNumbers 替身被執行的狀況
console.log(addTwoNumbers.mock.calls);
```

而這些也都可以在某些情況下來拿做驗證。在章節 5.7 的時候，會利用這個特性做驗證。

那現在我們再執行一次測試，會發現結果沒有任何異常。一切看似理所當然對吧？因為本來就不會有問題了，那不然就來製造問題吧！請各位到 src/utils/math.js 中，把 addTwoNumbers 裡面的內容通通砍掉：

```
/* src/utils/math.js */
export const addTwoNumbers = () => {};
```

然後，再執行一次測試，你會發現一件矛盾的事情：

---

*4　請參照：https://jestjs.io/docs/en/mock-function-api。

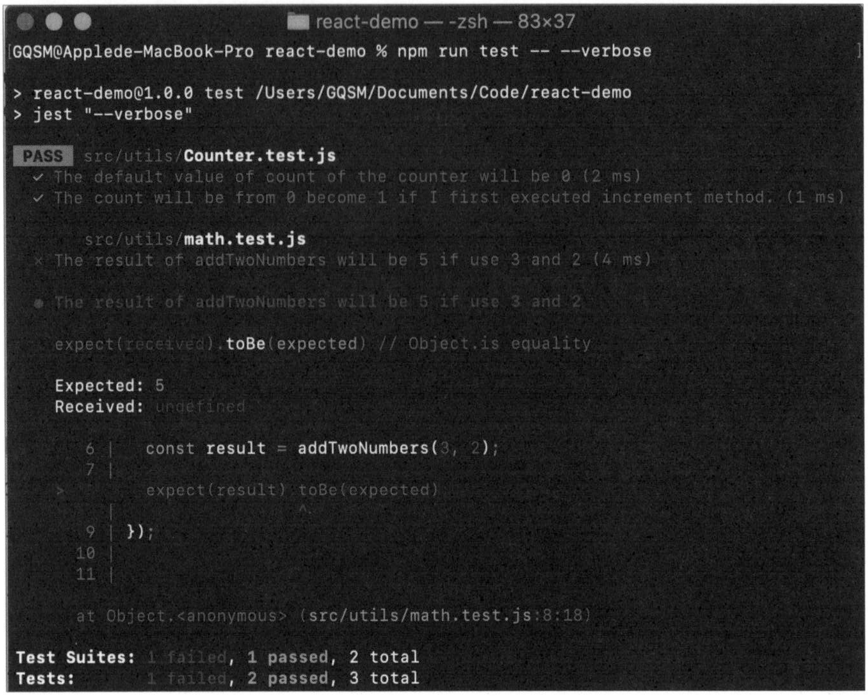

圖 5-13　math.test.js 的測試案例失敗了

看到了嗎？依賴著 addTwoNumbers 的 Counter 測試成功，但是 addTwoNumbers 自己的測試案例卻失敗了，那是因為 Counter 所依賴的 addTwoNumbers 在測試中，已經不是真的 addTwoNumbers 了，是我們為了讓它成功而製造出來的錯覺而已，這個替身導致測試案例變得無效，它沒有辦法反應到真正執行的時候，increment 是會出錯的。

雖然說單元測試的單點突破能力很強，你能夠隨時去測試你所想要測試的函式，但是如果濫用 mock 的話，mock 就會是一把很危險的雙面刃，因此你應該相信依賴函式的正確性，並放手去執行它，如果因為依賴函式而導致 Counter 的 increment 出錯，那就找到原因並將它修正，而不是使用 mock 去製作一個假的依賴函式，好讓一切都像是沒問題。

使用 mock 的風險相當高，請確認使用的時候不會有上述的行為發生，你可以暫時製作 mock 來進行更細微的測試，但絕對不要將它視為一個正常的用法，當你達成想做的目標之後，還是要替換回真實依賴的函式。

5.3.2 用 Mock 取代真實環境

上一節說明了 mock 的危險之處，但如果你在正確的時候使用 mock 是沒有關係，而且非常正確，那就是用來取代真實環境的時候。

舉個簡單的例子，如果我在用 Counter 的 increment 之前，必須要先透過 API，從資料中取出目前的 count 值，像是這樣子：

```js
/* src/utils/Counter.js */
export default class Counter {
  constructor() {
    this.count = 0;
  }

  async setCountFromDatabase() {
    const response = await fetch('https://url/count');
    const { count } = await response.json();
    this.count = count;
  }

  increment() {
    this.count += 1;
  }
}
```

那我們在測試中可能會遇見幾個問題：

- 網路不好，無法進行測試。

- 資料庫中的 count 有可能是 1 或 2，我們無法寫下固定的期望值來測試。

上述的問題都與我們寫在程式中的邏輯無關，我們真正該設想的是，如果 API 正確地給我資料，那我的程式就要正確地去處理拿到的資料。

完全與我們想測試的程式邏輯沒有相關的內容，就能夠使用 mock 來隔離掉，這樣才不會因為程式邏輯有問題以外的原因，導致測試案例出現錯誤。我們必須要讓測試案例出錯的原因就像真相一樣永遠只有一個，那就是程式碼本身的邏輯真的出現問題。

首先我想要測試，當我執行完 setCountFromDatabase 後，是否真的會將回傳的內容設置到 count 身上。在不呼叫 API 的情況下，為了知道這件事情，我們只能夠將 fetch 給

mock 掉了，但這次沒有路徑可以把 fetch 做 import，也就不能直接用 jest.mock，所以我們會用第二個 mock 神器 jest.fn 來處理，jest.fn 能夠直接做一個假的函式取代掉 fetch。

jest.fn 的用法非常簡單，它不像 jest.mock 的效果是範圍技，直接把整個模組的方法全都 mock，而是單純製造出一個假的函式。基本用法如下：

```
const mockFunc = jest.fn();
```

只要這麼做的話，那 mockFunc 就會身為一個替身被建立出來，你也可以使用 mockReturnValue 設置該替身的回傳值，但這一次我們要用的不是 mockReturnValue 而是 mockResolvedValue，mockResolvedValue 其實是一個語法糖，它裡面實作了回傳 promise 的方法[5]，正好可以讓我們來設置 fetch 的回傳值。

但是，在執行測試的 Node 環境中，根本就沒有 fetch 方法可以使用，所以只要執行到 fetch 就會出錯，因此我們只能在 Node 的 global 全域物件[6]中建立一個測試用的 fetch，而該 fetch 的內容就是 jest.fn 產生出來的方法，這樣子在 Node 環境執行到 fetch 就不會出錯囉！

綜合以上的想法，如果要替 Counter 內的 fetch 打造 mock 的話，那會長這樣子：

```
global.fetch = jest.fn().mockResolvedValue(
  { json: () => ({ count: 5 }) }
);
```

看起來相當的簡單，但這裡需要注意一下，因為範例是使用 fetch 做 API 的請求，而請求成功拿到 response 後，必須要使用 .json()，才能取得 body 的內容[7]，但如果各位是另外用其他的 axios 等函式庫，那 mockResolvedValue 內的回傳值要依照函式庫的回傳格式做變動。

感覺萬事俱備了，那就來寫下測試案例吧：

```
/* src/utils/Counter.test.js */
/* 其餘省略 */
test('The count will become value of response after executed serCountFromDatabase.',
async () => {
```

---

[5]　請參照：https://jestjs.io/docs/en/mock-function-api#mockfnmockresolvedvaluevalue。

[6]　請參照：https://nodejs.org/api/globals.html#globals_global_objects。

[7]　請參照：https://developer.mozilla.org/en-US/docs/Web/API/Fetch_API/Using_Fetch。

```
// Arrange
global.fetch = jest.fn().mockResolvedValue(
  { json: () => ({ count: 5 }) }
);
const counter = new Counter();
const expected = 5;

// Act
await counter.setCountFromDatabase();

// Assert
expect(counter.count).toBe(expected);
});
```

上方的測試案例想要測試「如果 fetch 成功了，count 的值是否會被設置成 fetch 回來的新值呢？」在測試案例中，有兩點要特別說明：

- 因為我們測試的內容有關非同步，所以要加上 async 和 await 控制流程。
- 即使測試案例的內容似乎變得複雜許多，但其實還是遵守著 3A 原則，分別為準備、執行及驗證。

如果沒有問題的話，就可以執行測試看看了：

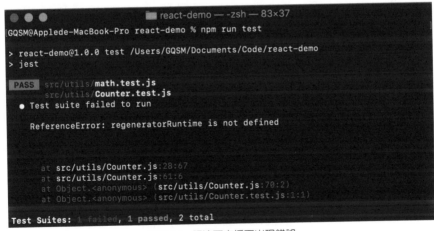

圖 5-14　語法不支援而出現錯誤

不曉得大家記不記得，在章節 4.6.2 我們第一次導入有關 API 請求的程式碼，因為 Babel 的基本語法設置沒有那麼齊全，所以在 async 和 await 被轉換後，卻沒有對應到的方法可以使用，爲了解決這個問題，就需要一些擴充語法的套件，那時候我們是透過下載以及匯入 core-js 和 regenerator-runtime 這兩個套件到 src/index.jsx 來解決。

所以現在我們也要把這兩個套件匯入到 src/utils/Counter.test.js 裡面，讓使用到 async 和 await 的測試案例順利執行，就像之前做過的那樣：

```
/* src/utils/Counter.test.js */
/* 記得要在檔案的最上方 import */
import 'regenerator-runtime/runtime';
import 'core-js/stable';

/* 其餘省略 */
```

匯入完成後，請再進行一次測試：

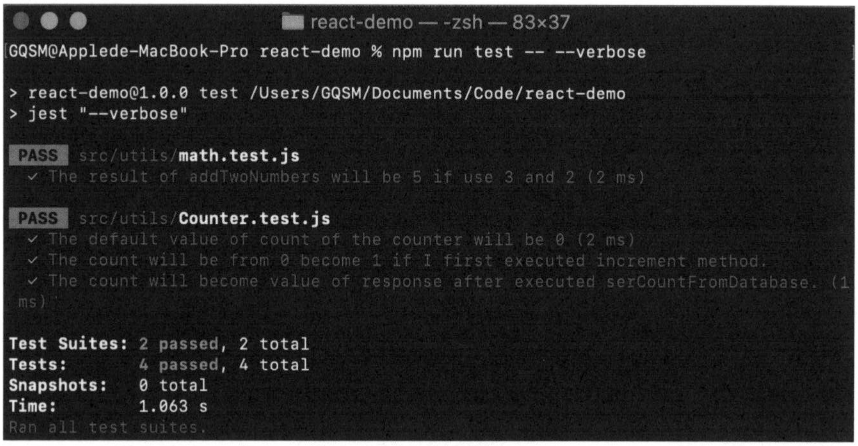

圖 5-15　fetch 的替身成功

從測試的結果可以發現，就算沒有眞的去呼叫 API，測試跑起來也不會失敗，那是因爲我們把對外的那一段邏輯隔離掉了，這麼一來就可以相當確定，如果測試案例失敗的話，就一定是程式碼本身有問題。

但請各位千萬不要忽略一件事情，因爲我們替 fetch 做 mock 的關係，直接讓 global 的內容硬生生地多了一個 fetch，這件事是相當不道德的，而且極有可能會影響到其他的測試案例。因此在測試的最後，記得要將 fetch 從 global 中清除：

```
/* src/utils/Counter.test.js */
/* 其餘省略 */
```

```
test('The count will become value of response after executed serCountFromDatabase.',
async () => {
  /* 其餘省略 */

  delete global.fetch;
});
```

　　最後我想說，關於 mock 的內容一路走來好像很複雜，但真的不難，因為最需要使用到 mock 的機會也只有在做 API 請求的時候，只要把本節的程式碼原理搞懂，基本上就不會有太大的問題了！

5.4　導入 @testing-library/react 測試元件

　　從一般的函式到測試元件的階段，大多數人都會卡在這裡並覺得困惑，不曉得如何開始測試，但其實元件也只是一般的函式，我們只需要根據它回傳的結果做測試或驗證而已。

　　就像章節 5.2 和 5.3 的範例一樣，我們透過 Counter 建立了一個物件，並且操控該物件的方法驗證結果。而元件也只是產生畫面，我們會透過操作，讓畫面顯示對應的樣子，其實概念都是相同的！不要想得太複雜，就跟著書上的範例實作就好！

　　本書會使用 @testing-library/react 這個套件處理元件渲染，它提供了非常多明確的選擇器及事件，來讓我們操作畫面，像是點擊按鈕、抓取畫面上的文字等，是個非常好用的套件，我個人相當推薦，因此請先下載 @testing-library/react 到專案中：

```
npm install --save-dev @testing-library/react
```

5.4.1　@testing-library/react 的基本介紹和元件的測試

　　為了先有個簡單的元件可以做初階練習，請各位到 src/components/Counter/Counter.jsx 中，將 Counter 取代為下方的內容：

```
/* src/components/Counter/Counter.jsx */
import React, { useState } from 'react';
```

```
const Counter = () => {
  const [count, setCount] = useState(0);

  return (
    <div>
      <div>目前數字：{count}</div>
      <button onClick={() => { setCount(count + 1) }}>點我加一 </button>
    </div>
  );
};


export default Counter;
```

我們先用文字描述一下 Counter 的行為。只要使用者點擊畫面上文字為「點我加一」的按鈕，那就會觸發 setCount 更新 count 加 1 的值，在 state 改變後，畫面就會重新渲染，讓原本顯示的「目前數字：0」變成「目前數字：1」。

理解元件的行為後，就可以換成用測試案例描述行為，以及驗證元件的邏輯是否正確，但是在開始測試之前，還有兩件事需要準備：

● 不曉得大家還記不記得，當初寫第一個測試案例在匯入時有發生語法不支援的情況，那時候我們在根目錄建立了 babel.config.json，並且加入 @babel/preset-env 做語法的轉換。現在也是相同的情況，只是從 ES6 的語法變成了 JSX，所以我們也需要把負責 JSX 的 @babel/preset-react 放到 babel.config.json，否則執行測試時看到 JSX 語法，就直接出錯了：

```
/* babel.config.json */
{
  "presets": ["@babel/preset-react", "@babel/preset-env"],
}
```

● 接下來，測試元件會很頻繁的驗證畫面，但是 Jest 的基本驗證的方式沒有對畫面的，所以需要另外下載對 DOM 的驗證方式：

```
npm install --save-dev @testing-library/jest-dom
```

完成上方兩件事情後，就來先瞭解一下在 @testing-library/react 中我們所常用的 API，這樣待會看測試案例的範例時，才不會太吃力。

首先是要用來渲染元件的 render 方法，測試時可以將元件送給 render，而 render 會回傳 @testing-library/react 內部提供的選擇器，我們就會在測試案例中透過這些選擇器尋找元件中的元素操作或是驗證。使用方法如下：

```
import React from 'react';
import { render } from '@testing-library/react';
import Counter from './Counter.jsx';

const { getByText } = render(<Counter />);
```

上方的程式片段用了 render 去渲染元件，render 執行後會回傳選擇器，像是 getByText 就是選擇器的一種，如同它的命名，我們可以透過元素（Element）內部的文字來尋找元素。例如：上方的 Counter 裡面有個「點我加一」的按鈕，那就可以使用 getByText 去獲取它：

```
getByText(' 點我加一 ');

// 或是也可以使用正規表示法
getByText(/ 點我加一 /);
```

其他的選擇器還有 getByLabel、getByPlaceholder、getByRole[8] 和 getByTestId 等[9]。

除了選擇器外，查詢類型也不只有 getBy 而已，還有 queryBy、getAllBy 等不同的查詢類型[10]，舉一個最明顯的差異就是 getBy 系列只要沒找到東西就會直接噴錯，而 queryBy 會在找不到元素的時候回傳 null，可以用來找不存在的元素。

針對不一樣的情況，你可以選擇該如何搭配查詢類型和選擇器，去得到你想要的元素，而 @testing-library/react 提供這些選擇器，就是為了能夠讓你的測試案例用更符合使用者操作的方式使用元件。

第二個是用來執行動作的 fireEvent，當你用選擇器取得某個元素後，就能夠使用 fireEvent 操作它的行為，例如找到按鈕後對它進行點擊：

---

*8 Role 是 HTML 的一個規範，每一種 HTML 的標籤和屬性設置幾乎都會有對應的 role 名稱，請參照：https://www.w3.org/TR/html-aria/#docconformance。

*9 更多選擇器請參照：https://testing-library.com/docs/dom-testing-library/api-queries#bytitle。

*10 更多選擇器請參照：https://testing-library.com/docs/dom-testing-library/api-queries#variants。

```
import React from 'react';
import { render, fireEvent } from '@testing-library/react';
import Counter from './Counter.jsx';

const { getByText } = render(<Counter />);

fireEvent.click(getByText('點我加一'));
```

或是改變某個文字框裡面的值：

```
fireEvent.change(
  getByPlaceHolder('請輸入姓名'), { target: { value: '神 Q 超人' } }
);
```

fireEvent 使用的方式非常直覺，更多可以觸發的事件請參考官方文件[11]，本書就不一一列出解釋了。

各位先記下上面介紹 render 與 fireEvent 的範例語法，然後在 Counter 的同目錄下建立測試檔案 Counter.test.jsx。請各位試著用上方的說明讀懂測試案例的內容：

```
/* src/components/Counter/Counter.test.jsx */
import React from 'react';
import { render } from '@testing-library/react';
import { toBeInTheDocument } from '@testing-library/jest-dom/matchers';
import Counter from './Counter';

expect.extend({ toBeInTheDocument });

test('The default text display in view will be 目前數字：0', () => {
  // Arrange
  const { getByText } = render(<Counter />);

  // Act
  expect(getByText('目前數字：0')).toBeInTheDocument();
});
```

---

[11] 請參照：https://testing-library.com/docs/dom-testing-library/api-events#fireevent。

　　上方要測試的行為是確認預設顯示的文字是否為「目前數字：0」，在該測試案例最後的驗證中，我使用了 toBeInTheDocument 來驗證「符合 getByText(' 目前數字 :0') 的元素是否存在於目前渲染出來的內容中」，所以不管是要測試函式、類別或元件都一樣，只要遵循著 3A 原則，把測試寫出來就好。測試結果如下：

```
PASS  src/components/Counter/Counter.test.jsx
  ✓ The default text of count display in view will be 目前數字 : 0 (29 ms)

Test Suites: 3 passed, 3 total
Tests:       5 passed, 5 total
Snapshots:   0 total
Time:        2.012 s
Ran all test suites.
```

圖 5-16　測試案例的數量越來越多了

> **貼心小叮嚀** 因為在測試案例中也有使用到 JSX，所以記得副檔名要一致，React 也要匯入測試檔案哦！

　　接著要測試 Counter 的另一個行為是否正確，當使用者點擊了「點我加一」的按鈕後，畫面上顯示的文字是否會從「目前數字：0」變化成「目前數字：1」。大家可以先試著自己練習看看，再來與範例做對照：

```jsx
/* src/components/Counter/Counter.test.jsx */
import React from 'react';
import { render, fireEvent } from '@testing-library/react';

/* 其餘省略 */

test('The text of count display in view will from 0 change to 1 after I clicked 點我加一
button', () => {
  // Arrange
  const { getByText, queryByText } = render(<Counter />);

  // Act
  fireEvent.click(getByText(' 點我加一 '));

  // Assert
  expect(queryByText(' 目前數字：0')).not.toBeInTheDocument();
  expect(getByText(' 目前數字：1')).toBeInTheDocument();
});
```

上圖多了兩個部分，一是 Act 的區塊，因為需要用 fireEvent 點擊按鈕，確認顯示的文字是否有變化。二是 Assert 的區塊用了兩個斷言去判斷畫面有沒有正常，分別為「目前數字：0」是否已經不在畫面上了，然後才去判斷「目前數字：1」是不是正常出現。如果兩個驗證都成立的話，就代表點擊按鈕變換畫面這個動作是沒問題的。

驗證「目前數字：0」在不在畫面上的斷言後面加上 .not，就是去逆轉 toBeInTheDocument 的斷言，簡單來說，如果使用 .not.toBeInTheDocument，就會變成斷言不應該在畫面中，如果在的話，測試就會報錯。

執行測試後，結果也會通過：

```
PASS src/components/Counter/Counter.test.jsx
 ✓ The default text of count display in view will be 目前數字：0 (26 ms)
 ✓ The text of count display in view will from 0 change to 1 after I clicked 點我
加一 button (11 ms)

Test Suites: 3 passed, 3 total
Tests:       6 passed, 6 total
Snapshots:   0 total
Time:        2.072 s
Ran all test suites.
```

圖 5-17　通過了對 Counter 寫下的測試

5.4.2　在測試中 Mock 掉 SCSS

雖然我們在前幾節的練習中完全沒有使用到 SCSS 做什麼特別的事情，但是 SCSS 一直在我們的專案中，所以還是得來試試在測試的時候 SCSS 會出現哪些問題。

在開始實作前，請先在 src/components/Counter 目錄下建立一個 index.scss，並且輸入以下內容：

```
/* src/components/Counter/index.scss */
.count {
  font-size: 32px;
}
```

接著到 src/components/Counter/Counter.jsx 下匯入這個 index.scss 使用：

```
/* src/components/Counter/Counter.jsx */
/* 其餘省略 */
import styles from './index.scss';
```

```
const Counter = () => {
  const [count, setCount] = useState(0);

  return (
    <div>
      <div className={styles.count}> 目前數字：{count}</div>
      <button onClick={() => { setCount(count + 1) }}> 點我加一 </button>
    </div>
  );
};
```

但僅僅只是加上 SCSS，就讓原本正常的測試失敗了：

圖 5-18　無法解析 SCSS 的檔案

上方的內容在於 CSS 的預處理器 SCSS 沒有辦法被正確解析，所以出現錯誤。但 CSS 有沒有被正確的顯示出來，在測試的時候其實一點關係都沒有，就算我們需要斷言樣式的名稱，也不需要真的將 CSS 顯示，只需要確認 class 的名稱是我們所設置的就可以了。

因此，我們需要讓 SCSS 在測試的時候被 mock，這樣才能 render 出 Counter 做測試，面對這個問題，可以使用套件 identity-obj-proxy 在測試的時候模擬 CSS 的模組。請從 npm 下載它：

```
npm install --save-dev identity-obj-proxy
```

下載完後，將以下設置加入 package.json：

```
/* package.json */
{
  /* 其餘省略 */

  "jest": {
    "moduleNameMapper": {
      "\\.(scss)$": "identity-obj-proxy"
    }
  }
}
```

上方設置的 moduleNameMapper 可以在測試時，將對應的檔案名稱做自動模擬，而我們要模擬的檔案副檔名是 .scss，用來模擬的套件就是 indentity-obj-proxy。此時再執行一次測試，就能成功了。

5.4.3　測試元件最重要的事

在前兩個小節裡，我們用了 @testing-library/react 測試了 Counter，但是不曉得大家有沒有發現，在寫下測試案例之前，我都會先試著描述，這個元件該有的行為會是什麼樣子，包含在畫面上的初始值、點擊畫面上的按鈕會發生什麼事情等，撰寫元件測試案例的思考模式，都與被測試的元件負責什麼有關，還有很重要的就是，我們是以使用者的角度下去測試的。

因為你站在使用者的角度去寫測試，所以寫出來的測試案例，能夠當作使用該元件的操作手冊或是標準，接手或使用該元件的開發者就可以透過閱讀測試案例，來了解如何使用它。有一句話在測試中相當重要，就是你的程式碼是為了使用者而寫的，不是為了測試，所以我們也要以更貼近使用者的操作寫下測試。

這裡指的使用者有兩個，一個是一般操作網頁的使用者，另一個是會使用到這段程式碼的使用者。以前端看後端在寫給關於 API 的單元測試的例子來說，你會在乎後端在這支 API 後面做了哪些事情嗎？經過了幾個函式，用了什麼樣子的變數等？肯定是不會的。在 API 測試中，前端使用者真正在乎的應該是「我送什麼樣的資料給你，你就會回傳什麼資料給我」，這個觀念就如同我們寫的測試案例，請好好思考你的測試元件到底有什麼樣的行為。

越是貼近使用者的使用行為去測試元件，那測試案例就能夠給你越大的信心。

還有另外一個觀點，那就是 @testing-library/react 提供了很棒的方式讓你測試元件，如果你使用 @testing-library/react 渲染元件，你不會取得有關於該元件實作的細節，像是 state 目前的值、元件裡的方法等，你唯一一拿到的就是一堆選擇器，並且操作它們如同使用者操作畫面般，最後再驗證畫面的變化是否如你所想。

我個人非常喜歡這種測試哲學，因為說白了，使用者一點都不在乎元件的 state 或 props 的值是什麼，他們只會在乎呈現在網頁上的畫面是不是如預期。當然也許這並不是只有 @testing-library/react 能夠做到，但是我會希望大家能夠吸收這種觀念，不論是用哪個測試套件去處理元件，都請不要直接驗證 state 的值，因為 state 和 props 的值並不是元件的結果，真正的結果是根據兩者的值所呈現的畫面。而且誰能保證 state 的值如果正確，畫面顯示就沒問題呢？

從我們寫測試開始，一直都是驗證行為和結果，所以你完全不需要去考慮元件內部的實作細節，因為那些所有的 state、props 的值和方法，終究會反應回畫面上，畫面就是元件的結果，也是我們最後需要驗證的東西。

希望大家可以多練習以及試著閱讀本書的測試範例，體會我在這節想要向你們表達的事情。

5.5　測試使用了 Redux 的元件

加入了 Redux 的測試，會需要再多準備一些東西，因為元件需要的 state 已經不是自己的了，而是透過 Redux 來管理。如果你想要測試，就必須要為元件準備執行時所需要的東西，所以在開始寫測試案例之前，讓我們歸納一下使用 Redux 的時候需要什麼：

- 要用 createStore 建立一個 store 管理狀態。
- 如果要更新 store 裡的狀態，在觸發時會需要 reducer 來回傳新資料。
- 在元件的最外層要使用 Provider 包起來，並給予 store。
- 沒了，就以上三點而已。

這裡會替 src/views/Home/Home.jsx 這個元件做測試，先給大家前情提要一下，這個是 Home.jsx 的程式碼：

```
/* src/views/Home/Home.jsx */
import React, { useEffect } from 'react';
import { useSelector, useDispatch } from 'react-redux';
import { fetchUser } from '../../actions/user';

const Home = (props) => {
  const dispatch = useDispatch();
  useEffect(() => {
    dispatch(fetchUser());
  }, []);
  return (
    <>
      <h1>這裡是首頁</h1>
      <div>
        {JSON.stringify(useSelector(state => state.user.user))}
      </div>
    </>
  );
};

export default Home;
```

　　Home 這個元件被渲染的時候，會先送一個dispatch 從 API 取得資料，取完後會更新在
store 中的 user，最後將 user的資訊顯示在頁面上。所以，如果要測試 Home，不只要準
備 Redux 的環境，還需要把 fetch 做 mock，讓替身送回一個假的 API 回傳，隔離掉真實
環境。接下來，就一步步完成測試 Home 所需要的吧！

　　在和 Home 的相同目錄下，先建立一個 Home.test.jsx，並把想得到的東西全部都匯入：

```
/* src/views/Home/Home.test.jsx */
import 'regenerator-runtime/runtime';
import 'core-js/stable';
import React from 'react';
import { createStore, combineReducers, applyMiddleware } from 'redux';
import { Provider } from 'react-redux';
import thunk from 'redux-thunk';
import { render } from '@testing-library/react';
import { toBeInTheDocument } from '@testing-library/jest-dom/matchers';
```

```
import user from '../../reducers/user';
import Home from './Home.jsx';
```

　　從上而下分別是，處理非同步請求的 Babel 擴充方法、React、建立 store 需要的 createStore、必須放在最外層的 Provider、在 Redux 處理非同步的 thunk、在測試中要渲染元件的 render 和驗證元素存不存在的 toBeInTheDocument、最後是負責回傳新資料的 reducer 和要被測試的 Home 本身啦！

　　接下來，先寫下第一個測試案例，幾乎都是之前學過的內容，大家可以先看一下，我會在程式碼下方統一講解：

```
/* src/views/Home/Home.test.jsx */
/* 其餘省略 */

expect.extend({ toBeInTheDocument });

test('The view will display user information from api after Home rendered', () => {
  // Arrange
  global.fetch = jest.fn().mockResolvedValue(
    { json: () => ({ user: '神 Q 超人' }) }
  );
  const store = createStore(
    combineReducers({ user }),
    applyMiddleware(thunk),
  );
  const { getByText } = render(
    <Provider store={store}>
      <Home />
    </Provider>
  );
  const userInformation = getByText(/神 Q 超人/);

  // Assert
  expect(userInformation).toBeInTheDocument();
});
```

　　在測試案例內，先替 fetch 建立一個 mock，讓 mock 代替 API 回傳假的資料，接著建立一個 store，在執行 Home 時所需要的一切都要設置在 createStore 上，例如：處理 user 資料的 reducer 和接收非同步事件的 thunk，之後在 render 的時候要把 Provider 罩在 Home

的外層,並給予在測試時被建立的 store,最後驗證的時候,就去找假資料有沒有被顯示在畫面上,如果有就代表 Home 的行為正確!

完成了上方的程式碼,就可以執行測試:

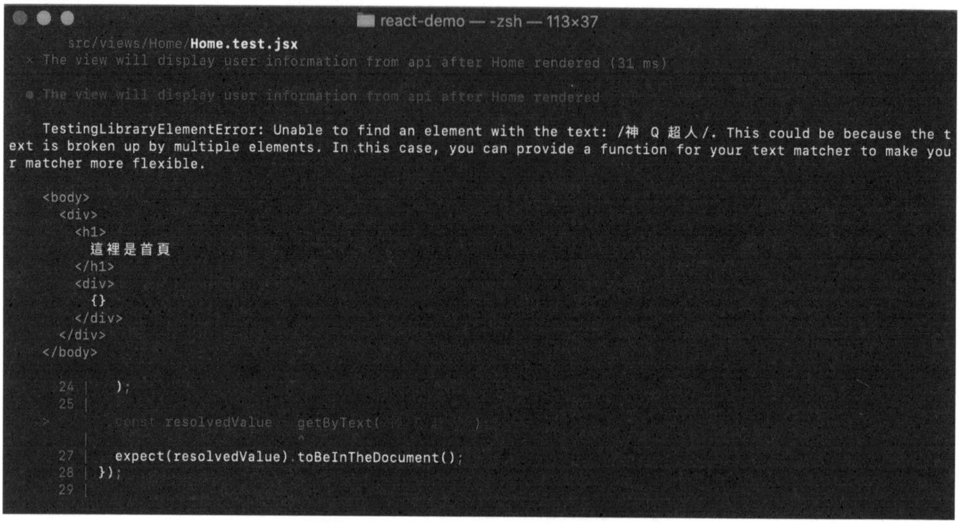

圖 5-19 非同步測試的失敗初體驗

雖然失敗了,但在失敗的訊息中,仍然非常貼心的顯示了當前 Home 被渲染出來的樣子,很明顯就是 user 的資料還沒有回到元件中,我就先用 getByText 去取得要驗證的元素,結果什麼也沒拿到,就導致測試失敗。

面對這個問題大家千萬不要慌張,因為絕對是 @testing-library/react 的鍋,我的測試案例最乖了,一定是你們這些第三方套件帶壞它,我們只要到 @testing-library/react 的文件中找一下關於非同步的資料,就能看到官方有提供一些負責給非同步處理用的方法[12]。

根據官方文件的例子,透過 waitFor 就能等待非同步請求的時間,而 waitFor 會接受一個函式,我們可以把驗證的部分放到該函式裡來解決問題:

```
/* src/views/Home/Home.test.jsx */
/* 其餘省略 */
import { render, waitFor } from '@testing-library/react';

test('The view will display user information from api after Home rendered', async () => {
```

---

[12] 請參照:https://testing-library.com/docs/guide-disappearance#waiting-for-appearance。

```
/* 其餘省略 */
await waitFor(() => {
  expect(getByText(/ 神 Q 超人 /)).toBeInTheDocument();
});
});
```

記得要先從 @testing-library/react 中取出 waitFor，因為 waitFor 需要搭配 await 做使用，所以必須要在測試案例的函式前加上 async，最後所做的更動就像上述說的，把驗證那行放進執行 waitFor 所接收的函式中就好囉！執行測試結果如下：

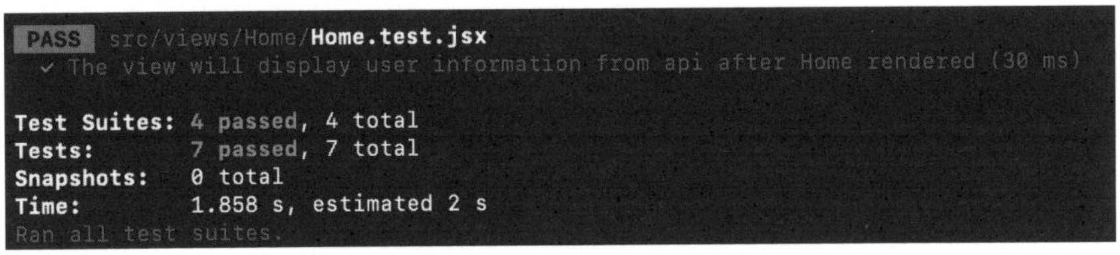

```
PASS  src/views/Home/Home.test.jsx
  ✓ The view will display user information from api after Home rendered (30 ms)

Test Suites: 4 passed, 4 total
Tests:       7 passed, 7 total
Snapshots:   0 total
Time:        1.858 s, estimated 2 s
Ran all test suites.
```

圖 5-20　透過 waitFor 讓非同步測試順利執行

雖然最後因為非同步遇到了一點問題，但是如果只是一般的 state 更新，基本上是不需使用 waitFor 的。

那有關元件搭配 Redux 的測試就先到這裡了，如果還是有點不懂的話，沒關係！因為下一小節雖然是講 Router，也還是會再多做一些和 Redux 相關的測試練習，總之這裡就是希望大家把測試案例寫好寫滿！

5.6 如何對 Router 使用單元測試

Router 的測試比起 Redux 來說簡單非常多，根據官網描述，如果你想要在測試的時候模擬網址路徑的變化，那可以使用 MemoryRouter 或是自定義 history，這兩個也是官方建議用來測試的方式。

本節要拿來測試 router 的，就是 News 頁面了。還記得 News 頁面的行為嗎？跟著我一起來複習一下。首先，在 News 頁面中用了 Route 控制兩個頁面的切換：

```
/* src/views/News/News.jsx */
import React from 'react';
import { Switch, Route } from 'react-router-dom';
```

```
import NewsForm from './NewsForm.jsx';
import NewsList from './NewsList.jsx';
import NewsReader from './NewsReader.jsx';

const News = () => (
  <Switch>
    <Route
      exact
      path="/news"
      component={() => (
        <>
          <h1> 這裡是最新消息 </h1>
          <NewsForm />
          <NewsList />
        </>
      )}
    />
    <Route path="/news/newsReader/:id" component={NewsReader} />
  </Switch>
);
```

其中一個頁面是「最新消息」的列表，從「最新消息」列表中點擊其中一筆最新消息的資料，就會觸發網址的路徑變化，而跑到閱讀「最新消息」列表的畫面，待會我們會先來測試這個行為。

在 News 同目錄下建立一個 News.test.js，在測試之前，一樣先匯入需要的套件：

```
/* src/views/News/News.test.jsx */
import React from 'react';
import { createStore, combineReducers } from 'redux';
import { Provider } from 'react-redux';
import { MemoryRouter } from 'react-router-dom';
import { render, fireEvent } from '@testing-library/react';
import { toBeInTheDocument } from '@testing-library/jest-dom/matchers';
import news from '../../reducers/news';
import News from './News.jsx';
```

和上一小節的 Redux 相比，少了 thunk 等套件，而唯二多的就是從 react-router-dom 中取出要用來模擬 Router 行為的 MemoryRouter 以及觸發事件的 fireEvent 而已，剩下的其實都大同小異。

　　那在測 router 的時候，我們重視什麼呢？是點選某個事項後確認網址的路徑是否正確嗎？不是！就如同上方說的，沒有人會去在乎實作的細節是什麼，網址的路徑怎麼變都與使用者無關。真正重要的是，在點選某筆最新消息後，頁面有沒有真的出現相對應的資料。以下是測試案例的內容：

```jsx
/* src/views/News/News.test.jsx */
/* 其餘省略 */

expect.extend({ toBeInTheDocument });

test('The page will change to news information when I clicked the news item.', () => {
  // Arrange
  const store = createStore(combineReducers({ news }));
  const { getByText } = render(
    <Provider store={store}>
      <MemoryRouter initialEntries={['/news']}>
        <News />
      </MemoryRouter>
    </Provider>
  );

  // Act
  fireEvent.click(getByText(' 第一筆最新消息 '));

  // Assert
  expect(getByText(' 您正在閱讀 第一筆最新消息 ')).toBeInTheDocument();
  expect(getByText(' 這裡是第一筆哦！')).toBeInTheDocument();
});
```

　　看起來是不是比想像中簡單呢？整個測試案例的內容仍然遵守著 3A 原則。在 Arrange 的時候，建立了 store 和保存最新消息資料的 reducer，以及使用 MemoryRouter 模擬當前的 router，使用 MemoryRouter 時有給一個 props 叫做「initialEntries」，你可以指定一個起始的路徑。

　　因為原本在 reducer 內就有三筆預設的資料了，所以 Act 的部分只要負責找到其中一筆最新消息，並用 fireEvent 點擊它，觸發網址的路徑改變。在路徑改變後的 Assert 階段，則是確認「最新消息」的資訊是否有正確的顯示在頁面上。

> 💁 **貼心小叮嚀** 這個預設的三筆資料也是該元件的預設行為之一，因此也要把它獨立寫一個測
> 試驗證，否則閱讀測試案例的使用者不會知道最新消息預設有三筆資料，這部分就交給各位自
> 己寫囉。

是不是覺得測試案例越看越簡單？寫下測試案例的日常，就是那麼樸實無華。

既然處理到了 News，那就再多做一個練習。在 News 頁面中，我們可以在輸入框中輸
入「最新消息」的名稱和敘述去建立一個新的「最新消息」加到原本的列表中，但如果
根據之前完成的 NewsForm，我們沒辦法清楚的抓到輸入框的元素，因此請各位先打開
NewsForm，並為輸入框增加 placeholder 屬性：

```jsx
/* src/views/News/NewsForm.jsx */
/* 其他省略 */
名稱：
<input
  placeholder=" 請輸入名稱 "
  value={name}
  onChange={(e) => { setName(e.target.value); }}
/>
敘述：
<input
  placeholder=" 請輸入敘述 "
  value={describe}
  onChange={(e) => { setDescribe(e.target.value); }}
/>
```

這麼一來，就能夠在測試中透過 getByPlaceholder 來取得輸入框元素與其輸入值了，除
了 getByPlaceholder 之外，也能換成用 getByLabelText 的模式去測試，本書就不再另外解
釋了。

直接看看怎麼測試新增資料吧：

```jsx
/* src/views/News/News.test.jsx */
/* 其餘省略 */
import {
  toBeInTheDocument,
  toHaveTextContent
```

```
} from '@testing-library/jest-dom/matchers';

expect.extend({ toBeInTheDocument, toHaveTextContent });

test('The News list will add a new news if I use NewsForm create.', () => {
  // Arrange
  const store = createStore(combineReducers({ news }));
  const { getByText, getByPlaceholderText, getAllByRole } = render(
    <Provider store={store}>
      <MemoryRouter initialEntries={['/news']}>
        <News />
      </MemoryRouter>
    </Provider>
  );

  // Act
  fireEvent.change(
    getByPlaceholderText('請輸入名稱'), { target: { value: '測試名稱' } }
  );
  fireEvent.change(
    getByPlaceholderText('請輸入敘述'), { target: { value: '測試敘述' } }
  );
  fireEvent.click(getByText('新增最新消息'));

  // Assert
  const newsList = getAllByRole('link');
  expect(newsList.length).toBe(4);
  expect(newsList[3]).toHaveTextContent('測試名稱');
});
```

上方在 render 後取出的選擇器比較多了一點，因為我需要去抓輸入框、按鈕、還有最新消息的連結，面對這三種，我分別選用 getByText、getByPlaceholderText 和 getAllByRole 來處理。

而且我偷偷使用了 toHaveTextContent，這個斷言可以幫我驗證某個元素裡面是不是存在某些文字。

在驗證的時候，分別確認兩個部分，第一個是最新消息的項目是否變成了四個（因為預設有三個），以及項目的最後一個名稱是不是測試案例中所新增的。

最後在 News 的刪除功能也一併驗證吧！大家可以試著練習看看，再往下對照範例：

```jsx
/* src/views/News/News.test.jsx */
test('The News item will remove from news list if I click it's delete button', () => {
  const store = createStore(combineReducers({ news }));
  const { queryByText, getAllByText, getAllByRole } = render(
    <Provider store={store}>
      <MemoryRouter initialEntries={['/news']}>
        <News />
      </MemoryRouter>
    </Provider>
  );

  const deleteNewsBtns = getAllByText(' 刪除 ');
  fireEvent.click(deleteNewsBtns[0]);

  const newsList = getAllByRole('link');
  expect(newsList.length).toBe(2);
  expect(queryByText(' 第一筆最新消息 ')).not.toBeInTheDocument();
});
```

看起來就非常簡單，上方的測試案例在測試：「如果我點擊了第一筆資料的『刪除』按鈕後，那就驗證『最新消息』的列表是不是會剩下兩個」，還有「第一筆最新消息是不是消失在畫面上了」，只要兩個都通過，就代表功能正常。

另外，上方使用一個新東西，就是之前有提過的 queryByText，如果要找畫面上不在的元件就要用它，getBy 系列的會直接噴錯。

那最後再來說章節 5.2.3 提到的覆蓋率，大家可以先執行測試，並產生一份新的覆蓋率報告，讓我們打開看當前的測試覆蓋率，如圖 5-21 所示。

雖然當前的覆蓋率顯示完美的 100%，但是大家還記得在上方的小叮嚀有提到，預設會顯示三筆最新消息，也是 News 頁面的預設行為，請大家要自己寫嗎？但是我還沒寫，不過這絕對不是因為我懶，而是想讓大家看看上方的畫面，即使我沒寫完關於 News 的所有行為，覆蓋率仍然會是 100%，那現在你還仍然認為覆蓋率是一件很重要的指標嗎？寫測試真正重要的，永遠是你有沒有測到核心功能而已，覆蓋率請當參考。

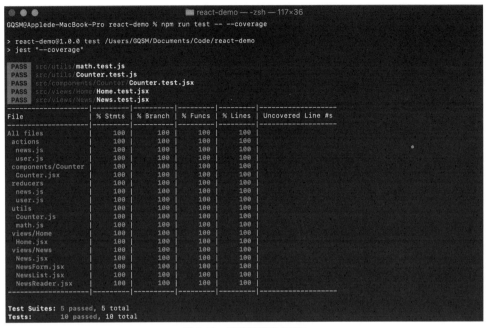

圖 5-21　當前覆蓋率 100%

5.7 　為你的自定義 Hooks 做測試

　　總算到了 React 測試的最後一節了，不曉得大家會不會覺得意猶未盡，直接寄信給出版社連署再出一本子。最後要來測試的是自定義的 Hooks，Hooks 的測試比元件還要容易非常多，因為 Hooks 本身的功能只是做可重複使用的狀態管理邏輯，感覺就像在測試一般的 Class。

　　那進入本節前，要請各位先從 npm 下載 @testing-library/react-hooks，還有它的依賴套件 react-test-renderer，接下來會使用它們在測試時操作 Hooks：

```
npm install --save-dev @testing-library/react-hooks react-test-renderer
```

　　而我們的測試目標就是在章節 2.6 所建立的 useCounter，它擁有的功能非常單純，很適合現在單純的你和練習寫測試。下方先前情提要一下：

```
/* src/hooks/useCounter.js */
import { useState, useEffect } from 'react';

const useCounter = (initialCount, callbackFunction) => {
  const [count, setCount] = useState(initialCount);

  useEffect(callbackFunction, [count]);

  const add = (addend) => {
    setCount(count + addend);
  };

  return { count, add };
};


export default useCounter;
```

　　useCounter 在使用的時候接收兩個參數，第一參數會成為 count 的預設值，並從 Hooks 中回傳。除了回傳 count 之外，還有另外一個增加 count 的方法 add，add 會接收一個數字，並且將該數字加到 count 中更新，更新時還會觸發第二個參數的 function。上述的核心功能都是我們要一個一個測試的。

　　寫測試前，先介紹使用 @testing-library/react-hooks 這個套件的方法。第一個 renderHook 是用來 render 自定義 Hooks 的方法，從原始碼 ＊13 看來，就是會幫你多包個元件來使用。

　　下一個是 act，它可以執行自定義 Hooks 丟出來的操控 state 的方法。舉例來說，如果我要執行 useCounter 回傳的 add 改變 count，就要透過 act 去觸發，詳細的使用會在下方提到。

　　對 useCounter 的第一個測試是，想確認 useCounter 回傳的 count 是否真的會使用第一個參數當作預設值：

```
/* src/hooks/useCounter.test.js */
import { renderHook } from '@testing-library/react-hooks';
import useCounter from './useCounter';

test('The default count will be the received parameter.', () => {
  // Arrange
```

＊13　請參照：https://github.com/testing-library/react-hooks-testing-library/blob/master/src/pure.js。

```
const { result } = renderHook(() => useCounter(8, () => {}));
const expected = 8;

// Assert
expect(result.current.count).toBe(expected);
});
```

renderHook 會接收一個函式，必須要在函式內使用自定義的 Hooks 並回傳。而
renderHook 會產生一個物件，裡面有個 result 屬性，在 result 中的 current 就是自定
義 Hooks 回傳的資料，所以最後的驗證就是確認 current 的 count 是不是我們在使用
useCounter 時傳進去的 8。

第二個測試要來執行 add 試試看，確認 useCounter 是否真的會將 count 加上我們想要增
加的數字並更新：

```
/* src/hooks/useCounter.test.js */
/* 其餘省略 */
import { renderHook, act } from '@testing-library/react-hooks';

test('The default count will be the received parameter.', () => {
  // Arrange
  const { result } = renderHook(() => useCounter(8, () => {}));
  const expected = 24;

  // Act
  act(() => { result.current.add(16); });

  // Assert
  expect(result.current.count).toBe(expected);
});
```

因為需要自定義 Hooks 的觸發事件，所以多使用了 act。act 會接收一個函式，我們一
樣在該函式中執行對自定義 Hooks 的操作，如上方的範例就是用 16 去執行 add，最後我
們期望的結果會是預設值的 8 加上 add 接收的 16，也就是 24 啦！

最後一個測試必須要確認「在 count 被更新的時候，傳入的第二個函式有沒有被執
行」。這時候又要交給 mock，我們可以用 jest.fn 製作一個函式替身傳入 useCounter 中，
並在執行 add 後，驗證該替身是否被執行：

```
/* src/hooks/useCounter.test.js */
/* 其餘省略 */
test('The callback function will executed after the add executed.', () => {
  // Arrange
  const mockCallback = jest.fn();
  const { result } = renderHook(() => useCounter(8, mockCallback));

  // Act
  act(() => { result.current.add(16); });

  // Assert
  expect(mockCallback.mock.calls.length).toBe(2);
});
```

這裡有一件非常需要注意的事情，那就是 mockCallback 在驗證時的期望值是希望它被呼叫兩次，原因是 useEffect 會在一開始自定義 Hooks 被建立的時候先執行一次，之後 count 改變的每一次才又會再執行，所以當我的測試案例執行完 add 這個方法的時候，其實已經二次觸發 useEffect 了，既然 useEffect 被觸發了兩次，那 callback 也會被觸發兩次。

最後就可以運行看看上方的測試案例，看執行起來有沒有問題啦！

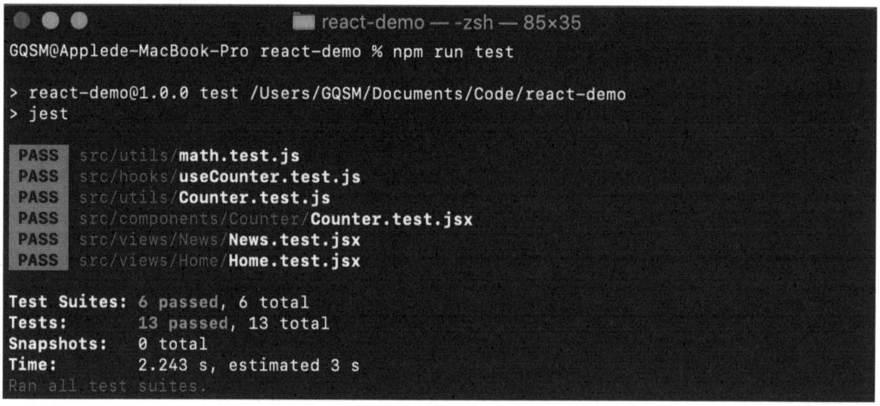

圖 5-22　不知不覺也寫了 13 個測試了

關於測試的內容就到這裡了，希望滿滿的範例和解說可以讓你感到測試真的不難，難的應該是如何去理解「寫測試」這件事情，畢竟測試案例就是程式實際的使用的結果嘛！至於測試案例的寫法，也都是重複的那幾個東西用來用去而已，不同的測試案例只要複製其他類似的，再稍微改一下就好，不要再說沒有時間寫測試啦！

6

CHAPTER

為 React 專案導入
TypeScript

6.1 ▶ TypeScript 是什麼？能吃？

本章是個全新的篇章，就 React 的專案來說，前幾個章節已經足以讓你完成一個前端專案了，那為什麼又要再導入 TypeScript 呢？

如第 4 章所提過的，所有工具出現的目的都是為了要解決某種問題，如果你不曉得 TypeScript 解決了什麼，或是覺得目前開發一切順暢，那就不需要跟風去使用大家都在用的東西。衡量工具真正價值的，並不是有多少人在使用它，而是它能幫助你多少。對筆者來說，在使用 TypeScript 對型別處理的陣痛期還滿長的，因為你必須搞懂許多型別問題。

本章其實不會介紹太多使用 TypeScript 的技巧，只會就基本的 TypeScript 型別語法、如何導入到 React 專案中，以及在 React 裡面對型別你該處理的事情等，分成這三個部分講解，其他關於 TypeScript 本身的知識就不會著墨太多。

6.1.1 在 JavaScript 中的小問題

如果各位讀者第一個接觸的語言就是 JavaScript 的話，一定會覺得用下方的程式碼去宣告變數或函式，是非常理所當然的事情：

```
const add = (a, b) => a + b;


const sum = add(1, 2);
```

對！我也不是要質疑這麼做是錯的，因為在 JavaScript 裡這麼去定義變數或函式是非常合理的，但這是在 JavaScript 的語言特性是動態型別（Dynamically typed）的前提之下，這麼做才會那麼理所當然。

這時候，應該會有人開始覺得困惑，什麼是動態型別？舉例來說，當我們在使用 JavaScript 的時候都知道，被單引號或雙引號包著的就是字串（String），僅僅只有數字或小數點的就是數值（Number）、在前後使用大括號和中括號的，分別是物件（Object）和陣列（Array），既然我們可以清楚的說出上方那些知識，也就是說，在 JavaScript 裡面決定一個變數該是什麼型別的，是取決於使用時賦予變數的內容，而不是在宣告時就直接指定變數的型別。

在 JavaScript 的執行過程中，一個變數可以不斷根據值去變成各式不同的型別，甚至連函式都可以被改變成字串：

```
let something = [1, 2, 3];

something = ' 字串哦 ';

something = 123;

something = () => { console.log(' 我是函式 '); };
```

阿甘他媽說，人生就像一盒巧克力，你永遠不知道下一個吃到什麼口味。這句話非常棒，也鼓勵到許多人，但要是現在我正在加班的夜裡，絕對不會希望我在 JavaScript 中拿到一個變數，卻無法確定它的型別是什麼。

為什麼型別會那麼重要？因為型別會導致你的程式碼能不能根據你的期望正確被運行，以下方來說，假設當我要使用一個函式的時候，函式名稱如下：

```
const getNextOrderNo = (orderNo) => {
  /* do something */
};
```

請問在我執行 getNextOrderNo，想要取得下一個訂單編號的時候，我應該放入一個字串去執行呢？還是數值？

我們不知道，就算我們找到了函式本身，除了閱讀裡面的程式碼外，我們沒有任何方法可以知道，getNextOrderNo 到底要接收什麼樣的型別才能正確執行。為了解決這個問題，也有些開發者會在函式上方打註解：

```
/**
 * @param {string} orderNo
 */
const getNextOrderNo = (orderNo) => {
  /* do something */
};
```

現在我們知道了 orderNo 必須是一個字串，但是在執行時，我仍然可以用其他的型別去執行它，註解只是個提示而已，它無法真正阻止你傳入錯誤的型別，當然你可以在程式中做判斷，而且僅僅需要一行判斷：

```
/**
 * @param {string} orderNo
 */
const getNextOrderNo = (orderNo) => {
  if (typeof orderNo === 'string') {
    /* do something */
  }
};
```

在 getNextOrderNo 也許只需要一行做判斷，但如果是另一個函式呢？

```
/**
 * @param {Object} order
 * @param {string} order.orderNo
 * @param {string} order.date
 * @param {Object[]} order.products
 * @param {string} order.product.id
 * @param {string} order.product.name
 * @param {number} order.product.qty
 */
const insertOrder = (order) => {
  /* do something */
};
```

你不只需要在註解寫上一堆有關參數型別的問題，又要透過程式碼強制讓人不要傳入錯誤的型別，確保每一個值都是你理想中的型別。從今天起你不是工程師，而是型別大師。

而且，這問題在 React 中更加明顯，假設我有一個渲染最新消息列表的元件：

```
const News = (props) => {
  const { news: { id, name } } = props;
  return <li key={id}>{name}</li>;
};
```

```
const NewsList = (props) => (
  <ul>
    {
      props.newsList.map((news) => (
        <News news={news} />
      ))
    }
  </ul>
);
```

請問有誰可以馬上告訴我，NewsList 的 props 裡有什麼？而再單看 News 的話，除了 props 之外，對 news 物件內部的屬性也是一無所知。唯一能知道的方法，就是用那無敵的 console.log 在程式中下得到處都是吧！

這裡簡單列了一些在 JavaScript 或 React 中可能會遇到的型別問題，但要說這是非常大的問題其實也沒有，只是正因為問題發生的原因不是那麼的大，所以才會難以去找到錯誤如何發生，發生的原因總是那麼細微，僅僅只是賦予一個新的值，只要沒搞清楚型別，程式碼就有可能會超出你的期望執行。

那在 TypeScript 裡上述那些事情都不會發生嗎？讓我們繼續介紹 TypeScript。

6.1.2　TypeScript 的基本介紹

TypeScript 是微軟的公司參考 C# 所產生的，它的語法規範是 JavaScript 的超集合。換句話說，在 TypeScript 裡面，你可以使用 JavaScript 所有版本的語法，這代表就算你建立了一個 TypeScript 的檔案，仍然可以在裡面暢打 JavaScript 的語法，只是它會在你犯了型別錯誤的時候出現警告。

但 JavaScript 裡沒有型別，它怎麼知道我錯了呢？因為 TypeScript 除了 JavaScript 的原生語法外，多了幾個擴充的語法，型別註記就是其中之一。在 TypeScript 要註記型別的方式，就是在宣告變數的時候用「:」符號來註記該變數的型別，但上方又有說，你也可以只在 TypeScript 中暢打 JavaScript 的語法，所以下方的兩種宣告方式，都可以在 TypeScript 中使用：

```
// JavaScript 的宣告方式
const name1 = '神 Q 超人';
```

```
// TypeScript 的宣告方式
const name2: string = ' 也是神 Q 超人 ';
```

不過，TypeScript 有些語法終究不是 JavaScript 原生的，因此它沒有辦法直接執行在瀏覽器上，撰寫完後還要經過編譯成 JavaScript 才可以，但它和之前處理過的 JSX 與 ES6 語法可不一樣哦！TypeScript 是基於 JavaScript 語法規範的開源語法，不是語法糖也不是 JavaScript 的新版本語法。

如果你認爲 TypeScript 很可怕而不想再多學一個語言的話，那就別學子吧，個人是建議把它當作是 JavaScript 的附加層，你可以繼續在 TypeScript 中撰寫 JavaScript，然後慢慢去習慣新的型別系統，一直到能夠運用且享受它帶來的好處，TypeScript 是可以漸進式的學習的。

不過筆者覺得從頭來的話是一回事，但若要從原有專案導入 TypeScript 的話，成本其實不小，從待會導入的過程中，大家可能就會知道原因了，所以還是要仔細衡量一下 TypeScript 是否眞的能解決現在的你什麼問題。

而且，有些文件上的教學，會把一些型別弄得非常複雜，反而會比原本的程式碼還要更不容易閱讀，搞得好像被套件綁架了。個人私心非常不喜歡爲了寫而寫的程式碼，所以本節的範例程式碼也許會和各位在其他地方看到的不太一樣，但絕對不會走偏的，各位放心。

6.1.3　TypeScript 的基本型別註記

TypeScript 與 JavaScript 的語法間最大的不同，應該就是註記變數的型別這回事了。在上一節中，先解釋了只要使用「:」符號，就能夠在宣告變數的時候註記型別。例如下方的宣告：

```
// TypeScript 型別註記方法
const name: string = ' 也是神 Q 超人 ';
```

在 TypeScript 裡，只要爲變數註記了型別，那在之後如果給了不符合該變數型別的值，就會在編輯器中出現警告：

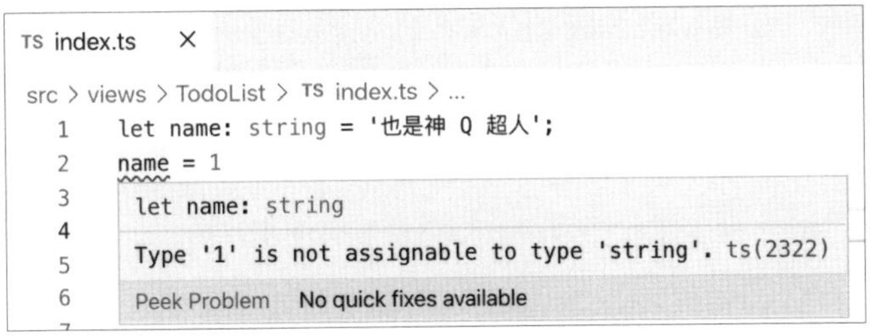

圖 6-1　TypeScript 的型別警告

　　那爲了之後我們可以清楚地知道哪些型別可以設置，除了上方介紹的 string 之外，本節還會列出在 TypeScript 內有哪些基本的型別你應該要知道。

　　首先，基本的型別有以下幾種：

- 字串（string）。
- 數字（number）。
- 布林（boolean）
- null 和 undefined。

　　null 和 undefined 是比較容易搞混的部分，但是兩者其實很簡單。在 JavaScript 裡，undefined 代表某個變數從未被宣告過，或是宣告了卻還未給它值，那該變數就會是 undefined。null 的意思是當你宣告了一個變數並且給它值，但在程式的執行過程中想要清除該變數的值，就可以把它變成 null：

```
let name; // undefined
name = '神 Q 超人';

name = null; // null
```

　　它們可以搭配聯集型別（Unio types），使用在不確定變數要接收到的東西是否會有值的狀態（像是從 API 來的資料）。

　　但聯集型別是什麼呢？目前所有註記型別的例子當中，都只爲變數指定了單一型別，而聯集型別就是用在希望同時爲某個變數註記兩個或以上型別的情況。使用聯集型別的時候，一樣會用「:」符號在變數後方註記型別，而各個型別之間則是使用「|」來區隔。例如下方用法：

```
let name: string | undefined = something;
```

在上方的例子裡，如果 something 這個來源有可能是 string 或 undefined，就能用聯集了 string 和 undefined 兩種型別的 name 去接。如此一來，就能避免只設置註記了 string 型別的 name 接收到 undefined 產生錯誤。

認識完基本型別後，要來說說稍微進階的陣列、物件和方法。

在 TypeScript 裡面，要註記陣列型別的方式為在基本型別後加上 []：

```
const names: string[] = ['nameA', 'nameB'];
```

如上方註記的 string[] 意指註記一個陣列型別，並且陣列內所有值的型別都得是 string，所以如果要定義一個都是數字的陣列，就只要使用 number[]。

物件的話，在 TypeScript 有個型別叫做「object」，使用方法如下：

```
let obj: object = {};

obj = { something: '神 Q', };
obj = { something: 23, };

obj = [];
obj = () => { };
```

看上去很簡單，但請不要使用它，從上方的例子就可以得知，object 單單只判斷了值的型別應該要是物件，但是在 JavaScript 裡面，陣列和函式也都算是物件，因此如果你對變數註記了 object 型別，根本沒辦法確定該變數的值到底是什麼。

那該怎麼定義物件呢？只能利用介面（Interface）了，先看看 TypeScript 官方文件[*1] 上的介紹：

「One of TypeScript's core principles is that type checking focuses on the shape that values have.」

TypeScript 的其中一個核心原則在於確認值的形狀，一個值它應該具有什麼樣的形狀意指它內部長什麼樣子。而介面就是用來定義形狀的方式，在 TypeScript 裡，只要透過 interface 語法，就能定義一個介面，例如：我希望在 user 物件中，必須要存放著 string 型別的 name 和 number 型別的 age，就可以使用介面先建立出形狀：

---

*1　請參照：https://www.typescriptlang.org/docs/handbook/interfaces.html。

```
interface User {
  name: string
  age: number
};
```

定義出 User 的介面後，就能替其他物件註記這個介面，如果物件的內容與介面不符，那就會出現錯誤：

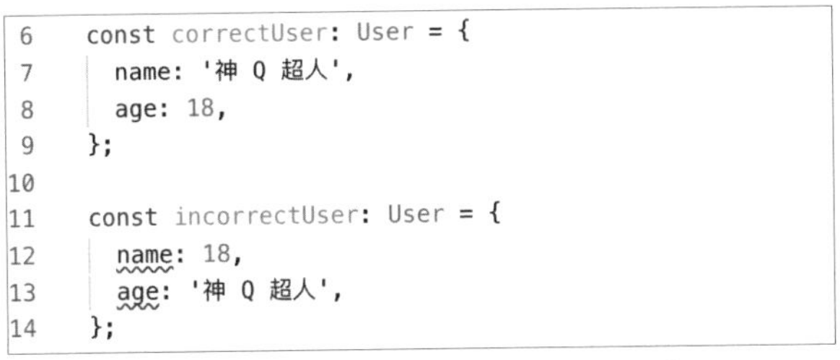

```
6   const correctUser: User = {
7     name: '神 Q 超人',
8     age: 18,
9   };
10
11  const incorrectUser: User = {
12    name: 18,
13    age: '神 Q 超人',
14  };
```

圖 6-2　incorrectUser 不符合介面要求

而錯誤訊息就是告訴你，User 介面內的 age 應該要是 number 型別：

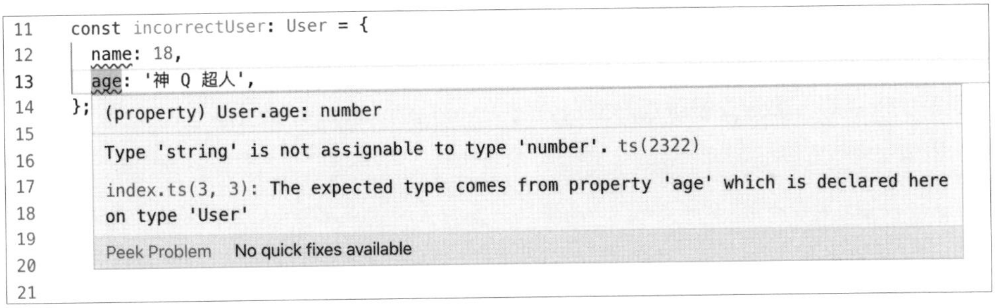

```
11  const incorrectUser: User = {
12    name: 18,
13    age: '神 Q 超人',
14  };  (property) User.age: number
15
16      Type 'string' is not assignable to type 'number'. ts(2322)
17
18      index.ts(3, 3): The expected type comes from property 'age' which is declared here
        on type 'User'
19
20      Peek Problem   No quick fixes available
21
```

圖 6-3　會根據介面指出型別錯誤

介面也可以搭配陣列做使用，如果想要定義一個陣列，而且希望陣列的內容都要是 User 介面的物件，那就可以這麼做：

```
const users: User[] = [];
```

上方介紹了一些介面的基本用法，但是介面其實還可以經過擴充來達到更彈性的需求，如果大家有興趣，則可以閱讀官方文件[2]，本書就不再多加敘述介面的用法了。

---

[2]　請參照：https://www.typescriptlang.org/docs/handbook/interfaces.html。

貼心小叮嚀　在有些語言裡，會在定義介面的時候，以第一個字為大寫「I」去命名。因為類別和介面的命名規則都是字首大寫，所以在有衝突的時候，會在介面的命名前加上大寫 I，但筆者覺得可以看使用情況，如果沒有必要，也可以不用多加前綴。

接下來要介紹的是有關函式的型別註記，一個函式的型別取決於是否有回傳值以及回傳了什麼型別的值。如果今天函式只是執行而沒有回傳值的話會使用 void，void 代表沒有任何型別。為函式註記型別的方式如下：

```
const saySomething = (): void => {
  console.log('something');
};
```

除了函式本身的型別外，也可以對函式的引數註記型別，例如：

```
const saySomething = (something: string): void => {
  console.log(something);
};
```

剛才兩個例子都是在說明沒有回傳值的函式，如果今天函式會接收兩個參數，並且將兩數相加後回傳，那只要把函式的型別註記從 void 改成 number 就可以了：

```
const add = (num1: number, num2: number): number => {
  return num1 + num2
};
```

最後要提的型別是 any，如果不是特殊的情況，千萬不要使用這個型別，因為把某個變數的型別註記成 any，那就代表所有的型別都可以是它的值，像是字串、數字、陣列和物件甚至是方法，而且也不會去在乎物件或陣列裡面放著什麼值。使用 any 看起來相當方便，但也請不要濫用它，因為如果把 any 寫得到處都是，就等於沒導入 TypeScript 了。

6.2 把 TypeScript 放進 React 專案裡

這小節會有回到第 1 章打造 React 環境的既視感，在 TypeScript 裡，從安裝、webpack 和 Babel 的編譯打包設置、處理 SCSS 和單元測試的環境都與 React 有一點不同，但是各位放心，既然都閱讀到這裡了，相信下方的內容絕對可以輕鬆理解。

6.2.1 安裝 TypeScript

使用任何工具的第一步都是要安裝它，這時候大家可以試著想一下，TypeScript 應該要安裝在 package.json 的 dependencies 或是 devDependencies 呢？想好以後，就往下看答案。

請輸入下方指令，從 npm 安裝 TypeScript：

```
npm install --save-dev typescript
```

答對了嗎？因為 TypeScript 只在開發的時候會寫，正常編譯過後都還是 JavaScript 哦！那既然打包後的程式碼不會用到它，就塞進 devDependencies 吧！

但光是這麼做還是不夠的，我們還要在專案下產生 TypeScript 的設定檔，才算完成哦：

```
npx tsc --init
```

指令執行完後，可以看見根目錄下多了一個名字為「tsconfig.json」的檔案，裡面有許多關於 TypeScript 的環境設置，每一個設定後都有附帶說明：

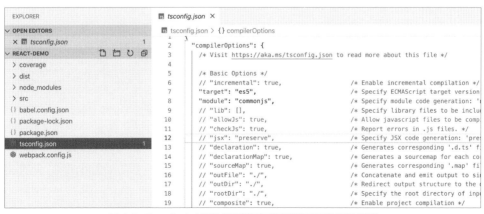

圖 6-4　TypeScript 產生的是筆者看過說明最完整的設置檔

6.2.2 處理第三方 JavScript 套件

當各位安裝完 TypeScript 後，請把 src/index.jsx 這支檔案的副檔名改成 .tsx 並打開，就可以看見些微的不同出現在專案中：

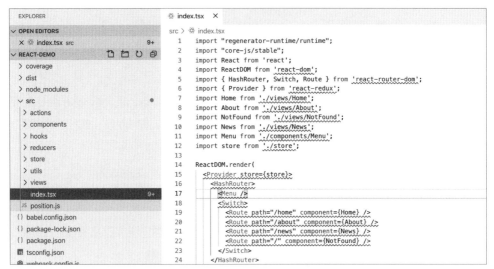

圖 6-5 將 .jsx 更改副檔名為 .tsx 之後

上圖的紅線在檔案中遍地開花（如果你的 Visual Studio Code 沒有呈現同樣的效果，請關掉再重開），讓我們由上而下逐一處理，請先把滑鼠游標移到 react-dom 上：

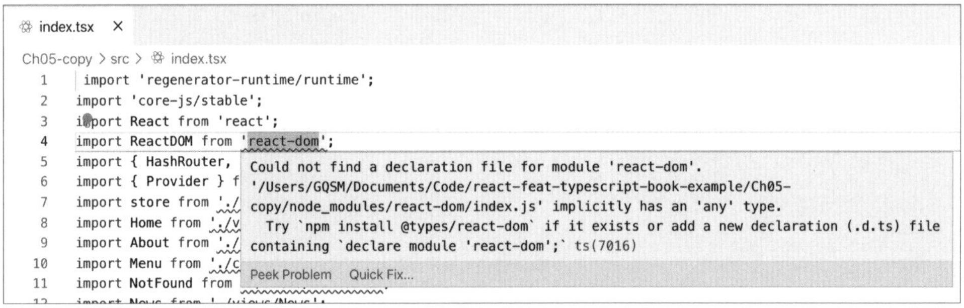

圖 6-6 TypeScript 的規則開始檢查你的型別了

這個錯誤會在你使用第三方 JavaScript 套件的時候出現，因為 TypeScript 會去檢查你使用的套件是否有定義型別，如果沒有的話就會產生這個錯誤。那該如何解決呢？這裡提出比較實用的兩個做法。

第一個做法是直接下載套件用來定義型別的檔案，例如上方的 react-dom 就可以輸入：

```
npm install --save-dev @types/react-dom
```

下載完後，該錯誤就會跟著消失。這裡我建議大家可以點開 node_modules/@types/
react-dom/index.d.ts 來看看，副檔名為 .d.ts 的檔案都是用來提供型別給 TypeScript 的，所
以在這裡就能夠看到該套件內的方法各對應到什麼樣的型別：

圖 6-7　副檔名 .d.ts 結尾的檔案會用來提供 TypeScript 型別

補充一下，不曉得各位會不會好奇，為什麼 React 明明也是第三方套件，為什麼我們
就不用下載它的型別檔，而且在畫面上也不會出錯呢？其實是已經下載了！package.lock.
json 可以為我們解釋一切：

```json
{} package-lock.json ╳

{} package-lock.json > {} dependencies > {} @types/react-test-renderer > {} requires > abc @types/react
2341              "@types/react": "*"
2342            }
2343          },
2344          "@types/react-test-renderer": {
2345            "version": "16.9.3",
2346            "resolved": "https://registry.npmjs.org/@types/react-test-renderer/-/react-t
2347            "integrity": "sha512-wJ7IlN5NI82XMLOyHSa+cNN4Z0I+8/YaLl04uDgcZ+W+ExWCmCiVTL1
2348            "dev": true,
2349            "requires": {
2350              "@types/react": "*"
2351            }
2352          },
```

圖 6-8　@types/react 早就被作為依賴套件被下載了

在第 1 章的時候曾說過，package-lock.json 可以查看某套件和它的依賴套件的下載狀況，因此我們到 package-lock.json 查詢 @types/react，就看到它已經作爲 @types/react-test-renderer 被下載了，而 @types/react-test-renderer 又是什麼時候作爲誰的依賴套件被下載的呢？就讓大家自己去找答案了。

第二個解決方式是自己建立一個 index.d.ts，當作該套件的型別檔，這是使用在第三方套件沒有提供型別定義檔可以下載的情況。

要爲第三方套件定義型別檔案，可以到 node_modules/@types 下建立與該套件相同名稱的資料夾，並在裡面建立一個 index.d.ts（下方以 react-redux 爲例子，但其實它有官方提供的型別檔哦！請直接下載就好）：

```
node_modules
...
├──── @types
│    ├──── react-redux
│    │    └──── index.d.ts
...
src
```

並且，在 index.d.ts 文件中用 declare module 來擴展原有的套件模組：

```
/* node_modules/@types/react-redux/index.d.ts */

declare module 'react-redux';
```

但放在 node_modules 是非常不穩定的，畢竟你在交接專案的時候，不會把 node_modules 資料夾一起給對方，因爲只要透過 package.json 的內容就能以 npm 指令下載套件，所以這個方法我覺得不行。

另一個方法就只是換個位置存放 react-redux/index.d.ts 而已，請大家在專案的根目錄建立另外一個資料夾 types，之後把所有自己替第三方套件定義型別的檔案都放在這裡面管理：

```
node_modules
src
types
```

```
├── react-redux
│   └── index.d.ts
```

所以，如果遇到 TypeScript 沒有找到第三方套件的型別定義時，就可以先找找看 npm
上有沒有官方提供的，沒有就自己建一個吧！

目前在 src/index.tsx 出現提醒的 react-dom、react-router-dom 和 react-redux，在 npm 上
都有相關的型別定義套件，所以就直接下載囉：

```
npm install --save-dev @types/react-dom @types/react-router-dom @types/react-redux
```

下載好後，原本出現在第三方套件下的紅線就都會消失了，沒有消失的話，建議大家
可以重開一下 Visual Studio Code。

6.2.3 讓 TypeScript 讀懂 JSX

接下來的部分會比較麻煩哦！首先把滑鼠移到 Home 上看錯誤：

```
⚙ index.tsx    ✕    JS index.js

src > ⚙ index.tsx
    1    import "regenerator-runtime/runtime";
    2    import "core-js/stable";
    3    import React from
    4    import ReactDOM f        Could not find a declaration file for module './views/Home'.
    5    import { HashRout        '/Users/GQSM/Documents/Code/react-demo/src/views/Home/index.js'
    6    import { Provider        implicitly has an 'any' type. ts(7016)
    7    import Home from '.    Peek Problem    No quick fixes available
    8    import About from './views/About';
    9    import NotFound from './views/NotFound';
   10    import News from './views/News';
   11    import Menu from './components/Menu';
   12    import store from './store';
```

圖 6-9　Home 也出現相同的問題

這時候，請到 src/views/Home 目錄中，把 Home.jsx 和 index.js 分別改成 Home.tsx 與
index.ts（測試的檔案就先不管）：

```
src
  ├── actions
...
  ├── views
...
```

```
|    ├──── Home
|    |    ├──── Home.tsx
|    |    ├──── Home.test.jsx
|    |    ├──── index.ts
...
└──── index.tsx
```

改完後，請點進 index.ts，會看見 import 的部分也會有些問題：

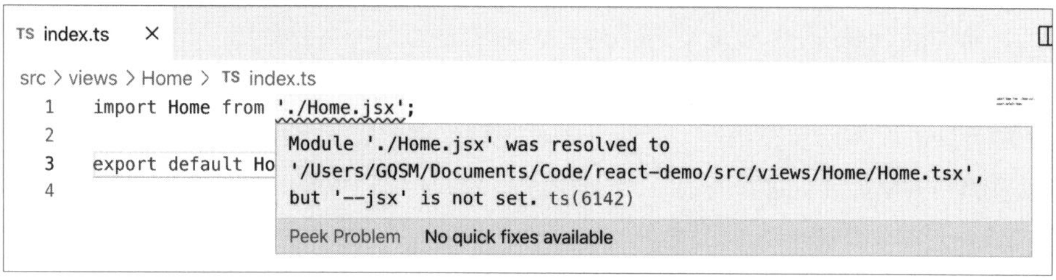

圖 6-10　TypeScript 表示不懂 JSX 語法

對於這個問題，請到一開始建立的 tsconfig.json 中，把 "jsx": "preserve", 這設置的註解拿掉，以啓用 JSX：

```
/* tsconfig.json */
{
  "compilerOptions": {
    /* 其餘省略 */
    "jsx": "preserve",
    /* 其餘省略 */
  }
}
```

啓用後，請回到 src/views/Home/index.ts，因爲現在沒有 Home.jsx 了，因此要改成從 Home.tsx 取到 Home，但是更改後又出現另一則警告：

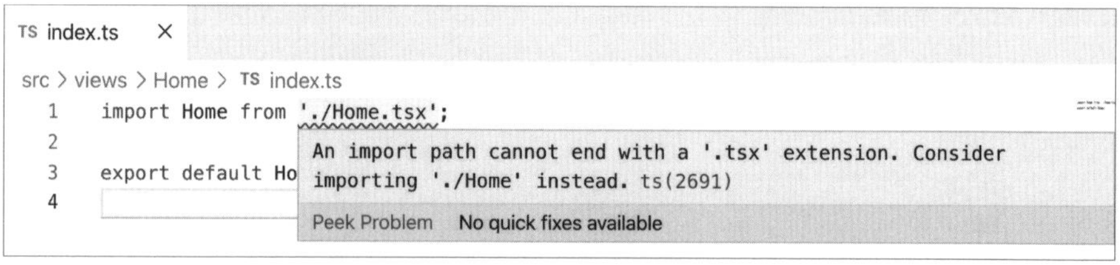

圖 6-11　ts2691 錯誤

意思是當你在引入 .ts 或 .tsx 檔案的時候，TypeScript 都不希望你加上副檔名，所以請把 ./Home.tsx 改成 ./Home 就可以囉！

上方的步驟很簡單對吧？就是改副檔名，然後啓用 JSX 設定，再到匯出該元件的 index.ts 中，把元件的檔案副檔名 .jsx 在匯入時拿掉。那爲什麼我一開始說很麻煩呢？因爲我想請各位把 src/components 和 src/views 裡的元件檔案都這麼處理過一遍 ^_^。當你處理完再到 src/index.tsx，就會發現畫面乾淨許多：

```
index.tsx  ×

src > ⚙ index.tsx
   1   import "regenerator-runtime/runtime";
   2   import "core-js/stable";
   3   import React from 'react';
   4   import ReactDOM from 'react-dom';
   5   import { HashRouter, Switch, Route } from 'react-router-dom';
   6   import { Provider } from 'react-redux';
   7   import Home from './views/Home';
   8   import About from './views/About';
   9   import NotFound from './views/NotFound';
  10   import News from './views/News';
  11   import Menu from './components/Menu';
  12   import store from '../store';
  13
  14   ReactDOM.render(
  15     <Provider store={store}>
  16       <HashRouter>
```

圖 6-12　有關元件的錯誤都消失了

6.2.4　解決使用 Redux 的型別問題

Redux 因爲涉及到資料管理的部分，所以要做的事情稍微有點多，我們先把 src/reducers 裡面的檔案都改成 .ts，並且到 src/reducers/news.ts 中，可以看見最新消息所管理的資料長這個樣子：

```
/* src/reducers/news.ts */
const initialState = {
  news: [
    { id: 1, name: '第一筆最新消息', describe: '這裡是第一筆哦！' },
    { id: 2, name: '第二筆最新消息', describe: '這裡是第二筆哦！' },
    { id: 3, name: '第三筆最新消息', describe: '這裡是第三筆哦！' },
  ],
};

/* 其餘省略 */
```

　　但是，目前還沒有規範 initialState 的內容一定要長這樣子，也就是說，我有可能會發生缺少某個屬性導致程式無法正常執行，所以為了規範它的形狀，我們會使用到 TypeScript 中的介面。

　　在最新消息的 initialState 裡面，它的形狀即擁有一個值是陣列的 news，陣列中會存放物件，物件內還有數字形態的 id，以及文字型態的 name 和 describe：

```
interface News {
  id: number
  name: string
  describe: string
};
```

　　使用了 News 介面的物件，都一定得具備 id、name、describe 這三個屬性以及對應的型態。接著再利用剛剛建立出來的介面 News 去定義最新消息的 initialState：

```
interface NewsState {
  news: News[]
};
```

　　這意思就是在 NewsState.news 裡面的每一個值，它的形狀都要符合 News 這個介面。

　　最後我們將上方的介面放到 src/reducers/news.ts 裡面，使用介面的方法就是在值後面用「:」連接介面：

```
/* src/reducers/news.ts */
export interface News {
  id: number
  name: string
  describe: string
};

export interface NewsState {
  news: News[]
};

const initialState: NewsState = {
  news: [
    { id: 1, name: '第一筆最新消息', describe: '這裡是第一筆哦！' },
    { id: 2, name: '第二筆最新消息', describe: '這裡是第二筆哦！' },
```

```
      { id: 3, name: '第三筆最新消息', describe: '這裡是第三筆哦！' },
    ],
};

/* 以下省略 */
```

這麼一來，就能非常清楚知道 initialState 裡面會有哪些內容，即使 initialState 一開始是空的也一樣：

```
const initialState: NewsState = {
  news: [],
};
```

只要根據介面就能清楚知道這個資料長什麼形狀！另外要提的是，我在定義介面的時候有把介面匯出，那是因為我希望所有用到最新消息的地方，都可以遵守這個介面，而且這麼做也不會把介面定義得到處都是。

處理完 initialState 的介面後，也可以直接把該介面指定給 reducer 用，因為每一次的 reducer 都是丟出新的資料給 store 更新，因此每一次回傳出來的值都會和 initialState 的形狀一模一樣：

```
/* src/reducers/news.ts */
/* 其餘省略 */

const news = (state = initialState, action): NewsState => {
  /* 其餘省略 */
};
```

那如果我們不曉得會丟回什麼形狀怎麼辦？像是 src/reducers/user.ts 裡的 user，是我們當時隨便亂接來的，根本就沒有形狀可言，我們也不在乎它的形狀，這時候就只能用特殊型別 any 來定義它了：

```
/* src/reducers/user.ts */
interface UserState {
  name: string,
  user: any,
};
```

```
const initialState: UserState = {
  name: '神 Q 超人',
  user: {},
};

const user = (state = initialState, action): UserState => {
  /* 其餘省略 */
};
```

暫時處理完 reducer 後，接著讓我們把戰場轉移到 src/actions 的 action creator 身上，一樣先把檔名都改成 .ts，並且打開 news.ts。

```
/* src/actions/news.ts */
export const addNews = news => ({
  type: 'ADD_NEWS',
  payload: { news },
});
```

首先，讓我們看到 addNews 的唯一參數 news，因為 addNews 這個動作是要把拿到的 news 加到最新消息的 initialState 的 news 陣列裡面，所以這個 news 的形狀應該會與我們在 src/reducer/news.ts 定義的一樣，既然如此就直接匯入該介面進來使用：

```
/* src/actions/news.ts */
import { News } from '../reducers/news';

export const addNews = (news: News) => ({
  type: 'ADD_NEWS',
  payload: { news },
});

/* 其餘省略 */
```

下一步要處理的是 addNews 這個函式的回傳值，因為 action creator 是回傳一個物件，所以我們也需要為回傳值定義一個介面：

```
interface AddNewsPayload {
  news: News
};
```

```
interface AddNews {
  type: string
  payload: AddNewsPayload
};
```

　　大家可以看到我在上方定義了兩個介面，一個是給 addNews 的回傳值當作介面的 AddNews，另一個是 AddNewsPayload，因為 addNews 回傳的物件中，也有個裝著 news 的 payload 物件，所以就也為 payload 定義一個介面。最後就拿 AddNews 來約束 addNews 的回傳值：

```
/* src/actions/news.ts */
import { News } from '../reducers/news';

interface AddNewsPayload {
  news: News
};

export interface AddNews {
  type: string
  payload: AddNewsPayload
};

export const addNews = (news: News): AddNews => ({
  type: 'ADD_NEWS',
  payload: { news },
});

/* 其餘省略 */
```

　　上方我也有將 AddNews 匯出，待會就能知道原因了！

　　在 src/actions/news.ts 應該還有另外一個 deleteNews 對吧？這個部分就讓大家當作練習了，記得加上它們的介面哦！如果完成的話，請大家把 AddNews 和 DeleteNews 這兩個介面匯出，不過匯出的方式有點特別，請大家看一下：

```
/* src/actions/news.ts */
/* 其餘省略 */

export type NewsActionTypes = AddNews | DeleteNews;
```

上方的 type 也是 TypeScript 擴充的新語法之一，它能夠定義指定的型別結構。

所以，export 那行程式碼就是先用 type 定義一個型別結構 NewsActionTypes，並且讓該結構同時擁有 AddNews 以及 DeleteNews 兩個介面。那為何要這麼做呢？請大家打開 src/reducers/news.ts，我們要將上方的 NewsAction 指定給 reducer 的 action 參數：

```
/* src/reducers/news.ts */
import { NewsActionTypes } from '../actions/news';

/* 其餘省略 */

const news = (state = initialState, action: NewsActionTypes): NewsState => {
  /* 其餘省略 */
};

/* 其餘省略 */
```

但是，即使我們加完了也還是會有錯誤顯示：

```
const news = (state = initState, action: NewsActionTypes): NewsState => {
  switch (action.type) {
    case 'ADD_NEWS':
      return {
        ...state,
        news: [
          ...state.news,
          action.payload.news,
        ],
      };
    case 'DELETE_NEWS':
      return {
        ...state,
        news: state.new
          theNews => theNews.id !== action.payload.id
        ),
```

```
any
Property 'id' does not exist on type 'AddNewsPayload |
DeleteNewsPayload'.
    Property 'id' does not exist on type 'AddNewsPayload'. ts(2339)
Peek Problem    No quick fixes available
```

圖 6-13　出現警告說 id 這個屬性不存在於介面 AddNewsPayload 裡

這是因為我們用了聯集型別，所以 action 物件會同時擁有兩個型別，但是程式在執行的時候，會不曉得現在需要拿到 id 時，action 到底是型別 AddNews 還是 DeleteNews？

會這樣是因為在定義 AddNews 和 DeleteNews 的時候，把介面的 type 型別設置為字串型別，所以在 reducer 裡面的 switch 雖然有去做條件判斷，但不論 case 跑到 ADD_NEWS 或是 DELETE_NEWS，都符合介面設定的字串，才導致 TypeScript 無法判斷，我們有兩種方法去解決這件事情。

　　其中一個是特別告訴它說，放心啦！現在要取 id 的 action 型別是 DeleteNews，這個技巧叫做「型別斷言」（Type assertion），也就是在 TypeScript 無法推論型別的時候直接告訴它，用法如下：

```
/* src/reducers/news.ts */
import { NewsActionTypes, AddNews, DeleteNews } from '../actions/news';

/* 其餘省略 */

const news = (state = initialState, action: NewsActionTypes): NewsState => {
  switch (action.type) {
    case 'ADD_NEWS':
      return {
        ...state,
        news: [
          ...state.news,
          (<AddNews>action).payload.news,
        ],
      };
    case 'DELETE_NEWS':
      return {
        ...state,
        news: state.news.filter((theNews: News) => {
          return theNews.id !== (<DeleteNews>action).payload.id
        }),
      };
    default:
      return state;
  }
};

/* 其餘省略 */
```

　　只要在某變數前以 <> 指定該變數的型別，就完成型別斷言了。上方就是在增加最新消息時，以 (<AddNews>action) 為 action 斷言型別是 AddNews，如果型別是 AddNews，那從裡面的 payload 拿 news，就一點問題都沒有了。在刪除最新消息的時候也是一樣，用型別斷言的時候，使用的 action 是 DeleteNews 型別（因為 filter 一行寫起來太長，而難以閱讀，所以我做了一點小調整）。

> **貼心小叮嚀** 除了在變數前使用 <> 之外，也可以在變數之後利用 as 做型別斷言，像是：
> (action as DeleteNews)，這 as 的用法會出現在元件裡面，因為在元件裡如果寫 <>，會被讀成
> 是 JSX 語法。

另一個方法是把那些 action type 改成常數變數定義：

```
/* src/actions/news.ts */
/* 其餘省略 */

const ADD_NEWS = 'ADD_NEWS';
const DELETE_NEWS = 'DELETE_NEWS';

/* 其餘省略 */
```

接著在定義介面的地方，對這些常數使用 typeof，取代原本在介面中設定的字串型別：

```
/* src/actions/news.ts */
/* 其餘省略 */

export interface AddNews {
  type: typeof ADD_NEWS
  payload: AddNewsPayload
};

/* 其餘省略 */
```

如果選擇第二種方式的話，那各位也可以把那些用變數定義的 action type 匯出，並且
在專案中各個用到那些 action type 的地方，都從原本的字串改成變數。例如在 reducer 中：

```
/* src/reducers/news.ts */
import { NewsActionTypes, ADD_NEWS, DELETE_NEWS } from '../actions/news';

/* 其餘省略 */

const news = (state = initialState, action: NewsActionTypes): NewsState => {
  switch (action.type) {
    case ADD_NEWS:
      return {
```

```
      ...state,
      news: [
        ...state.news,
        action.payload.news,
      ],
    };
  case DELETE_NEWS:
    return {
      ...state,
      news: state.news.filter((theNews: News) => (
        theNews.id !== action.payload.id
      )),
    };
  default:
    return state;
  }
};

/* 其餘省略 */
```

這麼做就不需要使用型別斷言了,而且也可以把 action type 變成用建立出來的常數管理,這樣子的話也減少打錯字的機會,但平常會輸入「action type」的字串也只有在 action creator 和 reducer 裡,而且其實不需要用常數,在 action creator 的介面中直接用字串也是有相同效果的:

```
/* src/reducers/news.ts */
/* 其餘省略 */

export interface AddNews {
  type: 'ADD_NEWS' // 這裡是字串,沒有建立常數
  payload: AddNewsPayload
};

/* 其餘省略 */
```

所以,要不要替 action type 另外建立常數,就看個人或是團隊約定了。

Action creator 的部分還沒有結束，請大家到 src/actions/user.ts，可以看見炙熱的紅線標著兩個地方，第一個 setUser 經過上面的練習，大家已經可以自己解決，這裡就不多說了，第二個就是我們要處理的 dispatch 類型：

```ts
TS user.ts    ✕

src > actions > TS user.ts > ...
   1   const setUser = user => ({
   2     type: 'SET_USER',
   3     payload: { user },
   4   });
   5
   6   export const fetchUser = () => async (dispatch) => {
   7     const response = await fetch('http://httpbin.org/get');
   8     const user = await response.json();
   9     dispatch(setUser(user));
  10   };
  11
```

圖 6-14　dispatch 需要型別

這個部分很簡單，只要從 redux 套件中取出 dispatch 的型別 Dispatch，並且設置給 dispatch 就行了：

```
/* src/actions/user.ts */
import { Dispatch } from 'redux';

/* 其餘省略 */

export const fetchUser = () => async (dispatch: Dispatch) => {
  const response = await fetch('http://httpbin.org/get');
  const user = await response.json();
  dispatch(setUser(user));
};
```

如果各位有把 src/actions/user.ts 的其他部分完成的話，有關 reducer 和 action 的紅線應該會全部消失。那再請大家到 src/store，把 index.js 改成 index.ts，並把它打開，會看到之前為了練習 middleware 所做的 logger 現在也被上紅線了：

```
TS index.ts ×
src > store > TS index.ts > ...
Complexity is 4 Everything is cool! | Complexity is 3 Everything is cool!
const logger = store => next => (action) => {
  console.log('此次執行：', action);
  console.log('執行之前的 state：', store.getState());

  const result = next(action);

  console.log('執行之後的 state：', store.getState());
  return '我是 logger1 的回傳值';
};
```

圖 6-15　需要定義 logger 的型別

大家不要看 middleware 包了三個函式，感覺處理會非常複雜，其實 redux 套件已有提供一個現成的型別給 middleware，大家只要從 redux 中把 Middleware 匯入，並且設置給 logger 就可以了：

```
/* src/store/index.ts */
import { createStore, combineReducers, applyMiddleware, Middleware } from 'redux';

/* 其餘省略 */

const logger: Middleware = store => next => (action) => {
  /* 其餘省略 */
};

/* 其餘省略 */
```

最後還有一個小地方要處理，請各位打開 src/views/Home/Home.tsx：

```
Home.tsx ×
src > views > Home > Home.tsx > ...
const Home = () => {
  const dispatch = useDispatch();
  useEffect(() => {
    dispatch(fetchUser());
  }, []);
  return (
    <>
      <h1>這裡是首頁</h1>
      <div>
        {JSON.stringify(useSelector(state => state.user.user))}
      </div>
    </>
  )
};
```

圖 6-16　useSelector 的 state 沒有註記型別

之前有說過，useSelector 內的函式回傳的是 store 保管的所有資料，所以請大家想一想到底是誰給 store 資料的呢？答案是 reducer！但不是一般的 reducer，而是把所有的 reducer 經過 combineReducers 後的結果。所以我們需要把在 useSelector 中取到的 state，指定成 combineReducers 後的型別，怎麼做呢？請打開 src/store/index.ts 吧！

```
/* src/store/index.ts */
/* 其餘省略 */


const store = createStore(
  combineReducers({ news, user }),
  applyMiddleware(thunk, logger),
);


/* 其餘省略 */
```

從上方的程式碼可以看出來，之前是直接在 createStore 裡面做 combineReducers，但現在的情況是我們需要取得 combineReducers 過後的 reducer，因此要將它拆出來另外寫：

```
/* src/store/index.ts */
/* 其餘省略 */

const rootReducer = combineReducers({ news, user });

const store = createStore(
  rootReducer,
  applyMiddleware(thunk, logger),
);

/* 其餘省略 */
```

下一步我們可以使用 TypeScript 提供的方法—ReturnType<>，來取得當初我們各自寫在 reducer 的介面結構，ReturnType<> 的尖括號內預設傳入一個函式的型別，也就是說可以直接把 rootReducer 的型別放進去，以取得所有 reudecr 組成的型別。得到後，將該型別匯出：

```
/* src/store/index.ts */
/* 其餘省略 */
```

```
const rootReducer = combineReducers({ news, user });

export type RootState = ReturnType<typeof rootReducer>;

/* 其餘省略 */
```

回到 src/views/Home/Home.tsx，替 useSelector 的函式參數 state 註記剛剛產生的 RootState 型別：

```
/* src/views/Home/Home.tsx */
/* 其餘省略 */
import { RootState } from '../../store';

const Home = () => {
  /* 其餘省略 */
    <div>
      {
        JSON.stringify(
          useSelector((state: RootState) => state.user.user)
        )
      }
    </div>
  /* 其餘省略 */
};

/* 其餘省略 */
```

這麼一來，從 state 取得 user 就不會有錯誤發生了，除非你沒有正確的撰寫 reducer 的介面。

既然 useSelector 需要處理，那一樣是從 useDispatch 產生的 dispatch 也要給型別嗎？根據官方文件[3]的說明：

「By default, the return value of useDispatch is the standard Dispatch type defined by the Redux core types.」

意思就是 useDispatch 的回傳值預設就是 Dispatch 的類型，所以就不用再另外定義了。那在這裡也恭喜大家，Redux 的部分都已經導入完了，接下來要進入編譯打包篇，各位繼續加油！

---

[3] 請參照：https://redux.js.org/recipes/usage-with-typescript#typing-the-usedispatch-hook。

6.2.5　設置 Webpack 與 Baebl 打包編譯

經過前兩節，我們把副檔名和程式碼的內容通通修改一波，但是當執行打包時就會發現，現在的編譯設定已經無法滿足我們的需求了：

GQSM@Applede-MacBook-Pro react-demo % npm run build

```
> react-demo@1.0.0 build /Users/GQSM/Documents/Code/react-demo
> webpack -p

Insufficient number of arguments or no entry found.
Alternatively, run `webpack(-cli) --help` for usage info.

Hash: b4b0a78b6d4a5420fa7b
Version: webpack 4.44.1
Time: 27ms
Built at: 2020-08-28 7:08:31 |F10: PM|

ERROR in Entry module not found: Error: Can't resolve './src/index.jsx' in '/Use
rs/GQSM/Documents/Code/react-demo'
npm      code ELIFECYCLE
npm      errno 2
npm      react-demo@1.0.0 build: `webpack -p`
npm      Exit status 2
npm
npm      Failed at the react-demo@1.0.0 build script.
npm      This is probably not a problem with npm. There is likely additional log
ging output above.
```

圖 6-17　先前的設定已經無法在當前的專案使用了

這部分如果有認真看懂之前在 webpack 設定 Babel 的那個章節內容，那應該是秒解的。讓我們先複習一下處理 React 的專案環境時做了什麼：

- 設置程式碼打包的進入點為 src/index.jsx。
- 設置處理新語法和 JSX 的 presets 給 .jsx 檔案使用。

對！在剛開始學的時候，好像處理了很多事情，但基本就是上方那兩件而已，所以在這個階段的目標也是兩個。

首先，要把 webpack.config.js 的進入點檔案從 src/index.jsx 改成 src/index.tsx：

```
/* webpack.config.js */
/* 其餘省略 */

module.exports = {
  entry: './src/index.tsx',
```

```
/* 其餘省略 */
};
```

接著，Babel 的 presets 可以下載 @babel/preset-typescript 來為 TypeScript 做編譯，這也是 Babel 官方文件[4] 上推薦的 presets：

```
npm install --save-dev @babel/preset-typescript
```

下載後，就把它加入 webpack.config.js 中 rules 裡的 loader 設定，也別忘記在 test 的正規表示法中加入 .ts 和 .tsx：

```
/* webpack.config.js */
/* 其餘省略 */

module.exports = {
  /* 其餘省略 */

  module: {
    rules: [
      {
        test: /\.(js|jsx|ts|tsx)$/,
        use: {
          loader: 'babel-loader',
          options: {
            presets: [
              '@babel/preset-typescript',
              '@babel/preset-react',
              '@babel/preset-env'
            ],
          },
        },
      },
    ],

  /* 其餘省略 */
};
```

完成上述步驟後，就可以再進行打包：

---

[4]　請參照：https://babeljs.io/docs/en/babel-preset-typescript。

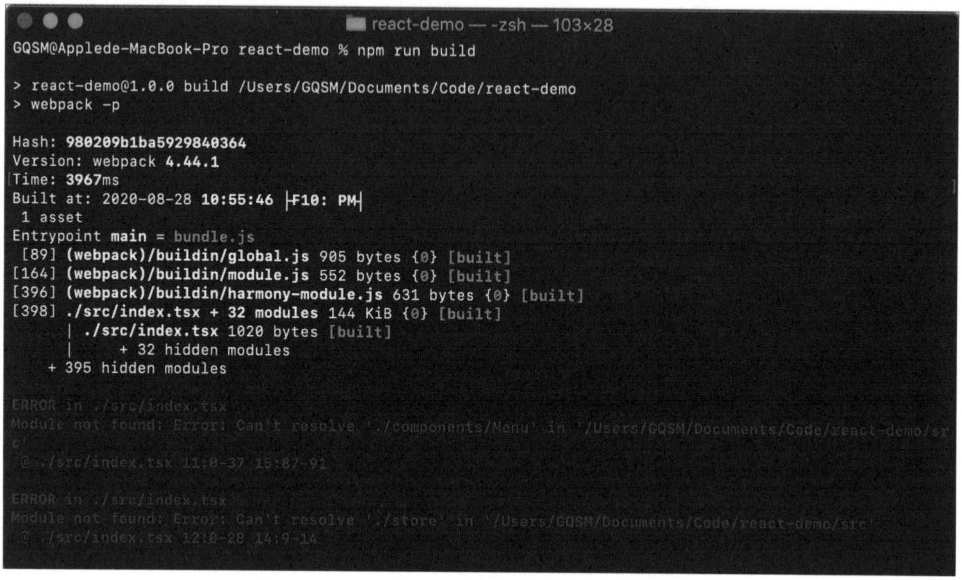

圖 6-18　在打包時無法在路徑中找到對應的檔案

　　這個問題是出自於我們目前在每個 components 或是 views 下的資料夾，都會有一個負責匯出的 index.ts，例如：src/views/Home/index.ts、src/components/Menu/index.ts 等。以 src/views/Home/index.ts 為例子，在導入 TypeScript 之前檔案的內容為：

```
/* src/views/Home/index.js */
import Home from './Home.jsx';


export default Home;
```

　　但現在導入 TypeScript 後，就不用在匯入的時候，在路徑上加副檔名了：

```
/* src/views/Home/index.ts */
import Home from './Home';


export default Home;
```

　　而這正是讓錯誤出現的原因，在 webpack 的預設情況下，只要看見你沒打副檔名，通常都會認為副檔名是 .js，而我們在該目錄下並沒有叫做「Home.js」的檔案，所以就會出錯，所以還必須要在 webpack.config.js 中加入以下設置，來覆蓋預設會抓的副檔名：

```
/* webpack.config.js */
/* 其餘省略 */

module.exports = {
  /* 其餘省略 */

  resolve: {
    extensions: ['.ts', '.tsx', '.js'],
  },

  /* 其餘省略 */
};
```

resolve.extensions 可以在未指定副檔名的情況下，讓 webpack 依序用你給它的副檔名拿出來試，如果判斷該副檔名有檔案就會直接抓，也就不會再拿後面的副檔名去找。

加上去後，就可以順利打包囉！那既然可以順利打包，npm run start 也就可以正常運行了，恭喜大家一次完成兩件事情：

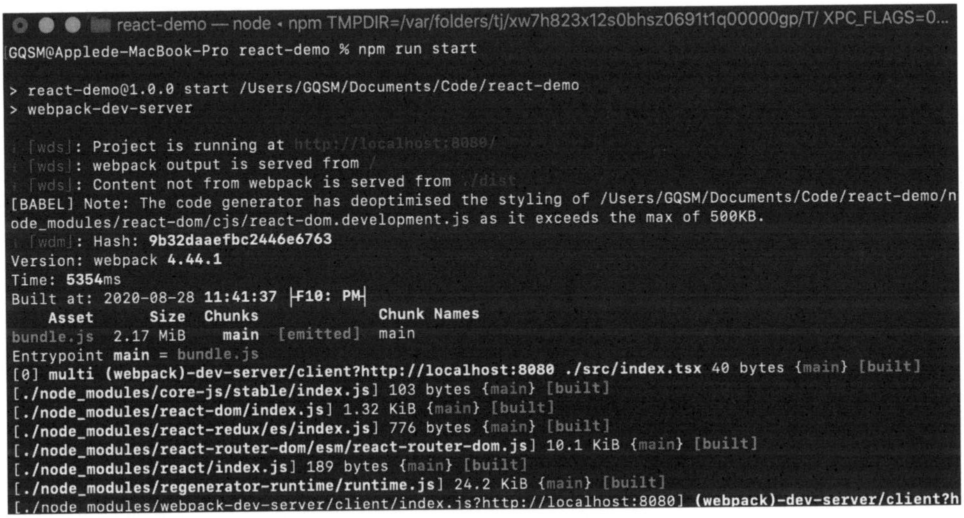

圖 6-19　成功完成打包和運行的設置

6.2.6　SCSS 的型別處理

記得在章節 2.2.3 有說過，如果把 SCSS 檔案匯入的話，那就可以在 JSX 中用像物件的方法去使用設置好的 class 名稱，而既然它也作為物件，就逃不過 TypeScript 的法眼。在開始實作前，請先打開 src/components/Counter/Counter.tsx，會看見 TypeScript 又很麻煩的出現問題來讓我們解決了：

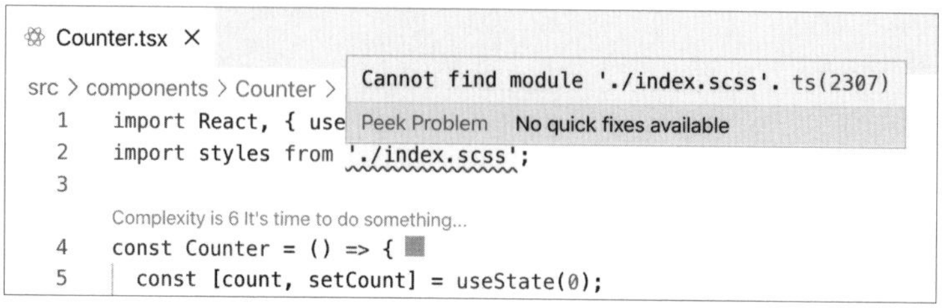

圖 6-20　找不到在 index.scss 中的樣式定義

　先說原理，這個問題的發生與使用第三方的 JavaScript 套件一樣，只要來源沒有用 TypeScript 定義型別，就會出現這個錯誤，所以解決方法可以在同目錄下建立一個 index.scss.d.ts，用來為 index.scss 定義型別：

```
/* src/components/Counter/index.scss.d.ts */
export const count: string;
```

　這樣剛剛的錯誤應該就會消失了，不過如果每次我寫完 SCSS 都需要這樣定義型別，那我會選擇輸入「npm uninstall typescript」，但還好不是，因為有個方便的套件叫做「typed-scss-modules」，它可以替我們自動把 index.scss 的內容轉換成 index.scss.d.ts，請大家幫我下載它：

```
npm install --save-dev typed-scss-modules
```

　下載好後，請到 package.json 中的 scripts 內增加新的指令：

```
/* package.json */
{
  /* 其餘省略 */

  "scripts": {
    /* 其餘省略 */
    "tsm": "tsm src"
  },

  /* 其餘省略 */
}
```

tsm 就是 typed-scss-modules 用來編譯的指令，而後方指定了要搜尋 .scss 檔案的目錄，加完後請先將剛剛手動在 Counter 目錄下建立的 index.scss.d.ts 刪掉，接著執行：

```
npm run tsm
```

執行結果會列出在哪些位置產生了型別檔案：

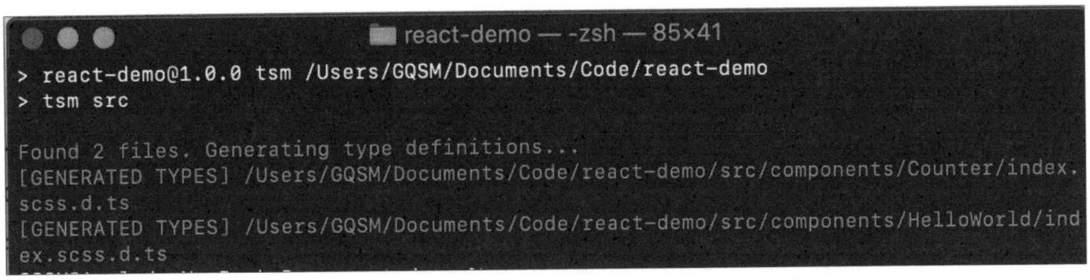

圖 6-21　使用 typed-scss-modules 自動產生型別定義檔

但是每一次寫完 SCSS 都要在產生型別定義檔也有點麻煩，因此請在 package.json 的 tsm 指令後多加個「--watch」的 flag：

```
/* package.json */
{
  /* 其餘省略 */

  "scripts": {
    /* 其餘省略 */
    "tsm": "tsm src --watch"
  },

  /* 其餘省略 */
}
```

這麼一來，typed-scss-modules 就會一直屬於監聽狀態，只要 src 下的某個 scss 檔案被修改了，那就會自動產生新的型別定義檔。

6.2.7　處理 TypeScript 的測試環境

恭喜各位！到最後一個階段了，而且這部分特別簡單的，如果你有真的懂得章節 5.2.1 所做的，那在這裡也是清潔溜溜！但如果看到這裡，都還沒有任何頭緒想到要怎麼做的話，可以趕緊衝回去複習。

這邊要做的事情很簡單，就是在執行測試的時候，可以在 Node 環境中把 TypeScript 編譯成 JavaScript。

那怎麼編呢？只需要一個步驟！請把負責編譯 TypeScript 的 presets 放到 babel.config.js：

```
/* babel.config.json */
{
  "presets": [
    "@babel/preset-typescript",
    "@babel/preset-react",
    "@babel/preset-env"
  ]
}
```

接著，再把包含 JSX 的測試檔案都改成 .tsx 的副檔名，並且一樣要在 import 的地方把 .jsx 拿掉，下方以 src/views/Home/Home.test.tsx 為例子：

```
/* src/views/Home/Home.test.tsx */
import Home from './Home';
```

做法就像當初修改每個 components 或是 views 目錄下的 index.ts 一樣，但是還有個地方被無情地劃上紅線：

```
⚙ Home.test.tsx  ×   {} babel.config.json                                    ⊓⊔  ··
src › views › Home › ⚙ Home.test.tsx › ⊘ test('The view will display user information from api after Home rendered') callback › [∅] store
    1   import "regenerator-runtime/r┌────────────────────────────────────────────────
    2   import "core-js/stable";      │ Could not find a declaration file for module '@testing-library/jest-
    3   import React from 'react';    │ dom/matchers'. '/Users/GQSM/Documents/Code/react-demo/node_modules/@testing-
    4   import { createStore, combine │ library/jest-dom/matchers.js' implicitly has an 'any' type.
    5   import { Provider } from 'rea  │   Try `npm install @types/testing-library__jest-dom` if it exists or add a
    6   import thunk from 'redux-thun │ new declaration (.d.ts) file containing `declare module '@testing-
    7   import { render, waitFor } fr │ library/jest-dom/matchers';` ts(7016)
    8   import { toBeInTheDocument } from '@testing-library/jest-dom/matchers';
                                        │ Peek Problem   No quick fixes available
    9   import user from '../../reducers/user';
    10  import Home from './Home';
    11
    12  expect.extend({ toBeInTheDocument });
```

圖 6-22　找不到關於 @testing-library/jest-dom 的型別定義檔

我們在測試中所使用的 @testing-library/jest-dom，雖然在 npm 上已經有型別定義檔 @types/testing-library__jest-dom，但是在筆者撰寫本書的當下，下載後似乎也不起作用，大家還是可以下載看看，如果有起作用的話，就可以省略下面的步驟。

記得在章節 6.2.2 有提到，如果使用的第三方套件沒有提供型別定義檔，或是像上方的情況那樣仍然會有錯誤，就可以自己建立型別定義檔，請在專案的根目錄下建立名稱叫做「type」的新目錄，並且擁有這樣的結構：

```
node_modules
src
types
 ├──── @testing-library
 │      └────── index.d.ts
```

而該 index.d.ts 的內容就是定義一個模組：

```
/* types/@testing-library/index.d.ts */

declare module '@testing-library/jest-dom/matchers';
```

儲存後，測試裡面的錯誤也就會消失了。

再一次恭喜大家順利導入 TypeScript，本書的範例專案只有小小的，所以導入過程不會很困難，但如果是公司的中大型專案，要導入就得花上一些時間來處理關於型別的小細節。

最後還是老話一句，希望各位在以後面試的時候被問到，為什麼選擇使用 TypeScript 的時候，心中的答案不是因為本書有寫下這個篇章才使用，而是你在開發的時候真的遇到了某些問題，或是經過衡量，認為 TypeScript 可以為專案帶來幫助才進行導入，否則你可能會用得很痛苦，因為你根本不知道它好在哪。

然後，其實開發環境的設置都大同小異，大家可以比對本章和第 1 章，這兩章的內容都是在處理環境，相對於其他章節來說，是比較相似的，所以我在本章講解的時候，時常會提到在前幾個章節是如何解決問題的，讓大家可以在之後遇到類似的問題時，能用同樣的思考模式去尋找解答。

6.3　在 React 中使用 TypeScript 的那些事

在這個小節裡，不會只提到 TypeScript 的用法，而是會依照 React 平時會比較常用到的寫法來介紹，所以各位可能沒辦法在這個小節學到太多使用 TypeScript 的觀念，但我相信大家可以透過範例更了解 TypeScript。

6.3.1　用 Type 讓元件的 Props 一目瞭然

請大家先到 src/components 中增加一個叫做「Button」的新資料夾，並在裡面分別建立 index.ts 以及 Button.tsx，而 Button.tsx 的內容如下：

```
/* src/components/Button/Button.tsx */
import React from 'react';

const Button = (props) => {
  return (
    <button type="button">{props.text}</button>
  )
};


export default Button;
```

在編輯器中，Button 的 props 應該會因為沒有註記型別而產生錯誤。在使用 Button 的時候，我們預期從 props 裡面取得 text，並將 text 設置成 Button 的文字，因此在 props 的型別結構中，text 絕對是需要的。我們可以這麼建立型別結構，並賦予給 Button：

```
/* src/components/Button/Button.tsx */
/* 其餘省略 */

type ButtonProps = {
    text: string;
};

const Button = (props: ButtonProps) => {
  return (
    <button type="button">{props.text}</button>
  )
};
```

　　那當我試著在其他地方使用 Button，但又沒有透過 props 給它需要的 text 時，就會出現
紅色的警告：

```
Home.tsx  ●      Button.tsx      TS index.ts
src > views > Home > Home.tsx > [e] Home
  5    import Button from '../../components/Button';
  6
       Complexity is 7 It's time to do something...
  7    const Home - () => {
  8      const   (alias) const Button: (props: ButtonProps) => JSX.Element
  9      useEf   import Button

 10      dis    Property 'text' is missing in type '{}' but required in type
 11    }, []   'ButtonProps'. ts(2741)
 12    retur
 13      <>     Button.tsx(4, 3): 'text' is declared here.

 14      <      Peek Problem   No quick fixes available
 15      <Button />
 16      <div>
 17        {
 18          JSON.stringify(
 19            useSelector((state: RootState) => state.user.user)
 20          )
 21        }
 22      </div>
```

圖 6-23　未在使用 Button 的時候給予需要的 props

另一個好處就是輸入對應的 props 時，還會提醒你該傳入什麼型別的值：

```
Home.tsx  ●      News.test.tsx      Button.tsx      TS index.ts
src > views > Home > Home.tsx > [e] Home
       const dispatch = useDispatch();
  9    useEffect(() => {
 10      dispatch(fetchUser());
 11    }, []);
 12    return (
 13      <>
 14        <h1>這裡是首頁</h1>
 15        <Button text />
                        (JSX attribute) text: string
 17        {
 18          JSON.stringify(
```

圖 6-24　輸入 text 時會出現型別是 string

　　也可以直接在 type 裡設置 props 的值應該要是什麼。先讓我們再增加一個 props 給
Button，但這次用不一樣的方式設置：

```
/* src/components/Button/Button.tsx */
/* 其餘省略 */
```

```
type ButtonProps = {
  text: string;
  size: 'small' | 'large';
};

/* 其餘省略 */
```

使用聯集型別來讓 size 的值只能是 small 或是 large，所以當你在使用 Button 並輸入「size」的時候，Visual Studio Code 還會出現選項，讓你選擇要哪一種：

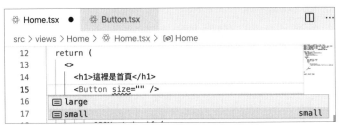

圖 6-25　size 只能夠接受 large 或是 small

如果輸入 large 和 small 以外的值，則會出現警告：

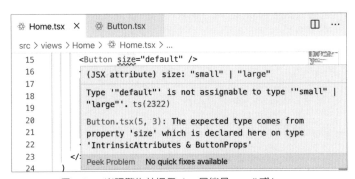

圖 6-26　出現警告並提示 size 只能是 small 或 large

但假如你並不想在每次使用 Button 都需要自定義按鈕的文字，而是希望在沒有指定 text 的時候能夠顯示預設的文字在按鈕上，那可以在 type 的 props 名稱後加上問號：

```
/* src/components/Button/Button.tsx */
/* 其餘省略 */

type ButtonProps = {
  text?: string;
```

```
  size: 'small' | 'large';
};

const Button = (props: ButtonProps) => {
  const text = props.text || '預設按鈕文字';
  return (
    <button type="button">
      {text}
    </button>
  )
};
```

加上問號的 props 就等於擁有兩種屬性，一個是你設置的 string，另一個會是 undefined：

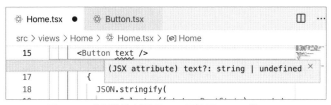

圖 6-27 出現警告並提示 size 只能是 small 或 large

不過，每個 props 都需要自己在元件內判斷的話太麻煩了，其實還有可以透過定義 defaultProps 設置預設的 props 內容：

```
/* src/components/Button/Button.tsx */
/* 其餘省略 */

type ButtonProps = {
  text: string;
  size: 'small' | 'large';
};

const defaultProps: ButtonProps = {
  text: '預設按鈕文字',
  size: 'small',
};

const Button = (props: ButtonProps) => {
  /* 其餘省略 */
};
```

```
Button.defaultProps = defaultProps;
```

如此一來，就算在使用 Button 的時候，不傳入任何 props 也不會產生任何的警告。

在為 props 註記型別的時候，請一定要儘量將 props 描述的完整，多花一點時間在一開始描述型別，就可以在之後更清楚的使用元件，也避免預期之外的行為。如果在一開始不願意將 props 定義清楚，為了省麻煩而只給一個 any 型別的話，那就和沒有寫一樣了。

6.3.2 TypeScript 的型別推斷

本節想要和大家說明一下目前專案的狀況，不曉得各位會不會覺得奇怪，TypeScript 不是講求型別的語法嗎？如果在定義變數的時候沒有註記型別，那這樣不就和 JavaScript 一樣了嗎？

以目前的修改來說，都是著重在註記「參數」的型別，對於元件本身的型別，就沒有多加著墨，但在這種情況下，TypeScript 仍然沒有爆出警告。

這不是魔法，會這樣是因為 TypeScript 有個型別推斷的功能，當一個變數被宣告並且賦予值的時候，TypeScript 會去判斷該值的型別是什麼，然後把變數註記為該型別。舉例來說：

```
let count = '0'; // 一開始把字串 0 賦予給變數 count，這時候 count 會被型別推斷為字串
count = 2; // 會因為 2 不是字串而出現警告
```

所以那些沒有被註記型別的元件，其實也都在定義的時候就被 TypeScript 做型別推斷，而擁有一個型別了，這件事情可以將滑鼠停留在 Home 或其他元件上得知：

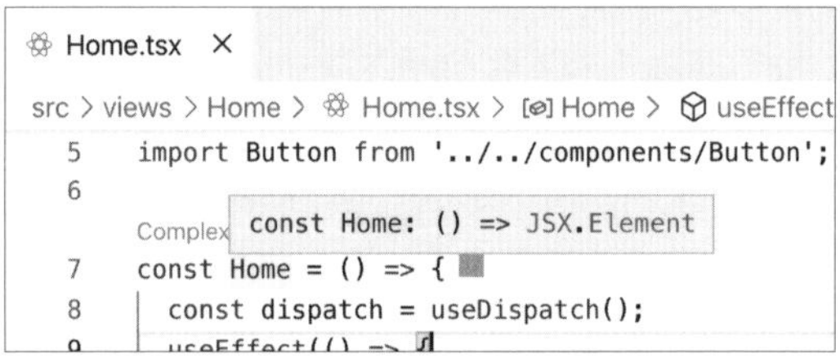

圖 6-28　Home 回傳的內容型別為 JSX.Element

　要記得哦！只要你使用了 .ts 或 .tsx 為副檔名的檔案，那你所宣告的一切就都會被
TypeScript 做型別推斷，除非你自己在宣告的時候做型別註記，那就會直接使用你給的型
別。例如：

```
/* src/views/Home/Home.tsx */
/* 省略其他 */

const Home = (): JSX.Element => {
  /* 省略其他 */
};

/* 省略其他 */
```

6.3.3　React 提供的預設型別

　在我們寫型別的時候，會在元件中遇到一些比較特別的 props，例如 props.children：

```
const Button = props => (
  <button type=>{props.children}</button>
);
```

　但這其實不成問題，因為你會期望 Button 接收到的 children 是什麼，所以仍然可以為
children 做型別定義，讓 TypeScript 產生的錯誤消失：

```
type ButtonProps = {
  children: string
};

const Button = (props: ButtonProps) => (
  <button type="button">{props.children}</button>
);
```

　除了自己去定義 children 的型別之外，React 也有提供一個預設型別叫做「React.Function
Component」（也可以簡寫為 React.FC），只要為元件註記該型別，那 React 就會偷偷摸
摸的幫你定義 props.children，所以當你試著從 props 中取出 children，就不會出錯囉！下
方是有無使用的對照：

```
const ButtonA = (props) => (
  <button type="button" >{props.children}</button>
);

const ButtonB: React.FunctionComponent = (props) => (
  <button type="button" >{props.children}</button>
);
```

圖 6-29　React.FunctionComponent 會幫你設置 children 型別

如果要將 React.FunctionComponent 和其他 props 一起設置的話，可以直接利用泛型（Generics）處理，泛型可以指定函數接收參數的型別。

對元件來說，接收的參數就是 props，因此可以用泛型指定 props 的型別。使用方式如下：

```
type ButtonBProps = {
  title: string
}

const ButtonB: React.FunctionComponent<ButtonBProps> = (props) => (
  <button type="button" >{props.children}</button>
);
```

上方程式碼在 React.FunctionComponent 後的尖括號就是泛型了，也是我們期望的 props 型別。

利用 React.FunctionComponent 就能夠省去一些定義型別的程式碼，但是這麼做的話，仍然會造就一些問題，我們之所以設置 props 的形狀，就是希望限制住元件接收到的東西，以及使用者該如何正確使用這個元件，但如果讓 React 替我們偷偷定義 props 內的 children，會帶來什麼影響呢？直接看例子吧：

```
const ButtonB: React.FunctionComponent = (props) => (
  <button type="button" >{props.children}</button>
);

Complexity is 4 Everything is cool!
const Main = () => ( 
  <>
    <ButtonB>我是一般文字</ButtonB>
    <ButtonB>
      <span>偷偷送入 component</span>
    </ButtonB>
  </>
);
```

圖 6-30　不論 children 接收到什麼，都不會出現錯誤

接著讓我們看看二號選手：

```
type ButtonPropsA = {
  children: string
}

const ButtonA = (props: ButtonPropsA) => (
  <button type="button" >{props.children}</button>
);

Complexity is 4 Everything is cool!
const Main = () => ( ▓
  <>
    <ButtonA>我是一般文字</ButtonA>
    <ButtonA>
      <span>偷偷送入 component</span>
    </ButtonA>
  </>
);
```

圖 6-31　在 children 為非字串的時候出現警告

在第一種狀況下，React 統一把所有 children 的型別都註記為 React.ReactNode，所以不論傳入什麼，都會被當成 React.ReactNode，TypeScript 就不會覺得有問題。但是第二種狀況，我們真心期望元件的 children 為字串型別，所以就為 props 中的 children 使用型別註記，這麼一來，當 children 的接收值不是字串的話，就會出現警告。

根據上述理由，筆者還是會直接使用 type 註記 props 的型別，因為我希望能夠十足的把握元件的執行狀況，但如果各位還是喜歡 React.FunctionComponent 帶來的簡潔感，還是可以使用它。

6.3.4　自定義 Hooks 的型別設置

這裡會點出自定義 Hooks 的一些問題，並且解釋如何利用 TypeScript 解決它，但在這之前，我們必須先瞭解 useState 與 useEffect 這兩個常用的 Hooks，在 TypeScript 會需要怎樣的型別設置。

首先是 useState，請到 src/components/Counter/Counter.tsx 中，在 Counter 裡我們就有使用 useState：

```
/* src/components/Counter/Counter.tsx */
/* 省略其他 */

const [count, setCount] = useState(0);
```

```
/* 省略其他 */
```

雖然目前沒有爲 useState 產生出來的 state 註記型別，但根據 TypeScript 的型別推斷，在 useCount 的時候傳入了 0，所以產生出來的 count 型別應該就會是 number。

如果要主動爲它註記型別，只需要利用泛型指定參數的型別：

```
/* src/components/Counter/Counter.tsx */
/* 省略其他 */

const [count, setCount] = useState<number>(0);

/* 省略其他 */
```

在主動設置型別的情況下，如果在 useState 內傳入字串就會出現警告，因爲我們使用泛型指定參數的型別必須爲 number：

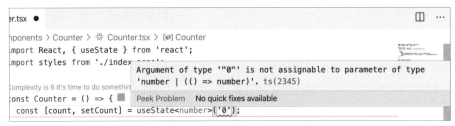

圖 6-32　useState 接收的參數類型必須是數字

如果想要用雙型別，就用之前提過的聯集型別就能達到了：

```
/* src/components/Counter/Counter.tsx */
/* 省略其他 */

const [count, setCount] = useState<number | null>();

/* 省略其他 */
```

那如果是 useEffect 的話呢？因爲 useEffect 在執行的時候不會接收任何參數，也不會有任何的回傳值，因此就不需要做任何處理囉！

除了常用的 useState 和 useEffect 外，還有自定義的 Hooks。我們先試著在上方的
Counter 中使用 src/hooks/useCounter.ts 來處理計數的邏輯：

```
/* src/components/Counter/Counter.tsx */
/* 省略其他 */

import useCounter from '../../hooks/useCounter';

const Counter = () => {
  const { count, add } = useCounter(0, () => {});
  return (
    <div>
      <div>目前數字：{count}</div>
      <button onClick={() => { add(1) }}>點我加一</button>
    </div>
  );
};

/* 省略其他 */
```

接下來，請大家在取出 count 後試著修改它的值，但這麼做是不被允許的：

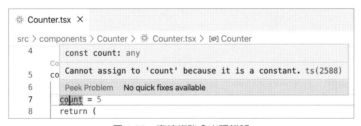

圖 6-33　直接修改會出現錯誤

那是因為在 useCounter 裡，我們使用 const 語法定義 count，所以就能避免 count 被直
接修改，但如果今天不是用解構單獨取出 count，而是把整個物件拉出來的話呢？那就能
順利被修改囉！請看範例：

```
Counter.tsx ×

src > components > Counter > Counter.tsx > ...
     3
          Complexity is 7 It's time to do something...
     4    const Counter = () => {
     5      const counter = useCounter(0, () => {});
     6      counter.count = 5;
     7
     8      return (
```

圖 6-34　把 useCounter 的回傳值用物件取出來後就能順利修改

　　這樣子去破壞自定義 Hooks 所管理的 state 和邏輯顯然是有問題的，但在處理這個問題之前，請先到 src/hooks/useCounter.ts 中，將 useCounter.ts 目前出現的型別警告都解決：

```
/* src/hooks/useCounter.ts */
import { useState, useEffect } from 'react';

const useCounter = (
  initialCount: number, callbackFunction: React.EffectCallback
) => {
  const [count, setCount] = useState(initialCount);

  useEffect(callbackFunction, [count]);

  const add = (addend: number) => {
    setCount(count + addend);
  };

  return { count, add };
};

export default useCounter;
```

　　上方的修改中，唯一比較讓人困惑的應該是 React.EffectCallback 這個型別是哪來的，除了根據行為判斷 callbackFunction 是為了作為 useEffect 的 callback 被傳進來的之外，就是直接到 React 提供的型別檔中找到適合的型別註記：

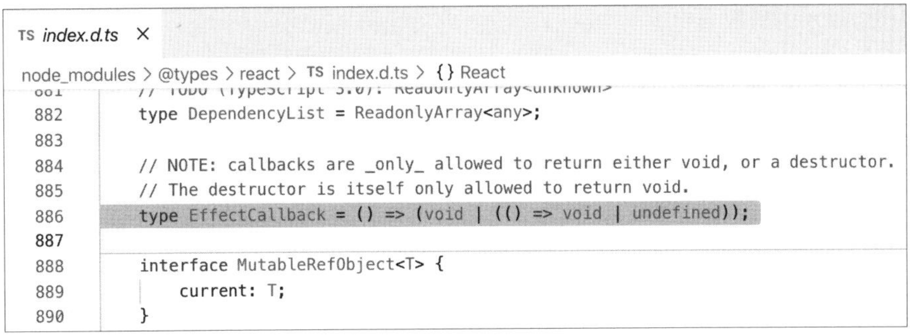

```
TS index.d.ts  ×

node_modules > @types > react > TS index.d.ts > {} React
 881        // TODO (TypeScript 3.0): ReadonlyArray<unknown>
 882        type DependencyList = ReadonlyArray<any>;
 883
 884        // NOTE: callbacks are _only_ allowed to return either void, or a destructor.
 885        // The destructor is itself only allowed to return void.
 886        type EffectCallback = () => (void | (() => void | undefined));
 887
 888        interface MutableRefObject<T> {
 889            current: T;
 890        }
```

圖 6-35　React 的型別檔

大家應該還記得在 6.2.2 章節中，我們到處搜刮第三方套件的型別定義檔，有些可以直接用 npm 下載到 node_modules/@type 中，有些則是我們自己定義的。而官方的型別定義檔其實是非常有用的，因為當遇到型別問題處理不好時，就可以翻閱型別定義檔，確認有哪些型別適合使用。

處理完 useCounter 的型別問題後，就要來解決「直接取出整個物件，就能夠修改自定義 Hooks 管理」的 state 問題。其實這個問題非常容易解決，只需要用 TypeScript 的 const 替物件做斷言就可以了，這個斷言方式和前面提到的型別斷言並不相同，請不要搞混。

利用 const 做斷言，就能夠將物件內的每個值都變成 readonly 的。const 斷言的方法是只要把在 useCounter 內回傳的物件改成以下：

```
/* src/hooks/useCounter.ts */

return { count, add } as const;
```

接著，再回到 src/components/Counter/Counter.tsx 中，就能看到原本直接去修改物件內容的地方會報錯了：

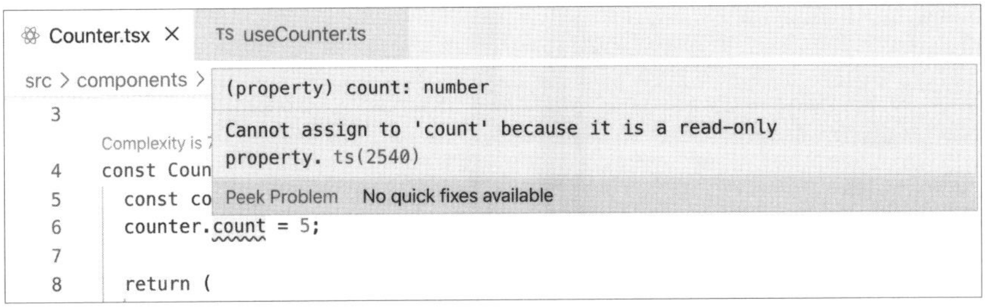

```
⚙ Counter.tsx  ×    TS useCounter.ts

src > components >      (property) count: number
 3
         Complexity is 7    Cannot assign to 'count' because it is a read-only
 4       const Coun        property. ts(2540)

 5         const co    Peek Problem    No quick fixes available
 6         counter.count = 5;
 7
 8         return (
```

圖 6-36　從 useCounter 中取出的物件屬性是 readonly

這麼做就不怕破壞自定義的 Hooks 所提供的功能和 state 了！

在這個章節，談到關於 TypeScript 與 React 的使用方式，其實會覺得多了 TypeScript 在開發上也沒有多大的不同，但如果在開發時能夠一直好好定義 props 的型別結構，那之後維護的速度就會快很多了，因為你永遠都有一份最完整的資料結構可以參考，而且也能夠預防程式碼中的邏輯出現超乎預期的行為。

只是唯一的痛點就是需要去熟悉在開發的過程中多了一項定義型別結構的過程，而且因為用了型別結構就會覺得被約束，每次異動 props 的內容時，就要和 props 的型別結構一起修改，這會相當麻煩，但是換個角度想，如果 props 能夠被隨意地增加及移除，但又沒有一個良好的定義，那在維護上才會造成更大的麻煩。

7

CHAPTER

實際演練──雖然很俗氣，但還是從待辦事項開始

7.1 　待辦事項

「待辦事項」真的是對初學者最友善的練習，在一個待辦事項裡，你能夠練習到這些觀念：

● 就算是一個簡單的版面，也一定會有它們各自在介面中想表達的事情，因此能夠去思考該如何拆分元件。

● 待辦事項需要用迴圈去顯示每一項的資料，也需要利用判斷式來顯示完成和未完成的樣式，能夠提升撰寫 JSX 的技巧。

● 你需要考慮資料結構應該要長什麼樣子，提升管理資料的能力。

● 一個待辦事項最基本就會有新增、完成和刪除三種事件，甚至還有待辦事項的狀態變更（已完成、未完成），你會練習到該如何正確處理資料。

而在本章中會使用 React 與 TypeScript 完成這些事情，整體的內容就像是前面所有章節的總複習，建議會先閱讀後再來一起手把手作出第一個作品來。沒問題的話，我們就開始囉！

7.1.1 　起手專案架構

我們會使用全新的 React 專案開始實作待辦事項，而使用到的套件一定會有 React 和 TypeScript（開發環境的配置也都和前幾章一樣），也就是說，目前除了基本的配置外，大家的 src 內都只有一個 index.tsx：

```
node_modules
dist
└─── index.html
src
└─── index.tsx
package.json
tsconfig.json
webpack.config.js
```

在 index.tsx 裡，就先渲染個 div 到 index.html 的頁面中，內容如下：

```
/* src/index.tsx */
import React from 'react';
import ReactDOM from 'react-dom';


ReactDOM.render(
  <div>My APP</div>,
  document.getElementById('root')
);
```

根據上方的程式碼，當前的頁面會長這樣子：

圖 7-1　當前專案運行起來的樣子

但是有一點想要特別說，如果只是單單做一個待辦事項的話，我會直接選擇使用自定義的 Hooks 幫我處理邏輯，不會再另外使用 Redux 替我管理資料。

不過，如果是站在教學的角度來看的話，小孩子才做選擇，本書會分別使用自定義 Hooks 和 Redux 兩種方法都實作一遍。

7.1.2　從頁面開始思考資料結構

「頁面如何呈現」取決於資料，所以看見畫面後也能夠開始規劃資料的結構。通常這個階段我會到 CodePen [1] 找類似功能的畫面來參考 UI 樣式，或是自己在紙上畫個大概的版面。而本書也希望各位將重點著重在如何使用 React 開發，而不是寫一堆炫砲的 CSS，所以本章節所做的待辦事項並不會多華麗，以下是參考的草圖：

---

[1]　請參照 :https://codepen.io/。

圖 7-2　Todo list 介面的草圖

上方的草圖其實也是參考 CodePen 上的某一個 Todo list 的樣式[*2]。

有了頁面後，就能開始推敲資料的樣子和需要的功能了，請先在 src 中建立一個 types 的資料夾，並在該資料夾中建立 todoList.ts，專案中關於 todoList.ts 的型別都會從這裡讓需要的地方使用：

```
src
├── types
│       └── todoList.ts
├── index.tsx
```

從畫面上看起來，讓使用者輸入的待辦事項只會有一個名稱，所以目前我們可以定義基本的「待辦事項」資料長這樣子：

```
/* src/types/todoList.ts */
export interface Todo {
  name: string
};
```

＊2　請參照：https://codepen.io/saawsan/pen/jayzeq。

　　之後再從行為中推敲有沒有需要增加欄位，首先是是否完成的勾選框，代表在待辦事項的資料也需要有個欄位，用來判斷該事項是否完成。勾選框旁的「刪除」按鈕需要可以移除待辦事項，也就是說，每一筆資料都需要唯一值。根據以上兩個事件，現在待辦事項的資料形狀會長這樣子：

```
/* src/types/todoList.ts */
export interface Todo {
  id: number
  done: boolean
  name: string
};
```

7.1.3　建立保管資料的自定義 Hooks

　　有了資料結構後，就可以開始寫一些程式了，第一步要先建造管理資料的自定義 Hooks，這樣等拉畫面的時候，就可以直接串資料了，如果在沒有資料的狀況下先拉畫面，就還要自己先塞假資料，然後有資料後又要再替換掉，這樣做兩次繞遠路一點都不帥。

　　請各位在 src 目錄下建立一個叫做「hooks」的目錄，並且建立 useTodoList.ts：

```
src
├── hooks
│    └── useTodoList.ts
├── types
├── index.tsx
```

　　目前的 useTodoList 裡面什麼事件都還沒有，只定義了一個陣列的 state，用來保存「待辦事項」的資料，並且在最後將它放在物件裡，用 const 斷言回傳：

```
/* src/hooks/useTodoList.ts */
import { useState } from 'react';
import { Todo } from '../types/todoList';

const useTodoList = () => {
  const [todos, setTodos] = useState<Todo[]>([]);

  return { todos } as const;
```

```
};


export default useTodoList;
```

7.1.4　根據畫面設定事件邏輯

剛剛先建立了回傳資料的 useTodoList.ts，現在要開始寫處理資料的邏輯了，在這之前要先了解一下「待辦事項」的頁面需要做哪些事：

- 新增一筆待辦事項。

- 切換某一筆待辦事項的完成狀態。

- 刪除待辦事項。

- 根據完成狀態過濾資料顯示。

那先做第一個要新增待辦事項的行為：

```
/* src/hooks/useTodoList.ts */
/* 其餘省略 */

const useTodoList = () => {
  const [todos, setTodos] = useState<Todo[]>([]);

  const addTodo = (todo: Todo) => {
    setTodos([
      ...todos,
      todo,
    ]);
  };

  return { todos, addTodo } as const;
};
```

相當簡單對吧？處理資料最大的重點就是，記得要設定「全新」的資料，而不是直接用 Array.prototype.push 語法把資料塞進原有的 todoList 中。

接下來，要處理的是切換待辦事項的完成狀況，這裡需要產生兩次新的資料，一個是整個待辦事項的陣列，另一個是我們要修改的那個單一事項：

```
/* src/hooks/useTodoList.ts */
/* 其餘省略 */

const useTodoList = () => {
  /* 其餘省略 */

  const switchTodoDoneStatus = (id: number) => {
    const targetTodoIndex = todos.findIndex(
      (todo: Todo) => todo.id === id
    );

    const newTodos = [...todos];

    newTodos[targetTodoIndex] = {
      ...newTodos[targetTodoIndex],
      done: !newTodos[targetTodoIndex].done,
    };

    setTodos(newTodos);
  };

  return { todos, addTodo, switchTodoDoneStatus } as const;
};
```

　　第三個是刪除，這裡會使用章節 4.3.2 使用過的 Array.prototype.filter，來篩選掉我們要刪掉 id 的待辦事項，之後再用過濾出來的新待辦事項取代原有的資料：

```
/* src/hooks/useTodoList.ts */
/* 其餘省略 */

const useTodoList = () => {
  /* 其餘省略 */

  const deleteTodo = (id: number) => {
    const newTodos = todos.filter((todo: Todo) => (
      todo.id !== id
    ));

    setTodos(newTodos);
  };
```

```
  return { todos, addTodo, switchTodoDoneStatus, deleteTodo } as const;
};
```

最後是要透過隱藏待辦事項的篩選條件來回傳資料，所以在這裡需要製作兩個東西，一個是當前是否有開啓篩選條件的狀態，另一個是要丟出讓我們可以從頁面決定要不要篩選的事件。

處理完這兩個部分後，不要忘了寫下要根據是否篩選條件的邏輯，來篩選待辦事項的內容並回傳，所有邏輯如下：

```typescript
/* src/hooks/useTodoList.ts */
/* 其餘省略 */

const useTodoList = () => {
  /* 其餘省略 */

  const [filterDoneTodo, setFilterDoneTodo] = useState<boolean>(false);

  const switchFilterDoneTodo = () => {
    setFilterDoneTodo(!filterDoneTodo);
  };

  let workTodos = todos;
  if (filterDoneTodo) {
    workTodos = todos.filter(todo => !todo.done);
  };

  return {
    todos: workTodos,
    addTodo,
    switchTodoDoneStatus,
    deleteTodo,
    filterDoneTodo,
    switchFilterDoneTodo,
  } as const;
};
```

如此一來，我們的資料結構和畫面需要的事件就清潔溜溜的結束了，更新資料的要點永遠只有一個，如果是陣列或物件，請務必使用新資料去更新。

7.1.5　拆分畫面的元件

我們要做的專案只會有一個畫面，請先在 src 中建立一個 views 的目錄，並在裡面建立新的資料夾 TodoList，在這裡會輸出待辦事項的畫面：

```
src
├── hooks
├── views
│      └── TodoList
│             ├── index.ts
│             └── TodoList.tsx
├── types
├── index.tsx
```

目前還沒有畫面，所以兩個檔案的內容分別是以下：

```
/* src/views/TodoList/TodoList.tsx */
import React from 'react';

const TodoList = () => {
  return (
    <div>TodoList</div>
  );
};

export default TodoList;

/* src/views/TodoList/index.ts */
import TodoList from './TodoList';

export default TodoList;
```

而需要組成頁面的元件，我從圖 7.2 的畫面規劃了四個：

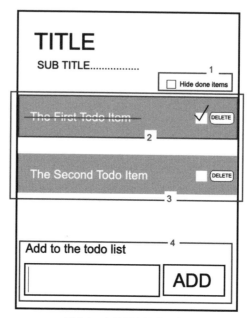

圖 7-3 在草圖上切分元件

　　外層的大框框就是 views 裡的 TodoList.tsx 需要負責的部分，而在框框內會用幾個元件組合成整個待辦事項的功能，就像是拼圖一樣。其實規劃元件的思考模式會需要經驗的累積，上方絕對不是最好的規劃方法，但你在做任何事一定需要一些原因，就像你打的程式碼一樣，每一行都一定有理由，所以下方簡單說明一下為什麼我這樣子切分：

- 第一個被切出去的是隱藏已完成待辦事項選單的勾選框，它是顯示待辦事項的條件，之後如果條件越來越多，就不會在 TodoList 的畫面上寫得到處都是，而是都放在顯示條件的元件中成長。

- 第二個是單筆資料的待辦事項，用來呈現每筆待辦資料的顯示結果，切出去是因為如果不切，那在渲染待辦事項時 Array.prototype.map 裡的 JSX 就會相當的多，導致迴圈看起來很複雜。

- 第三個就是顯示待辦事項的地方了，這個部分比較特別，我不會把它切出來，而是直接在 TodoList 中去使用迴圈顯示該顯示的待辦事項資料。

- 第四個是底部輸入資料的元件，它算是一個表單，負責處理填寫資料後送出新增的邏輯，在將來如果需要輸入的資料越來越多，也只需要在這個表單上加欄位，而不影響 TodoList 頁面的程式碼。

　　所以，以上面的理由來說，決定要不要區分元件，都是取決於該元件是否有「獨立的責任」，或是考慮到頁面的複雜度等，如果各位覺得自己光是一個元件就寫了兩百多行以上，那就要考慮一下是否需要切分一些不同責任的元件了。

7.1.6　待辦事項的版面配置

　　在建立元件之前，先來稍微調整「待辦事項」的版面配置。第一步要做的事很簡單，使用 flex [3] 讓顯示和操作待辦事項資料的部分可以維持在畫面中間。

　　首先，在 src/views/TodoList 裡建立 index.scss，並寫下有關版面的 SCSS（不要忘記寫 SCSS 的時候，要執行 npm run tsm 產生型別註記檔）：

```scss
/* src/views/TodoList/index.scss */
.layout {
  display: flex;
  justify-content: center;
  align-items: center;
  width: 100%;
  height: 100%;
}
```

　　接著到同目錄下的 TodoList.tsx 中，把 index.scss 匯入使用：

```tsx
/* src/views/TodoList/TodoList.tsx */
import React from 'react';
import styles from './index.scss';

const TodoList = () => {
  return (
    <div className={styles.layout}>
      <div>
        TodoList
      </div>
    </div>
  );
};


export default TodoList;
```

＊3　請參照：https://developer.mozilla.org/en-US/docs/Web/CSS/CSS_Flexible_Box_Layout/Basic_Concepts_of_Flexbox。

　　爲了要看結果是否如我們預期，請到 src/index.tsx 把「待辦事項」頁面的元件渲染到畫面上：

```
/* src/index.tsx */
import React from 'react';
import ReactDOM from 'react-dom';
import TodoList from './views/TodoList';

ReactDOM.render(
  <TodoList />,
  document.getElementById('root')
);
```

　　當前的畫面會是：

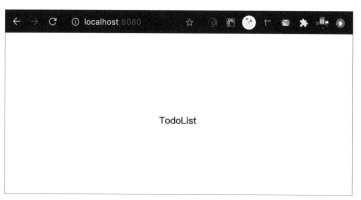

圖 7-4　讓待辦事項維持在網頁中間

　　接下來要處理的就是包裹著待辦事項的框框，這裡一樣使用 flex 處理，讓待辦事項框框內的所有元件都可以垂直排列，並顯示框線和設個大概的寬高：

```
/* src/views/TodoList/index.scss */
/* 其餘省略 */

.todoListWrapper {
  display: flex;
  flex-direction: column;
  width: 400px;
  height: 500px;
  border: 1px solid #000000;
}
```

完成 SCSS 後，請到待辦事項的頁面使用該樣式：

```
/* src/views/TodoList/TodoList.tsx */
/* 其餘省略 */

const TodoList = () => {
  return (
    <div className={styles.layout}>
      <div className={styles.todoListWrapper}>
        TodoList
      </div>
    </div>
  );
};
```

成功設置後，畫面上應該也會有所變化：

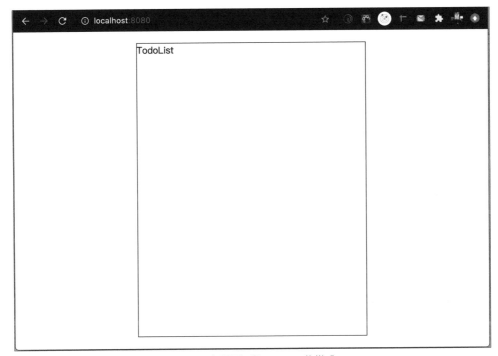

圖 7-5　出現了包裹 TodoList 的樣式

　版面配置的第一步會先這樣子結束，接下來會先處理其他元件的顯示和邏輯，全部處理完後，才會回來做最後的調整。

7.1.7　待辦事項的標題

　　當前待辦事項的標題還小小的，只有一個 TodoList 的字樣，我希望可以將它變得像圖 7.2，和子標題一起清楚顯示。那就先來寫下樣式吧！

```
/* src/views/TodoList/index.scss */
/* 其餘省略 */

.todoListWrapper {
  /* 其餘省略 */
  .header {
    display: flex;
    flex-direction: column;
    margin: 24px;

    .title {
      font-size: 32px;
    }

    .subTitle {
      font-size: 20px;
    }
  }
}
```

　　一樣使用 flex，讓內部的標題和子標題可以垂直排列（筆者是重度的 flex 排版患者），而且可以注意到我把 header 寫在 todoListWrapper 裡面，代表是要在 todoListWrapper 裡的 header 才會吃到這個樣式，header 中的 title 和 subTitle 也是相同的道理。那再來就到 TodoList 中，加上標題的區塊和樣式囉！

```
/* src/views/TodoList/TodoList.tsx */
/* 其餘省略 */

const TodoList = () => {
  return (
    <div className={styles.layout}>
      <div className={styles.todoListWrapper}>
        <div className={styles.header}>
          <span className={styles.title}>
```

```
        Todo List
      </span>
      <span className={styles.subTitle}>
        Hi here is a sample todo list.
      </span>
    </div>
  </div>
 </div>
 );
};
```

透過簡單的樣式設定，就能達成我們要的需求了：

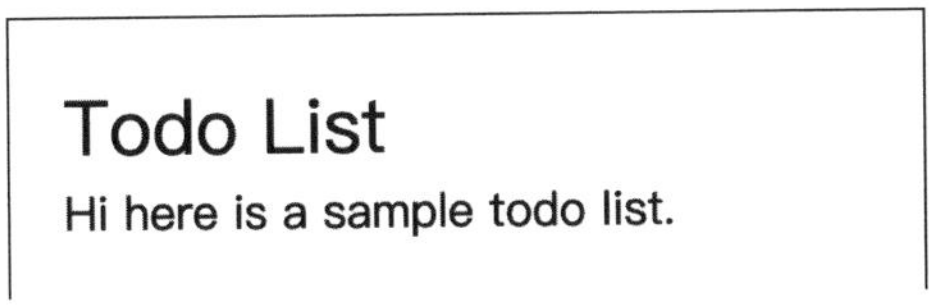

Todo List
Hi here is a sample todo list.

圖 7-6　出現了包裹 TodoList 的樣式

7.1.8　待辦事項的篩選條件區

這是待辦事項的畫面被切分出去的第一個元件，雖然目前只有一個「隱藏完成事項」，但我還是叫它「篩選區」，因為不曉得以後會不會有更多的篩選條件，另外就是不管內容有什麼，命名必須要讓元件與它的行為一致。

在寫元件之前，先簡單的寫一下篩選區的 SCSS，主要是靠右顯示和外邊距：

```
/* src/views/TodoList/index.scss */
/* 其餘省略 */
.filter {
    display: flex;
    justify-content: flex-end;
    margin: 0px 24px;
}
```

然後上方邊距設定的 24px 和標題的邊距是相同的，所以也考慮用個變數儲存 24 這個值，讓各個地方使用：

```scss
/* src/views/TodoList/index.scss */
$margin: 24px;

.todoListWrapper {
  /* 其餘省略 */
  .header {
    display: flex;
    flex-direction: column;
    margin: $margin;

    /* 其餘省略 */
  }
}

.filter {
  display: flex;
  justify-content: flex-end;
  margin: 0px $margin;
}
```

處理完 SCSS 後，請各位在 src/views/TodoList 建立 Filter.tsx，這裡會是負責處理篩選畫面的地方，目前唯一的篩選條件是個勾選框和文字：

```tsx
/* src/views/TodoList/Filter.tsx */
import React from 'react';
import styles from './index.scss';

const Filter = () => {
  return (
    <div className={styles.filter}>
      <input type="checkbox" />
      隱藏已完成事項
    </div>
  );
};

export default Filter;
```

完成 Filter 後，再把它放到 TodoList 裡面：

```
/* src/views/TodoList/TodoList.tsx */
/* 其餘省略 */
import Filter from './Filter';

const TodoList = () => {
  return (
    <div className={styles.layout}>
      <div className={styles.todoListWrapper}>
        /* 其餘省略 */
        <Filter />
      </div>
    </div>
  );
};
```

加上後，畫面就會出現篩選條件囉！

Todo List

Hi here is a sample todo list.

☐ 隱藏已完成事項

圖 7-7　完成篩選條件的畫面

　　但是目前的篩選框都是假的，只會在畫面上做出反應，在上面點擊不會影響到任何地方，所以我們必須要為點擊篩選框加上事件。記得先前所做的自定義 Hooks useTodoList 嗎？在下面就來串接吧！

　　根據要把 state 給提升的觀念，我們必須要在所有元件的共同父元件上使用 useTodoList，而目前的共同父元件就是 TodoList，所以讓我們在 TodoList 裡使用 useTodoList，並且把 useTodoList 回傳的 filterDoneTodo 和 switchFilterDoneTodo 透過 props 交給 Filter：

```
/* src/views/TodoList/TodoList.tsx */
/* 其餘省略 */
import useTodoList from '../../hooks/useTodoList';

const TodoList = () => {
  const todoList = useTodoList();
  return (
```

```
      <div className={styles.layout}>
        <div className={styles.todoListWrapper}>
          /* 其餘省略 */
          <Filter
            filterDoneTodo={todoList.filterDoneTodo}
            switchFilterDoneTodo={todoList.switchFilterDoneTodo}
          />
        </div>
      </div>
    );
  };
```

在傳入的瞬間，大家應該都會在編輯器中看到 Filter 出現紅色的警告，那是因為我們還沒為 Filter 寫下 props 應該長什麼樣子，所以只要有 props 被傳入，就會產生警告，畢竟在沒有設置 Filter 的 props 時候傳入 props，就是一個非預期的行為。為了使警告消失，就到 Filter.tsx 中，為 props 加入 type 吧！

```
/* src/views/TodoList/Filter.tsx */
/* 其餘省略 */
type FilterProps = {
  filterDoneTodo: boolean;
  switchFilterDoneTodo:() => void;
}

const Filter = (props: FilterProps) => {
  return (
    <div className={styles.filter}>
      <input
        type="checkbox"
        checked={props.filterDoneTodo}
        onChange={props.switchFilterDoneTodo}
      />
      隱藏已完成事項
    </div>
  );
};

export default Filter;
```

上方除了加入 Filter 的 props 型別結構外，還一併把選單的資料和動作都從 useTodoList 串上去了。

7.1.9 渲染待辦事項的列表

這裡因為目前還沒有「待辦事項」的資料，所以在沒辦法看到樣式的狀況下，就先不把 SCSS 寫得太完整，先快速做好單一事項的顯示項目就好。

請在 src/views/TodoList 建立一個 TodoItem.tsx，我們會用它顯示單一事項的資料，並且在 TodoList 中渲染：

```tsx
/* src/views/TodoList/TodoItem.tsx */
import React from 'react';
import { Todo } from '../../types/todoList';

type TodoProps = {
  todo: Todo;
  switchTodoDoneStatus: (id: number) => void,
  deleteTodo: (id: number) => void,
}

const TodoItem = (props: TodoProps) => {
  return (
    <div>
      <span>{props.todo.name}</span>
      <div>
        <input
          type="checkbox"
          checked={props.todo.done}
          onChange={() => { props.switchTodoDoneStatus(props.todo.id); }}
        />
        <button
          type="button"
          onClick={() => { props.deleteTodo(props.todo.id); }}
        >
          刪除
        </button>
      </div>
    </div>
  );
```

```
};

export default TodoItem;
```

看到上方，千萬不要有被我騙的感覺，這真的只是很簡單的幾個部分。首先把 props 的型別結構先寫好，分別為待辦事項本身的資料、切換完成狀態和刪除事項的事件，然後再把畫面顯示名稱、勾選框、按鈕放上去，最後就將從 props 拿到的資料和事件掛到頁面上。讓我們把 TodoItem 放到 TodoList.tsx 裡：

```
/* src/views/TodoList/TodoList.tsx */
/* 其餘省略 */
import TodoItem from './TodoItem';

const TodoList = () => {
  const todoList = useTodoList();
  return (
    <div className={styles.layout}>
      <div className={styles.todoListWrapper}>
        /* 其餘省略 */
        <div>
          {
            todoList.todos.map(todo => (
              <TodoItem
                key={todo.id}
                todo={todo}
                switchTodoDoneStatus={todoList.switchTodoDoneStatus}
                deleteTodo={todoList.deleteTodo}
              />
            ))
          }
        </div>
      </div>
    </div>
  );
};
```

但目前還沒有任何待辦事項，而為了查看內容，要去做假資料實在是滿麻煩的，所以不如先做新增待辦事項的表單，再來確認整個功能囉！

7.1.10 待辦事項的表單處理

　　雖然說是表單處理，但就只是一行文字加上輸入框和按鈕而已，一樣先大概寫下 SCSS 的內容：

```scss
/* src/views/TodoList/index.scss */
/* 其餘省略 */
$fontInputSize: 16px;
$formElementHeight: 50px;

.form {
  margin: $margin;

  .todoInput {
    width: 280px;
    height: $formElementHeight;
    font-size: $fontInputSize;
  }

  .submitBtn {
    width: 72px;
    height: $formElementHeight;
    font-size: $fontInputSize;
  }
}
```

　　接著，在 src/views/TodoList 下建立一個 Form.tsx，並在裡面放上需要的內容：

```tsx
/* src/views/TodoList/Form.tsx */
import React, { useState } from 'react';
import { Todo } from '../../types/todoList';
import styles from './index.scss';

type FormProps = {
  addTodo: (todo: Todo) => void
}

const Form = (props: FormProps) => {
  const [name, setName] = useState<string>('');
  const submitForm = () => {
```

```
    const newTodo = { id: Math.random(), name, done: false, };
    props.addTodo(newTodo);
    setName('');
  };
  return (
    <div className={styles.form}>
      <span>Add to the todo list</span>
      <div>
        <input
          type="input"
          className={styles.todoInput}
          value={name}
          onChange={(e) => { setName(e.target.value); }}
        />
        <button
          type="button"
          className={styles.submitBtn}
          onClick={submitForm}
        >
          ADD
        </button>
      </div>
    </div>
  );
};

export default Form;
```

這個 Form 看起來很複雜，但仍然很簡單。首先是它有自己的 state，因為需要去保存待辦事項的輸入框輸入了什麼，第二個按鈕會觸發 submitForm，在 submitForm 裡會根據輸入的資料組成新的待辦事項，並且執行透過 props 傳過來的新增事件，而會把 submitForm 做的事情獨立出來成一個事件，只是不想要 JSX 看起來太複雜。

讓我們把 Form 放到 TodoList.tsx 內，同時傳入新增待辦事項的事件：

```
/* src/views/TodoList/TodoList.tsx */
/* 其餘省略 */
import Form from './Form';


const TodoList = () => {
```

```
const todoList = useTodoList();
return (
  <div className={styles.layout}>
    <div className={styles.todoListWrapper}>
      /* 其餘省略 */
      <Form addTodo={todoList.addTodo} />
    </div>
  </div>
);
};
```

接著，打開畫面就能看到功能已經完全接上的待辦事項囉！

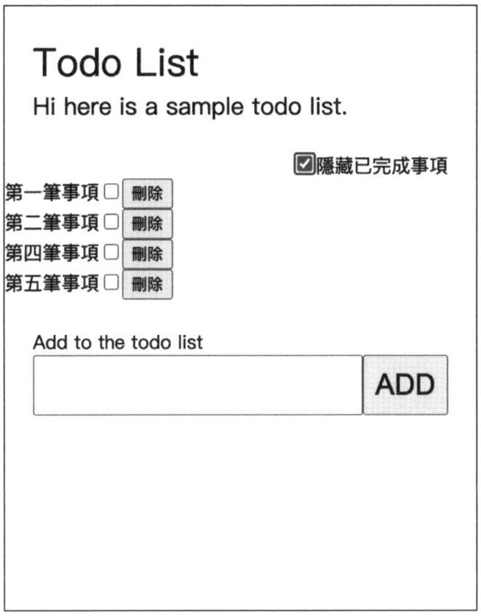

圖 7-8　待辦事項的功能已經完全處理好了

7.1.11　調整待辦事項列表的樣式

現在已經可以從畫面上看到待辦事項了，來補它的樣式內容吧：

```
/* src/views/TodoList/index.scss */
.todoList {
  height: 300px;
  overflow: scroll;
```

```
.todoItem {
    padding: 0px 24px;
    margin: 4px 0px;
    background: #c9c9c9;
    color: #ffffff;
    height: 50px;
    display: flex;
    align-items: center;
    justify-content: space-between;
  }
}
```

把上方的樣式寫到 TodoList.tsx 與 TodoItem.tsx：

```tsx
/* src/views/TodoList/TodoList.tsx */
const TodoList = () => {
  const todoList = useTodoList();
  return (
    <div className={styles.layout}>
      <div className={styles.todoListWrapper}>
        /* 其餘省略 */
        <div className={styles.todoList}>
          /* 其餘省略 */
        </div>
        /* 其餘省略 */
      </div>
    </div>
  );
};


/* src/views/TodoList/TodoItem.tsx */
import styles from './index.scss';

const TodoItem = (props: TodoProps) => {
  return (
    <div className={styles.todoItem}>
      /* 其餘省略 */
    </div>
  );
};
```

　　但其實還沒完，如果某事項已完成，那當它的勾選框打勾時，事項的名稱要被畫上刪除線。這個畫面顯示的邏輯，直接到 TodoItem.tsx 的 JSX 中增加一行判斷式：

```
/* src/views/TodoList/TodoItem.tsx */
const TodoItem = (props: TodoProps) => {
  return (
    <div className={styles.todoItem}>
      <span
        style={{
          textDecoration: props.todo.done ? 'line-through' : 'none',
        }}
      >
        {props.todo.name}
      </span>
      /* 其餘省略 */
    </div>
  );
};
```

　　如果該事項的完成狀態是 true，那就讓刪除線顯示，否則的話就什麼都沒有。完成後結果如下：

圖 7-9　完成待辦事項了！

7.1.12 　如果沒有 Hooks ─導入 Redux

上方已經用自定義的 Hooks 完成了「待辦事項」的功能，這節開始來講講，如果是用 Redux 來做的話會變怎樣呢？首先，請大家先在 src 下建立一個名稱爲「reducers」的資料夾，並且新增一個 todo.ts：

```
src
├── hooks
├── reducers
│   └── todo.ts
├── views
├── types
├── index.tsx
```

在 src/reducers/todo.ts 中輸入以下內容：

```
/* src/reducers/todo.ts */
import { Todo } from '../types/todoList';

interface TodoState {
  todos: Todo[]
  displayTodos: Todo[]
  filterDoneTodo: boolean
}

const initialState: TodoState = {
  todos: [],
  displayTodos: [],
  filterDoneTodo: false,
}

const todos = (state = initialState, action): TodoState => {
  switch (action.type) {
    default:
      return state;
  };
}

export default todos;
```

上方的 todos 保管的資料有三個，前兩個是待辦事項的資料 todos 和真正要給畫面顯示的 displayTodos，畫面所有的待辦事項資料都找 displayTodos 拿，因為 todos 永遠都會保存最完整的原始資料，如果要過濾已完成待辦事項的資料，todos 是不會變的，事項過濾的結果會被寫到 displayTodos 裡。另一個是要不要隱藏開啟過濾完成待辦事項的 filterDoneTodo。

接下來要再建立幾個處理資料的 action creator，請在 src 建立一個 actions 的目錄，然後新增一個 todo.ts：

```
src
├── actions
│   └── todo.ts
├── hooks
├── reducers
├── views
├── types
├── index.tsx
```

在 src/action/todo.ts 內建立所有事件的 action creator，分別是新增、刪除事項，以及標記事項為已完成和開啟過濾已完成事項的篩選，最後再把所有 action creator 的介面用聯集型別傳出去：

```
/* src/actions/todo.ts */
import { Todo } from '../types/todoList';

interface AddTodo {
  type: 'ADD_TODO'
  payload: Todo
};

interface DeleteAdd {
  type: 'DELETE_TODO'
  payload: number,
};

interface SwitchTodoDoneStatus {
  type: 'SWITCH_TODO_DONE_STATUS',
  payload: number,
};
```

```
interface SwitchFilterDoneTodo {
  type: 'SWITCH_FILTER_DONE_TODO',
};

export const addTodo = (todo: Todo): AddTodo => ({
  type: 'ADD_TODO',
  payload: todo,
});

export const deleteTodo = (id: number): DeleteAdd => ({
  type: 'DELETE_TODO',
  payload: id,
});

export const switchTodoDoneStatus = (id: number): SwitchTodoDoneStatus => ({
  type: 'SWITCH_TODO_DONE_STATUS',
  payload: id,
});

export const switchFilterDoneTodo = (): SwitchFilterDoneTodo => ({
  type: 'SWITCH_FILTER_DONE_TODO',
});

export type TodoActionTypes = AddTodo | DeleteAdd | SwitchTodoDoneStatus |
SwitchFilterDoneTodo;
```

完成後再回到 src/reducers/todo.ts 中,把所有事件的邏輯寫一寫,這邊的邏輯和 Hooks 其實一模一樣,還是老話一句,記得要回傳新的物件內容,而不是用原本的下去改:

```
/* src/reducers/todo.ts */
import { TodoActionTypes } from '../actions/todo';

/* 其餘省略 */

const filterDisplayTodos = (filterDoneTodo: boolean, todos: Todo[]) => {
  if (filterDoneTodo) {
    return todos.filter(todo => !todo.done)
  }
  return [...todos];
```

```
};

const todos = (state = initialState, action: TodoActionTypes): TodoState => {
  switch (action.type) {
    case 'ADD_TODO':
      return {
        ...state,
        todos: [...state.todos, action.payload],
        displayTodos: filterDisplayTodos(
          state.filterDoneTodo, [...state.todos, action.payload]
        )
      };
    case 'DELETE_TODO': {
      const newTodos = state.todos.filter((todo: Todo) => (
        todo.id !== action.payload
      ));
      return {
        ...state,
        todos: [...newTodos],
        displayTodos: filterDisplayTodos(
          state.filterDoneTodo, [...newTodos]
        )
      };
    }
    case 'SWITCH_TODO_DONE_STATUS': {
      const targetTodoIndex = state.todos.findIndex(
        (todo: Todo) => todo.id === action.payload
      );

      const newTodos = [...state.todos];

      newTodos[targetTodoIndex] = {
        ...newTodos[targetTodoIndex],
        done: !newTodos[targetTodoIndex].done,
      };

      return {
        ...state,
        todos: [...newTodos],
        displayTodos: filterDisplayTodos(
          state.filterDoneTodo, [...newTodos]
```

```
      ),
    };
  }
  case 'SWITCH_FILTER_DONE_TODO': {
    return {
      ...state,
      filterDoneTodo: !state.filterDoneTodo,
      displayTodos: filterDisplayTodos(
        !state.filterDoneTodo, [...state.todos]
      ),
    };
  }
  default:
    return state;
  };
};
```

　　雖然這個 todos 的內容超長，但其實就只是把自定義 Hooks 內的邏輯搬過來而已，另外我在 todo.ts 內多了一個 filterDisplayTodos，就是把畫面上要顯示的資料邏輯寫在裡面，用它的回傳值來更新 state 裡的 displayTodos。

　　現在 reducer 和 action 都已經就位了，下一個就是要用它們建立一個 store，請到 src 下建立 store 目錄，並在該目錄中建立 index.ts：

```
src
  ├──── actions
  ├──── hooks
  ├──── reducers
  ├──── store
  │      └──── index.ts
  ├──── views
  ├──── types
  ├──── index.tsx
```

　　src/store/index.ts 的內容就不會像 reducer 或是 action 那樣可怕了，只要 createStore，然後匯出最後保管在 store 裡的 state 型別和 store 就好：

```
/* src/store/index.ts */
import { createStore } from 'redux';
```

```
import todos from '../reducers/todo';

export type rootState = ReturnType<typeof todos>;

export default createStore(todos);
```

最後請到 src/index.ts 中，用 react-redux 的 Provider 包裹整個專案，而也別忘了把 store 匯入，然後傳給 Provider：

```
/* src/index.ts */
/* 其餘省略 */
import { Provider } from 'react-redux';
import store from './store';

ReactDOM.render(
  <Provider store={store}>
    <TodoList />
  </Provider>,
  document.getElementById('root')
);
```

完成了 Redux 的所有手續（Reducer、Actions、Store）後，請到 src/views/TodoList.tsx，這裡有個很重要的一點，那就是除了 TodoList.tsx 之外，其他元件的事件都只是執行傳進來的 props 而已，所以其實要把自定義 Hooks 替換成 Redux 的話，就只需要修改 src/views/TodoList.tsx 而已，各位可以多加注意到使用 useSelector 和 useDispatch 的地方：

```
/* src/views/TodoList/TodoList.tsx */
/* 其餘省略 */
import { useSelector, useDispatch } from 'react-redux';
import { addTodo, deleteTodo, switchTodoDoneStatus, switchFilterDoneTodo } from '../../
actions/todo';
import { rootState } from '../../store';

const TodoList = () => {
  const dispatch = useDispatch();
  return (
    <div className={styles.layout}>
      <div className={styles.todoListWrapper}>
        /* 其餘省略 */
```

```
    <Filter
      filterDoneTodo={useSelector((state: rootState) => state.filterDoneTodo)}
      switchFilterDoneTodo={() => dispatch(switchFilterDoneTodo())}
    />
    <div className={styles.todoList}>
      {
        useSelector((state: rootState) => state.displayTodos).map(todo => (
          <TodoItem
            key={todo.id}
            todo={todo}
            switchTodoDoneStatus={(id) => dispatch(switchTodoDoneStatus(id))}
            deleteTodo={(id) => dispatch(deleteTodo(id))}
          />
        ))
      }
    </div>
    <Form addTodo={(todo) => dispatch(addTodo(todo))} />
    </div>
  </div>
  );
};
```

當把所有的事件和資料來源都替換成 Redux 後，那恭喜你已經完成導入了，現在網頁中的各個功能都應該會和剛才一樣。

換到 Redux 其實也不難，只是寫成自定義的 Hooks 會比較快速且簡單，比起來 Redux 就比較多程序。就像在一開始說的，如果只是單純一個待辦事項，我會比較傾向使用自定義的 Hooks 快速做一做，但如果今天要規劃的是一個後台系統，不論多小，我都會選擇使用 Redux，因為如果系統功能變多還要再導入，那會比一開始沒用還更加麻煩。

7.1.13　用 Router 導向待辦事項資訊

既然已經把主要的功能完成了，最後再來練習如何跳頁吧！在這節，我會替現有的待辦事項新增一個詳細頁面的資料，但是各位也知道，當前的待辦事項資料也只有名字和完成狀態而已，所以雖然很芭樂，但還是就把它們再放到詳細頁面顯示一遍吧！

首先，請在 src/views 裡再建立一個 Todo：

```
src
├──── actions
├──── hooks
├──── reducers
├──── store
├──── views
│      ├──── Todo
│      │     ├──── index.ts
│      │     └──── Todo.tsx
│      └──── TodoList
├──── types
├──── index.tsx
```

而 index.ts 和 Todo.tsx 的內容分別為：

```
/* src/views/Todo/Todo.tsx */
import React from 'react';

const Todo = () => {
  return <div>待辦事項詳細頁面</div>;
};

export default Todo;

/* src/views/Todo/index.ts */
import Todo from './Todo';

export default Todo;
```

接著，請到 src/index.tsx 中，我們需要用 router 控制何時該顯示待辦事項列表，何時又該顯示待辦事項的詳細資訊：

```
/* src/index.tsx */
/* 其餘省略 */
import { HashRouter, Switch, Route } from 'react-router-dom';
import Todo from './views/Todo';

ReactDOM.render(
  <Provider store={store}>
    <HashRouter>
```

```
    <Switch>
      <Route exact path="/" component={TodoList} />
      <Route path="/todo/:id" component={Todo} />
    </Switch>
  </HashRouter>
</Provider>,
document.getElementById('root')
);
```

上方在所有頁面的最外層使用 HashRouter 包裏，之後用 Switch 控制內層的 Route 在不同的 path 下顯示不同的頁面。

在顯示待辦事項頁面的 Route 中加了 exact，否則只要網址的路徑中有「/」，那就會渲染待辦事項的列表，但我們其實不希望這樣子，所以加上了 exact。

另外在渲染某事項的詳細頁面時，爲了能夠知道該顯示哪個事項，就利用在 path 中傳送參數的寫法 todo/:id，待會我們會到 Todo 裡面接收 id，並從 store 中取出相同 id 的待辦事項。

完成 router 的設置後，先到 src/TodoList/TodoItem.tsx 中，讓每一個選項都具有連結到其他 router 的功能：

```
/* src/views/TodoList/TodoItem.tsx */
/* 其餘省略 */
import { useHistory } from 'react-router-dom';

const TodoItem = (props: TodoProps) => {
  const history = useHistory();
  return (
    <div className={styles.todoItem}>
      {/* 其餘省略 */}
      <div>
        {/* 其餘省略 */}
        <button
          type="button"
          onClick={() => { history.push(`/todo/${props.todo.id}`); }}
        >
          詳細
        </button>
      </div>
```

```
    </div>
  );
};
```

在 TodoItem 裡面，先使用了 useHistory 取出 history，並在「刪除」的按鈕旁邊建立另一個「詳細」按鈕，當按下「詳細」按鈕以後，就會觸發 history.push 來將網址的路徑名稱更新，而這裡指定的路徑就是剛剛在 src/index.tsx 中設置的 /todo/ 加上該事項的 id 值。

在這邊設置好的話，就可以試著在畫面上新增一筆資料，然後點選「詳細」按鈕，如果正確，點選後應該會顯示 Todo 詳細頁面：

圖 7-10　點選某事項的詳細按鈕，會跳到指定路徑

如果確定能夠顯示 TodoItem 的頁面，就可以來處理待辦事項如何呈現了，但在這之前我們要先能夠依照 id 把待辦事項抓出來，這裡有兩個方式，第一個是直接從 store 中取得所有的待辦事項資料，接著在元件內撈出相同 id 的事項。第二個方式是透過 reducer 處理，讓 reducer 幫我們做尋找這件事情。

這裡兩種方式都做看看吧！第一種會比較單純，請到 src/views/Todo/Todo.tsx 中，先使用 useParams 取出 route 參數裡的 id，再使用 react-redux 的 useSelector 取得所有的待辦事項做篩選，找出當前要顯示的那筆資料：

```
/* src/views/Todo/Todo.tsx */
/* 其餘省略 */
import { useSelector } from 'react-redux';
import { useParams } from 'react-router-dom';
import { rootState } from '../../store';
import { Todo as ITodo } from '../../types/todoList';

const Todo = () => {
  const { id }: { id: string } = useParams();
  const todos: ITodo[] = useSelector(
    (state: rootState) => state.todos
  );
  const todo: ITodo = todos.find(
```

```
    (todo: ITodo) => todo.id === Number(id)
  ) as ITodo;

  return <div>{ todo.name }</div>
};
```

上方多了滿多東西的，但是要注意的事情只有幾個：

- 第一個是從 useParams 中取得的資料都會是字串型態，所以在比較的時候要先把它轉型為數字。

- 下一個是因為從 types 裡面匯入的 Todo 介面和顯示待辦事項的元件名稱撞名了，所以在匯入的時候另外取一個 ITodo 作為它的別名。

- 最後是用 Array.prototype.find 尋找某個待辦事項資料的時候，TypeScript 預設的情況有可能會因為找不到而回傳 undefined，但有天神視角的我們知道，因為 id 都是從現有的待辦事項來的，一定會找得到對應的資料，所以要用型別斷言告訴 TypeScript 說：這裡的型別一定是 ITodo，但是在元件裡面，不能用 <> 做型別斷言，因此用 as。

如此一來，就能夠正確的顯示當前事項的名稱了：

圖 7-11　依照 router 的路徑 id 找到對應的待辦事項

從第一種方法的程式碼可以看出，範例中用 id 抓取對應資料的邏輯寫在元件裡面，這樣會讓單純要渲染畫面的元件內部變得相當複雜。

接下來的第二種方法會將邏輯擺在 reducer 中，那元件要做的事就是在載入頁面後，先觸發 dispatch 尋找對應的待辦事項，找到後更新 store 中的 state，而在元件裡就只需要從 store 中取出對應的 state 渲染畫面就好。聽起來有點複雜，下方就來實作吧！

首先要打開 src/reducers/todo.ts，我們需要在 initialState 中增加畫面需要的資料，對應的待辦事項資料就會寫入這個欄位中：

```
/* src/reducers/todo.ts */
interface TodoState {
  todos: Todo[]
  displayTodos: Todo[]
```

```
  filterDoneTodo: boolean
  todo: Todo
};

const initialState: TodoState = {
  todos: [],
  displayTodos: [],
  filterDoneTodo: false,
  todo: {
    id: 0,
    name: '無此資料',
    done: false,
  },
};
```

　　這裡的 initialState.todo 就會是待辦事項的詳細頁面要讀取的資料，上方我在這筆資料設置了一些初始值，可以在找不到任何資料的時候預設顯示。下一步到 src/actions/todo.ts 中，增加一個用 id 查找待辦事項的 action creator：

```
/* src/actions/todo.ts */
/* 其餘省略 */

interface GetTodoById {
  type: 'GET_TODO_BY_ID',
  payload: number,
};

export const getTodoById = (id :number): GetTodoById => ({
  type: 'GET_TODO_BY_ID',
  payload: id,
});

export type TodoActionTypes = AddTodo | DeleteAdd | SwitchTodoDoneStatus |
SwitchFilterDoneTodo | GetTodoById;
```

　　完成 action creator 後，請回到 src/reducer/todo.ts 中寫下該事件的邏輯：

```
/* src/reducers/todo.ts */
/* 其餘省略 */
```

```
const todos = (state = initialState, action: TodoActionTypes): TodoState => {
  switch (action.type) {
    /* 其餘省略 */
    case 'GET_TODO_BY_ID': {
      const todo: Todo = state.todos.find((todo: Todo) => (
        todo.id === action.payload
      )) || initialState.todo;
      return {
        ...state,
        todo,
      }
    }
    default:
      return state;
  };
};
```

在 GET_TODO_BY_ID 這個 action 裡的操作，其實就是把剛剛寫在 src/views/Todo/Todo.tsx 內的邏輯搬過來而已，唯一特別的是，我多去判斷 Array.prototype.find 是否回傳 undefined，如果是的話就顯示初始值，否的話就是資料本身，如此一來，todo 就不會有接收到 undefined 的可能，也不就用特別做型別斷言了。

那既然 reducer 和 action creator 都就緒了，就能回到 src/views/Todo/Todo.tsx 中，簡化程式碼的邏輯：

```
/* src/views/Todo/Todo.tsx */
/* 其餘省略 */
import React, { useEffect } from 'react';
import { useSelector, useDispatch } from 'react-redux';
import { getTodoById } from '../../actions/todo';

const Todo = () => {
  const { id }: { id: string } = useParams();
  const dispatch = useDispatch();
  useEffect(() => {
    dispatch(getTodoById(Number(id)));
  });

  const todo: ITodo = useSelector(
    (state: rootState) => state.todo
  );
```

```
  return <div>{ todo.name }</div>
};
```

這麼一來，就能得到相同的結果，而且元件中一點處理資料的邏輯都沒有，唯一做的事情就是觸發 dispatch 找資料，然後用 useSelector 從 store 取回來。

最後就能在 src/views/Todo 下新增 index.scss，稍微用 SCSS 裝飾這個頁面：

```
/* src/views/Todo/index.scss */
.layout {
  display: flex;
  justify-content: center;
  align-items: center;
  height: 100%;

  .todo {
    width: 300px;
    height: 200px;
    border: 1px solid #000000;
    padding: 12px;
  }
}
```

寫完樣式後，要把它放到 src/views/Todo/Todo.tsx 中使用，也順便把該頁面的資料給補齊：

```
/* src/views/Todo/Todo.tsx */
/* 其餘省略 */
import { useParams, useHistory } from 'react-router-dom';
import styles from './index.scss';

const Todo = () => {
  const history = useHistory();
  /* 其餘省略 */
  return (
    <div className={styles.layout}>
      <div className={styles.todo}>
        <span>ID：{todo.id}</span>
        <h1>{ todo.name }</h1>
        <p> 完成狀況：
          <span style={{ color: todo.done ? '#21bf73' : '#eb8f8f' }}>
```

```
        {todo.done ? '已完成' : '未完成'}
      </span>
    </p>
    <button type="button" onClick={() => { history.push('/') }}>
      回待辦事項列表
    </button>
  </div>
</div>
  )
};
```

除了增加樣式和把待辦事項的資訊補齊外，也在是否完成的資訊欄設置在不同的狀態用不同的顏色顯示，另外又多加了一個「回待辦事項列表」的按鈕。最後畫面運行起來的結果如下：

圖 7-12　待辦事項的詳細頁面

而若是輸入不存在的 id 時：

圖 7-13　如果沒有對應的資料會顯示預設值

298

以上就是本章實戰練習的內容了，說真的透過網頁框架去做功能真的很多，這種感覺在每一次打教學文章或是做個小作品時都會有所體會，希望大家可以在本章學習到一些實戰上的基本觀念，並且在自己練習其他專案時加以思考，將它融會貫通就變成自己的了，學會某個框架其實不難，難的是去思考如何使用它。

7.2 　在 GitHub 上讓你的作品發光發熱

7.2.1 　GitHub 基本介紹

如果你是一名工程師，那你一定會聽過世界最大的同性交友平台 GitHub，沒聽過也沒關係，總之它長這樣子：

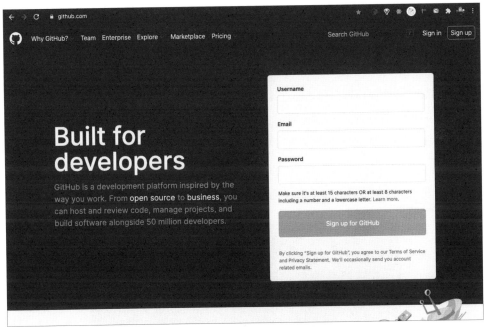

圖 7-14　截圖至 GitHub 首頁（https://github.com/）

GitHub 是一個程式碼的儲存平台，我們可以將平常練習寫的程式或是小作品都丟到上面去，而且在上方也可以看到許多知名套件的原始碼，像是 React、Vue 或是之前測試使用的 Jest 等：

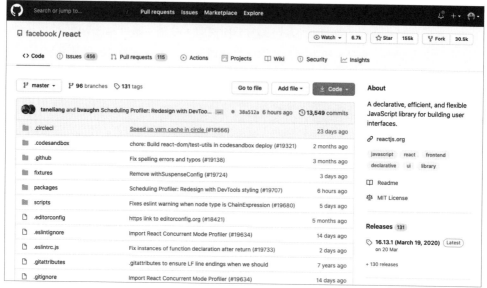

圖 7-15　在 GitHub 上的 React 專案

　　所以，你不只可以在 GitHub 上儲存自己的程式碼，也可以閱讀其他開發者的專案，身為工程師不只要會寫程式，學會去閱讀其他人的程式碼也是很重要的事情。

　　GitHub 除了能夠替你儲存程式碼之外，還結合了 Git 版本控管的功能。Git 的部分會在後面的章節 7.2.3 詳細解說，而版本控管的意思是指專案在開發的過程或是上線後要增加新功能，每一次修改的程式碼對專案來說都是新的版本。

　　但是要管理每一個版本並不是一件容易的事情，在沒有版本控管的情況下，我們可能需要擁有許多目錄來區分各個版本的程式碼：

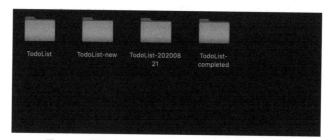

圖 7-16　利用不同的目錄來區分相同專案的各個版本

　　用目錄管理各個版本的程式碼，實在是很佔空間又麻煩的事情，如果命名取不好，你還會不曉得哪一個目錄的版本才是最新的。而 Git 的版本控管就解決了這個問題，Git 的版本控管是在專案裡透過 .git 資料夾管理所有版本，因此你就不需要爲每個不同的版本都建立新資料夾來管理，通通交給 Git 做版本的控管就好了。

那再回到上方說的，GitHub 是結合了版本控管的程式儲存平台，所以我們透過 Git 所做的版本控管，都可以在上傳專案後，直接使用 GitHub 瀏覽各個版本。以 React 爲例子，我們能夠在 GitHub 看到 React 所有版本與各自版本的程式碼：

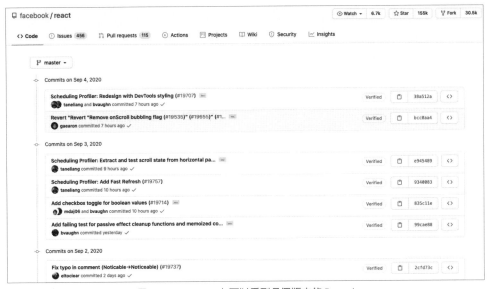

圖 7-17　GitHub 上可以看到各個版本的 React

好的，那介紹到這裡，幫大家整理一下概念，首先 Git 可以幫我們管理專案的版本，然後 GitHub 是一個結合了 Git 版本控管的程式庫儲存平台。在本章中，我們會把在章節 7.1 做好的待辦事項上傳到 GitHub 上，之後利用 GitHub 的 Pages 功能，讓我們瀏覽前端的作品。

> 貼心小叮嚀　除了 GitHub 之外，還有 GitLab 或 Bitbucket 也都提供了類似的功能，它們在上傳程式碼的使用流程都差不多，所以學會一個後可以再去用看看其他的。

7.2.2　註冊 GitHub 及建立程式碼儲存庫

既然要使用 GitHub 就得先有個帳號，請各位到 GitHub 的首頁（圖 7-14）註冊一個帳號，註冊後登入，應該會看見類似下方的頁面：

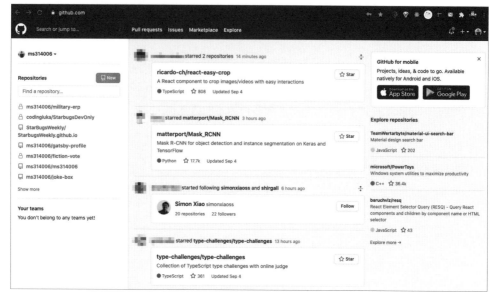

圖 7-18　登入 GitHub 後的首頁

左側會列出你當前在 GitHub 擁有哪些儲存庫，如果是新註冊的帳號就會是空的，但沒有也沒關係，因為我們的目的就是要建立新儲存庫。

請點選在圖 7-18 左上方的綠色按鈕「New」，進入建立儲存庫的頁面：

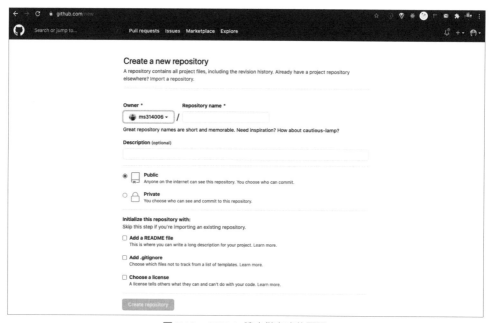

圖 7-19　GitHub 建立儲存庫的頁面

在表單中需要填入的資訊由上到下分別是：

● 儲存庫的名字。通常會和專案名稱相同。

● 儲存庫的敘述。簡單描述這個儲存庫保管什麼程式碼。

● 儲存庫是否要公開。Public 是公開、Private 是私人，這裡請大家選擇 Public，因爲只
有 Public 的儲存庫才能夠使用 Pages 功能。

● 是否要增加下方檔案。這裡提供的檔案有三個：

　● 第一個是 README.md，開發者會利用 README.md 來介紹專案內容。

　● 第二個是 .gitignore，能夠註記不需要進行版本控管的檔案或目錄，一定會被指定的
是 node_modules，因爲它太大了，而且也已經有 package.json 在替你做套件管理。

　● 最後的 license 是使用權，通常在 GitHub 上公開的專案都是可以讓人隨意使用的，
不過爲了讓人更清楚這點，就可以加上使用許可。

爲了不讓大家感到困惑，名字和敘述可以就打 todo-list，然後選擇公開儲存庫，以及把
下方三個檔案全都打勾。

當你把 .gitignore 和 license 打勾時會出現選項，請分別選擇 Node 和 MIT：

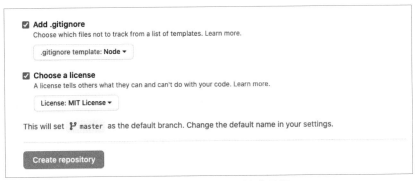

圖 7-20　該儲存庫的類型和使用權

.gitignore 選擇 Node，是因爲我們使用 Node 專案開發，所以 GitHub 會依照 Node 專案
的配置給我們預設的內容。另一個 MIT 是指該程式庫可以讓任何人使用，不論是否爲商
業用途，像 React 的使用全就是 MIT，所以我們可以利用 React 開發網站賺錢，而不需要
經過它的同意，如果想知道更多版權訊息，可以參考[4]的連結。

---

*4　請參照：https://spdx.org/licenses/。

　　確認所有欄位都填齊後，就能點選「Create repository」並依據設定來建立儲存庫了，成功建立就會被跳轉到儲存庫的內容頁面：

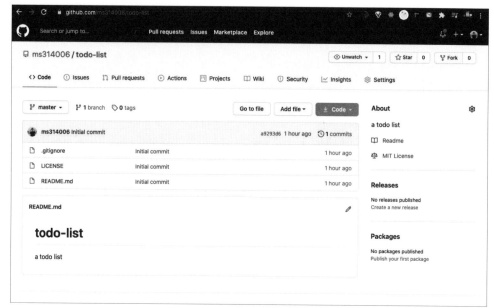

圖 7-21　該儲存庫的類型和使用權

　　如果各位也都看到如圖 7-21 的畫面，那就完成本節的所有步驟囉！下一節要開始做把電腦上的專案放到 GitHub 的準備。

7.2.3　安裝 Git 以及 Git 基本用法

　　本節就要來安裝在章節 7.2.1 介紹的 Git 版本控管，在這節會簡單介紹如何使用 Git 做版本控管，以及利用 Git 的指令把版本控管的專案上傳到遠端的程式碼儲存庫，這裡指的遠端程式碼儲存庫就是剛剛在 GitHub 建立的 todo-list。

　　要安裝 Git 非常容易，在 Windows 系統裡，只要到 Git 的官方網站的下載頁面中[5]，下載符合你作業系統的版本：

＊5　請參照：https://git-scm.com/download/win。

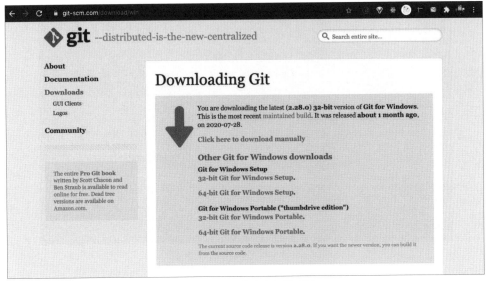

圖 7-22　Git 的官方下載頁面

　　把官方提供的安裝程序下載後打開安裝，並且瘋狂按「下一步」直到完成，完成時會跳出一個藍底白字的介紹網站，在 Windows 中使用藍底白字，還以為電腦有問題呢：

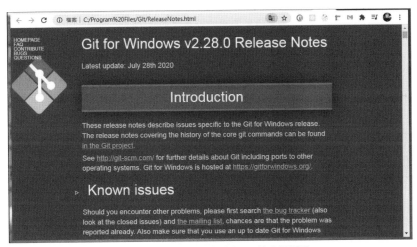

圖 7-23　下載完成後會跳出 Git 的介紹頁面

　　如果是使用 macOS 的朋友們，請先打開 terminal，然後直接輸入「git --help」，因為 macOS 本身就預設有裝 Git，可省掉一個安裝步驟。

```
● ● ●                    🅰 GQSM — -zsh — 80×24
Last login: Fri Sep  4 23:13:17 on ttys004
GQSM@Applede-MacBook-Pro ~ % git --help
usage: git [--version] [--help] [-C <path>] [-c <name>=<value>]
           [--exec-path[=<path>]] [--html-path] [--man-path] [--info-path]
           [-p | --paginate | -P | --no-pager] [--no-replace-objects] [--bare]
           [--git-dir=<path>] [--work-tree=<path>] [--namespace=<name>]
           <command> [<args>]

These are common Git commands used in various situations:

start a working area (see also: git help tutorial)
   clone      Clone a repository into a new directory
   init       Create an empty Git repository or reinitialize an existing one

work on the current change (see also: git help everyday)
   add        Add file contents to the index
   mv         Move or rename a file, a directory, or a symlink
   restore    Restore working tree files
   rm         Remove files from the working tree and from the index

examine the history and state (see also: git help revisions)
```

圖 7-24　macOS 預設就有安裝 Git

　　只要確認在 git --help 指令下沒有出錯，就代表已經安裝成功了。那下方會介紹一些在 Git 內常用的指令和如何做版本控管，但是不會闡述太多，因為我們的目標只是要將專案上傳到 GitHub 的儲存庫上而已。

　　使用 Git 的第一步就是在專案下建立一個 .git 目錄，讓 Git 可以把專案版本的資料存在裡面，但 .git 並不用手動去建立，請在專案的路徑下輸入指令：

```
git init
```

成功後就會幫你在專案下建立 .git 囉：

```
● ● ●                 🅰 react-demo-todo-list — -zsh — 80×24
GQSM@Applede-MacBook-Pro react-demo-todo-list % git init
Initialized empty Git repository in /Users/GQSM/Documents/Code/react-demo-todo-l
ist/.git/
```

圖 7-25　用 git init 初始化 .git 目錄

　　那記得剛剛我們在 GitHub 建立的遠端儲存庫嗎？我們現在來把它與電腦上的專案連結了。請到 GitHub 的遠端儲存庫上，找到這段網址並複製下來：

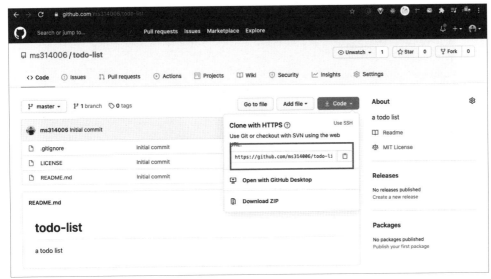

圖 7-26　複製遠端儲存庫的 .git 連結

之後回到 terminal 上，輸入以下指令：

```
git remote add origin <你複製的網址>
```

git remote add 就是用來增加遠端儲存庫的指令，origin 是你為這個遠端儲存庫取的名字，後面直接貼上從畫面上複製的網址。輸入完後，可以接著使用 git pull 指令，把遠端儲存庫上的程式碼抓下來：

```
git pull origin master
```

git pull 就是下載程式碼更新到專案的指令，後方的 origin 是目標的遠端儲存庫，名字就是 git remote add 的時候取的，而 master 是該儲存庫的分支（可以從圖 7-26 的左方看到，如果各位的遠端分支不是 master，記得要 pull 你們自己的遠端分支名稱），但本書就不提分支是什麼意思了，有興趣的話，可以在看完本書後參考＊6 的連結。輸入完 git pull 指令後，就會看見開始下載的提示：

＊6　請參照：https://backlog.com/git-tutorial/tw/stepup/stepup1_1.html。

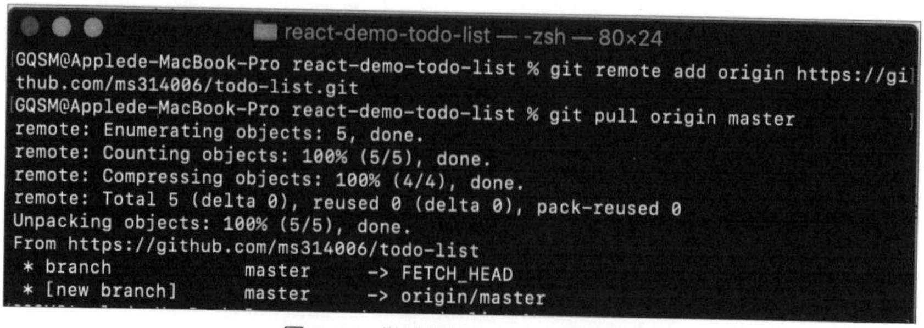

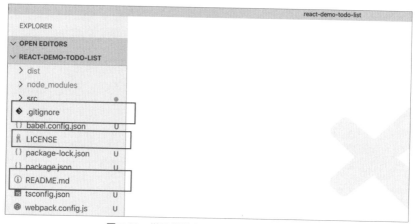

圖 7-27　從遠端儲存庫上下載檔案

　　把程式碼放到遠端儲存庫的好處就是，你可以在任一台電腦中，直接下載你之前放上去的專案，又簡單又快速。各位也可以在專案的目錄中，看到剛剛在遠端儲存庫上的三個檔案（README.md、LICENSE 和 .gitignore）被下載到專案裡囉：

圖 7-28　從遠端儲存庫中被下載下來的檔案

那接下來就要換成把我們電腦中的程式碼給更新上去了，各位請先輸入指令：

```
git status
```

該指令可以查看當前專案的檔案資訊，例如有哪些檔案被新增、修改或刪除：

圖 7-29　用 git status 查看專案內的檔案狀態

　　顯示紅色是代表目前有被修改或是還沒有存在於任一個版本中的檔案，因為我們剛剛才用 git init 建立版本控管而已，所以目前沒有任何版本也是正常。

> 貼心小叮嚀　上方還有出現一個 .DS_Store，請大家直接忽略它，那是 macOS 作業系統下的產物。

　　另外還有一點就是，各位可以從圖 7-28 發現專案中的 node_modules 和 dist 目錄都沒有出現，這就是 .gitignore 的功勞囉！如章節 7.2.2 所說，被寫在 .gitignore 裡的檔案 Git 都會自動忽略。不過我們想在 GitHub 上顯示我們最後的成品，所以還是請到 .gitignore 中，把 dist 刪掉或註解：

圖 7-30　大約在 83 行的地方

　　那為了建立一個新版本，請先使用 git add 這個指令，把一些檔案或是目錄加到這次要建立的版本中，git add 後面可以直接加檔案或資料夾名稱。舉例來說，如果我希望把 dist 目錄加入這次的版本中，使用方式如下：

```
git add dist
```

輸入完 git add 指令後，可以再使用 git status 查看目前檔案的狀態：

```
● ● ●                    📁 react-demo-todo-list — -zsh — 89×25
[GQSM@Applede-MacBook-Pro react-demo-todo-list % git add dist
[GQSM@Applede-MacBook-Pro react-demo-todo-list % git status
On branch master
Changes to be committed:
  (use "git restore --staged <file>..." to unstage)
        new file:   dist/bundle.js
        new file:   dist/index.css
        new file:   dist/index.html

Changes not staged for commit:
  (use "git add <file>..." to update what will be committed)
  (use "git restore <file>..." to discard changes in working directory)
        modified:   .gitignore

Untracked files:
  (use "git add <file>..." to include in what will be committed)
        .DS_Store
        babel.config.json
        package-lock.json
        package.json
        src/
        tsconfig.json
        webpack.config.js
```

圖 7-31　被 git add 增加到此次要建立的版本的檔案都會變綠色的

　　從圖 7-31 中，可以很明顯看見 dist 目錄內的檔案都變綠色了，這代表我們有成功增加它。另外在中間的區域有一行 modified: .gitignore，這是因為剛剛有修改 .gitignore 的內容，Git 判斷到它和上一次的版本不同，就把它列出來了。

　　那事不宜遲，請大家先將我把專案內的所有檔案，包含剛剛修改的 .gitignore 都加到此次要建立的版本吧！加完後應該可以透過 git status 看到下方的畫面：

```
● ● ●                    📁 react-demo-todo-list — -zsh — 89×25
[GQSM@Applede-MacBook-Pro react-demo-todo-list % git status
On branch master
Changes to be committed:
  (use "git restore --staged <file>..." to unstage)
        modified:   .gitignore
        new file:   babel.config.json
        new file:   dist/bundle.js
        new file:   dist/index.css
        new file:   dist/index.html
        new file:   package-lock.json
        new file:   package.json
        new file:   src/actions/todo.ts
        new file:   src/hooks/useTodoList.ts
        new file:   src/index.tsx
        new file:   src/reducers/todo.ts
        new file:   src/store/index.ts
        new file:   src/types/todoList.ts
        new file:   src/views/Todo/Todo.tsx
        new file:   src/views/Todo/index.scss
        new file:   src/views/Todo/index.scss.d.ts
        new file:   src/views/index.ts
```

圖 7-32　已經把此次版本包含的檔案都增加完了

> 貼心小叮嚀　如果各位覺得一個一個加太麻煩了，也可以輸入「git add .」，那 Git 就會把所有的檔案都做 git add。

如果已經確認此次版本需要的檔案都增加完了，就能執行 git commit 來建立新的版本。輸入「git commit」後，就會跳到 vim 的編輯畫面，你可以在這邊寫下一些關於這次版本的訊息：

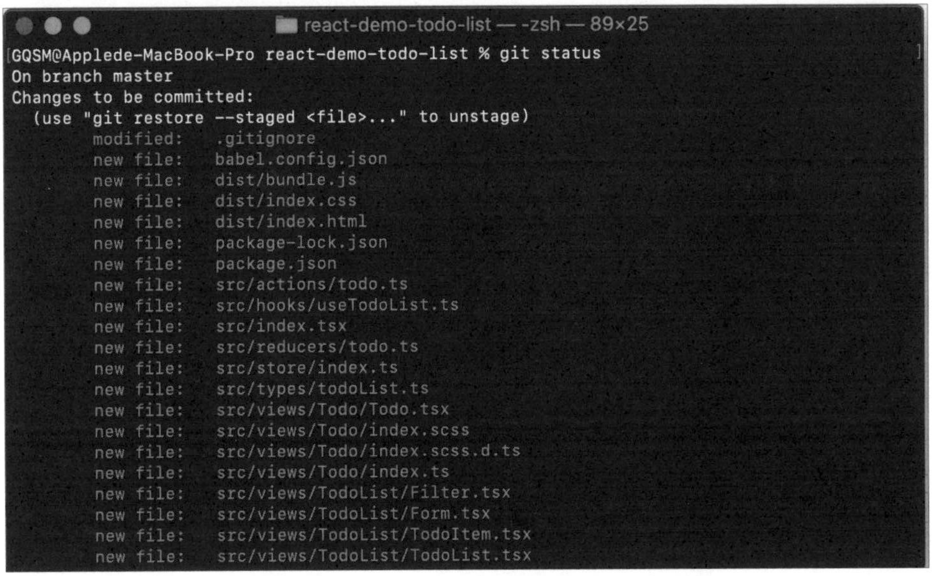

圖 7-33　在 git commit 的時候需要輸入此次版本訊息

在這裡，我先按下 I 鍵讓我們可以編輯，確認下方出現 INSERT 的字樣後，打上這次第一次上傳待辦事項：

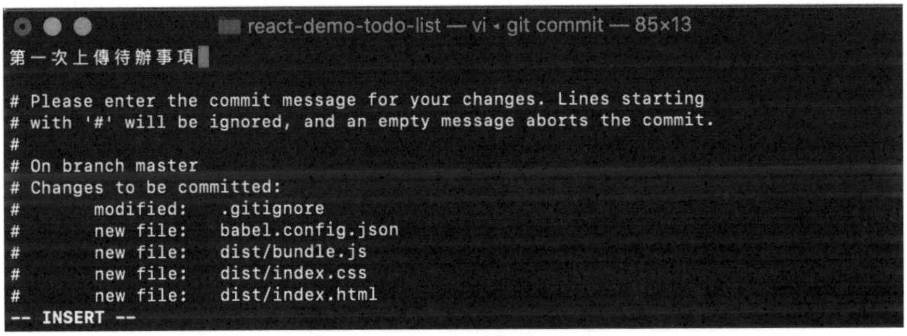

圖 7-34　在 vim 中編輯版本訊息

確認訊息沒問題後,再按鍵盤上的 Esc 鍵,之後輸入「:wq」按 Enter 鍵儲存。儲存後可以輸入「git log」來確認該專案的版本資訊,現在最上面顯示的應該就會是剛剛 git commit 的版本:

圖 7-35　使用 git log 可以查看當前專案的所有版本

> **貼心小叮嚀**　如果指令非常簡短,可以在 git commit 後面加上 -m,之後在雙引號內寫下該版本的訊息,這樣就能更方便的做 commit,例如剛剛我們以單用 git commit 操作的流程,就能直接以下方指令取代:
>
> ```
> git commit -m " 第一次上傳待辦事項 "
> ```

最後要使用 git push 指令,把當前的新版本更新上遠端儲存庫,使用方法如下:

```
git push origin master
```

git push 的指令結構和 git pull 非常相似,就不多做解釋了。執行 git push 後,應該會看見 Terminal 在上傳的過程,等上傳完畢後,再打開 GitHub 上的遠端儲存庫:

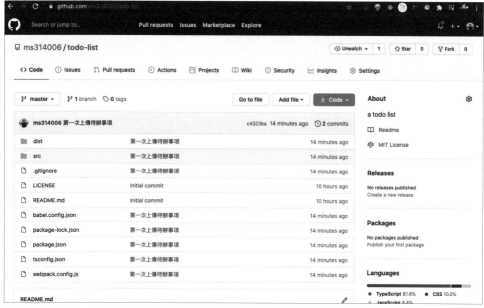

圖 7-36　git push 執行成功後，遠端儲存庫就出現我們的檔案啦！

　那最後和大家總結一下 Git 指令的操作流程：

|STEP| **01** 如果是新專案，請先輸入 git init 初始化 .git 目錄。

|STEP| **02** 如果還沒有設定遠端儲存庫，請先以 git remote add 增加一個。

|STEP| **03** 在修改任何檔案前，請先做 git pull，把遠端儲存庫的程式碼或新版本下載更新到電腦中。

|STEP| **04** 修改完後，要用 git add 來加上此次要建立的新版本。

|STEP| **05** 當這次要更新的檔案都被 git add 後，請執行 git commit 建立新版本。

|STEP| **06** 最後用 git push，把新版本再更新到遠端儲存庫。

　當然，其實 Git 不只有這個樣子！建議大家可以到一些教學網站 *7 中，繼續學習對開發更有幫助的操作方法。

＊7　請參照《連猴子都能懂的 Git 入門指南》：https://backlog.com/git-tutorial/tw/。

7.2.4　開啟 Git Pages 讓所有人知道你多猛

　　閱讀到這裡，真是辛苦大家了，但是苦盡絕對是會甘來的，現在就來採收成果吧！本
節要來介紹如何在 GitHub 中打開 Pages 功能，讓其他人可以在網路上看見你的作品，請
各位在 GitHub 上的遠端儲存庫點選右上角的 Setting：

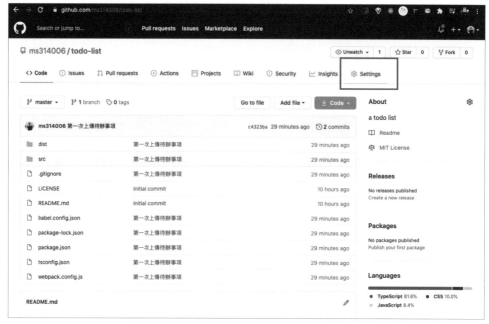

圖 7-37　請點選 GitHub 儲存庫右上角的 Setting

　　之後，請各位在設定頁找到 GitHub Pages 的區塊，然後在下圖的下拉選單中選擇
「master」分支（原本預設的選項是 None），之後直接點選右邊的「Save」按鈕：

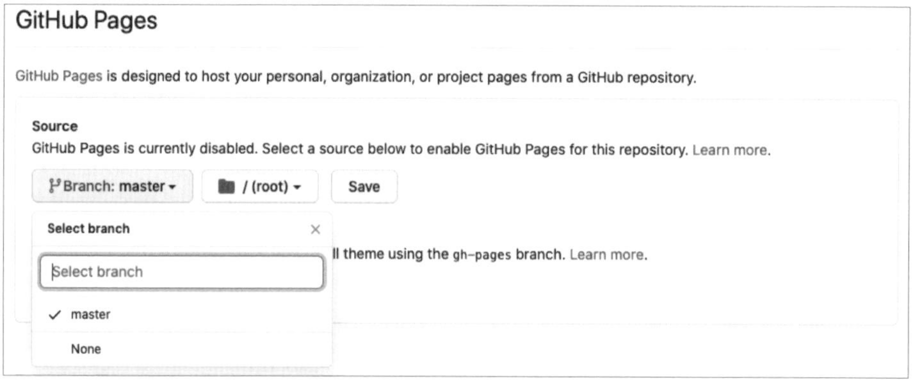

圖 7-38　GitHub Pages 的設定

　　點擊「Save」按鈕後，畫面會回到最上方，不過請再回到 GitHub Pages 的這個區塊，就會看見一串網址，說專案已經被發布到這個網址了：

圖 7-39　設定完 GitHub Pages 後會出現一串網址

　　但是，直接點選該網址並沒有辦法看見我們的作品，因為該網址是整個專案的根目錄，而我們的作品是被打包到 dist 裡面，所以在瀏覽的時候，要把該網址後面加上「/dist」，如此一來就能直接在網路上看到作品囉！

圖 7-40　快把這個網址貼給你的好朋友們看

　　恭喜大家成功啦！ Git Pages 真的是前端開發者的福音，你可以非常容易展示你的作品在網頁上來讓任何人操作，而不用到處去尋找免費的伺服器，可能還會遇上廣告。既然現在有了那麼棒的東西，就快點做一堆作品練習，並且通通放到 Git Pages 上，面試的時候可使用。

CHAPTER

實際演練──製作一個可重用的元件發布到 npm 上

8.1　可重用的程式碼

在本書裡面，已經把筆者這幾年來的精華都掏肝掏肺掏心掏胃，通通吐給你們了，之後的進步就要看大家自己的造化了。而當你在程式之路，不斷練習、創造新作品的時候，總是會有些函式或是邏輯常使用到，你就會直接複製那段程式碼到你的新專案中使用。

這是非常常見的行為，但是你有想過或許其他人也需要嗎？沒有！因為你只想到你自己！

本書的最後一章將說明當你修成正果，並覺得能夠為這一片武林貢獻一份精力的時候，不論那是什麼，就把它上傳到 npm 上吧！

其實，我們能從 npm 下載的並不是只有元件而已，不論你只是做了一個自定義的 Hooks、方便的 Class、或是解決某些常見問題的函式，都可以把它放上 npm 來讓大家使用，而且你也可以透過 npm 下載那些自己常用的方法。就算發布上去後，真的沒人用，至少也省下了每次開新專案後複製來複製去的時間，完全不會有任何損失。

8.1.1　可重用的方法

在解釋什麼是可重用的元件前，先來提提可重用的方法吧！很多時候因為重複的邏輯太多了，導致我們會想要把散落在各地的相同邏輯整理成一個方法，直接讓所有需要的地方使用。

例如：在 JavaScript 裡面，還沒有能夠回傳 YYYYMMDD 這種字串格式的方法，所以每一次都得自己寫邏輯組裝字串：

```javascript
const now = new Date();
const year = now.getFullYear().toString();
const month = now.getMonth().toString();
const date = now.getDate().toString();
let dateYYYYMMDD = year
dateYYYYMMDD += `${month.length === 1 ? `0${month}` : month}`;
dateYYYYMMDD += `${date.length === 1 ? `0${date}` : date}`;


console.log(dateYYYYMMDD);
```

如果在專案中有許多地方都需要能夠產生這樣子的日期格式，那麼把上方的程式碼包成可重用的方法就是很棒的事情：

```
const getTodayYYYYMMDD = () => {
  const now = new Date();
  const year = now.getFullYear().toString();
  const month = now.getMonth().toString();
  const date = now.getDate().toString();
  let dateYYYYMMDD = year
  dateYYYYMMDD += `${month.length === 1 ? `0${month}` : month}`;
  dateYYYYMMDD += `${date.length === 1 ? `0${date}` : date}`;
  return dateYYYYMMDD;
};
```

將一段常用到的邏輯寫成可重用的函式，之後就不需要再那麼麻煩去組合字串，只需要執行該函式即可：

```
getTodayYYYYMMDD();
```

那如果今天把邏輯放到元件身上呢？還是一樣的！

8.1.2　可重用的元件

可重用的元件和可重用的方法非常像，只是把邏輯的層次提升到畫面上而已。可重用的元件可以是非常簡單的，即使只是一個按鈕：

```
const MyButton = (props) => (
  <button type="button">{props.text}</button>
);
```

都因為它可以被使用在任何需要按鈕的地方，就會是可被重用的元件：

```
/* viewsA.tsx */
const viewsA = () => (
  <Button text=" 我是某個按鈕 " />
);

/* viewsB.tsx */
const viewsB = () => (
```

```
    <Button text=" 我又是另一個按鈕 " />
);
```

在上方的例子裡，作爲按鈕的元件可以被多次用在任何地方，而且還能在每次使用時顯示不同的文字，這就是一個最簡單的可重用元件。事實上，有許多使用者介面的框架，會把很常出現在網頁上的元素做成可重用的元件，讓開發者可以更便利的開發，而不用再考慮整體的網站風格。

可重用的元件並不是刻意被製造出來的，而是無意識之下，你就會把它裝得非常通用，因爲它對你來說，是那麼頻繁的解決專案中遇到的類似問題。舉例來說，筆者之前在做專案開發的時候，常常需要顯示加載中的畫面，所以我就到 CodePen 上找一些加載中的動畫來包裝成元件，讓這些元件可以使用在各個需要的地方。

如果你今天自製了一個用得很上手的下拉選單，它可以根據你傳入的 props，變成可搜尋式或多選的模式，那你就可以把它包成元件。如果你做了一個日期選擇器，那你也可以把它包成元件。如果今天是一個可以讀取 csv 的顯示器，那你就更能把它做成元件。

當然，你也不是只能全部重頭來做，在輸入程式的歲月裡，你一定會對某些套件的顯示或執行感到非常不順，這時候你就能在使用該套件的基礎下，將它的回傳或處理邏輯一部份改成你要的，例如：Bootstrap 在日期顯示的時候只能是西元年，但你需要的是民國年，那當你處理好民國年的計算和顯示時，你能把它另外包成元件嗎？當然可以，否則你能想像每次只要用了 Bootstrap，就得重新寫上轉換西元年到民國年的邏輯嗎？

所以，放心先幹就對了！還是老話一句，套件的精華在於能夠解決什麼問題，而不是寫出來的程式碼看起來有多厲害。

8.2 將可重用的元件發布到 npm

8.2.1 起手專案架構

發布到 npm 的專案架構，其實和平常開發網站沒有兩樣，只是在打包的時候，需要再另外做其他特別的設置。另外，因爲這裡只會做一個簡單的按鈕，當作可重用的元件上傳到 npm，所以除了 React 和 TypeScript 外，其他的 React-dom、Redux、Router 或是 CSS 的 loader 和打包設置，就都不會用到囉！

本章的起手專案架構和上一章一樣，只是少了 dist 目錄：

```
node_modules
src
  └──── index.tsx
package.json
tsconfig.json
webpack.config.js
```

這和之前所做的相比，少了 dist 裡的 index.html，因為我們要做的僅僅是匯出可重用的元件讓大家使用，並不需要渲染到網頁上，這也是上方說不需要 React-dom 的原因。

根據上述的理由，src/index.tsx 目前還沒有該做的事情，就先保持空白吧！

那如果各位準備好的話，那就開始囉！

8.2.2 打造一個可重用的按鈕

首先，請各位直接打開 src/index.tsx，我們直接在這裡面寫下可被重用的元件：

```tsx
/* src/index.tsx */
import React from 'react';

type JustCoolButtonProps = {
  style: any
  className: string
}

const JustCoolButton = ({ style, className }: JustCoolButtonProps) => (
  <button
    type="button"
    style={style}
    className={className}
    onClick={() => { console.log('I am a cooooool button!'); }}
  >
    I am a cooooooool button
  </button>
);


export default JustCoolButton;
```

雖然有點心虛，不過這樣子就完成了！JustCoolButton 的行為非常簡單，它永遠會渲染出一個文字為「I am a cooooool button」的按鈕，當你點擊按鈕的時候，還會在 console 中印出「I am a cooooool button!」的訊息。

除了印出的功能外，我還保留了一些 CSS 的彈性，讓外部可以傳入 style，改變該按鈕的樣子，待會可以來實驗看看，最後記得要把完成的元件匯出。

8.2.3　發布前的配置設定

在第 0 章的時候，曾提到 package.json 會在執行 npm init 後被產生出來，但目前我們只知道 package.json 裡面的 devDependencies 和 dependencies 能夠替我們記錄當前專案使用了哪些套件，還有 sctipts 能設定簡單的指令操作專案（執行、測試和打包等），現在就要來提一下其他欄位是什麼了！

大家應該還記得 npm 是 Node 的套件管理工具吧？但是，套件有那麼多，npm 一定要使用一個通用的文件，讓各個開發者能夠記錄他們發布的專案和該專案的資訊，而那個通用的文件就是透過 npm init 產生出來的 package.json 啦！

光以 devDependencies 和 dependencies 這兩個欄位下去思考，就能馬上知道該套件使用到哪些相依的套件和版本，以及如果你想要開發它的話，開發環境還需要哪些設置，這些都是對開發者來說很有幫助的訊息，也是有關該專案本身的重要資訊。

那除了 devDependencies 和 dependencies 以外，package.json 還記載了哪些內容，一起來仔細看看吧！

- name：套件的名字。每個套件在 npm 中的名字都只能有一個，如果其他人有取過相同的名字，那你就必須要換一個。

- version：套件的版本。在同一個套件中的版本號是不能重複的，每一次發布都要比之前的版本還要高才行。

- description：套件的敘述內容。這是一個什麼樣子的套件，可以在這裡簡單敘述，之後再利用 README.md 做一個使用說明。

- main：套件的入口檔案。當使用者使用套件的時候，會預設讀取這個檔案。

- keywords：套件的關鍵字。因為 npm 的套件很多，所以可指定一些關於該套件的關鍵字，方便被搜尋到。

- author：套件的作者。這裡的欄位就是填你本人囉！

- license：套件的使用權。這個設置和 GitHub 的使用權文件一樣。預設的使用權是 ISC，也就是把整個套件都開源出去，不論任何人想要拿去幹嘛（不論是否爲商用）都沒問題，但必須要在使用的專案中標記版權爲 ISC 所有。

根據上述的介紹，package.json 的內容就是該套件的詳細資訊啦！因爲我們待會要把 JustCoolButton 發布到 npm，所以要先來補上在 package.json 的資料：

```
/* package.json */
{
  "name": "just-cool-button",
  "version": "1.0.1",
  "description": "Just a cool button.",
  "main": "dist/bundle.js",
  "scripts": {
    "build": "webpack -p"
  },
  "keywords": [],
  "author": "",
  "license": "ISC",
  "devDependencies": {
    "@babel/core": "^7.11.1",
    "@babel/preset-env": "^7.11.0",
    "@babel/preset-react": "^7.10.4",
    "@babel/preset-typescript": "^7.10.4",
    "@types/react": "^16.9.49",
    "babel-loader": "^8.1.0",
    "typescript": "^4.0.2",
    "webpack": "^4.44.1",
    "webpack-cli": "^3.3.12"
  },
  "dependencies": {
    "react": "^16.13.1"
  }
}
```

上方需要特別注意的地方就是，main 裡的路徑一定要爲打包後的檔案，不然會沒辦法直接從套件中找出東西來，記得名稱也別和我取的一樣。另外，可發現到在 devDependencies 和 dependencies 裡面少了相當多套件，畢竟只是簡單的一個按鈕而已，就乾脆把用不到的都砍一下囉！

> **貼心小叮嚀** npm 套件的名稱通常都是小寫，如果有多個單字的話，中間會用短橫線區隔，像是 react-redux、react-router-dom 等。

因爲打包套件和網站的用途是不一樣的，所以 webpack 的設置也需要一些調整：

```js
/* webpack.config.js */
const path = require('path');

module.exports = {
  entry: './src/index.tsx',
  output: {
    filename: 'bundle.js',
    libraryTarget: 'commonjs2',
    path: path.resolve(__dirname, './dist/'),
  },
  externals: {
    react: 'react',
  },
  resolve: {
    extensions: ['.ts', '.tsx', '.js']
  },
  module: {
    rules: [
      {
        test: /\.(js|jsx|ts|tsx)$/,
        use: {
          loader: 'babel-loader',
          options: {
            presets: ['@babel/preset-typescript', '@babel/preset-react', '@babel/preset-env'],
          },
        },
      },
    ],
  },
  devServer: {
    contentBase: './dist',
  },
};
```

上方的內容比起打包網頁專案，還在 output 中多了 libraryTarget，這個選項是要指定打包後該如何被使用。webpack 爲套件的使用方式提供了很多選項[1]，但請各位在這裡選擇「commonjs2」[2]輸入，因爲根據 webpack 文件上的說明：

「The return value of your entry point will be assigned to the module.exports.」

意思是 webpack 會把作爲打包的入口文件（上方的 ./src/index.tsx）內的回傳值，放到打包後檔案的 export default，來讓我們可以直接使用，另一點就是 commonjs2 打包設置與 Node 的執行環境相同。

除了 output.libraryTarget 之外，還有一個 externals 也是新設定。因爲我們的套件裡的程式碼可能會用到其他的套件，就如同上方的 JustCoolButton 依賴著 React，所以 webpack 在打包的時候，就會爲了讓 JustCoolButton 正確運行，也把 React 打包進產品程式碼中。

但其實沒有必要這麼做，我們只需要在 JustCoolButton 被下載的時候，也一併下載它的依賴套件，當要使用的時候，只要從外部匯入就好，而這就是 externals 存在的目的了。

在 externals 設置了 react 套件的狀態下，webpack 就不會將 React 的原始碼都打包到產品程式碼中，而是會讓 react 作爲依賴套件一起被下載，再另外以匯入的方式使用 react。

接下來請大家在專案中建立一個 .npmignore：

```
node_modules
src
  └── index.tsx
.npmignore
package.json
tsconfig.json
webpack.config.js
```

.npmignore 的作用是，避免讓一些不必要的檔案也一起發布到 npm 上面，其中最需要被忽略的就是 node_modules，容量超大超肥且佔空間是一回事，你也絕對沒有任何理由把所有套件的原始碼跟著你的套件一起發布，而其他的檔案就看各位了。

---

[1]　請參照：https://webpack.js.org/configuration/output/#outputlibrarytarget。

[2]　請參照：https://webpack.js.org/configuration/output/#outputlibrarytarget，建議直接搜尋 commonjs2。

筆者通常會再把 webpack.config.js 和 tsconfig.json 等設定檔都忽略掉，只會上傳原始碼 src、打包後的目錄 dist 和 package.json 到 npm 而已。所以 .npmignore 的設定如下：

```
/* .npmignore */
node_modules
tsconfig.json
webpack.config.js
```

打理好上方的一切後，請記得要輸入「npm build」，讓 webpack 打包你的套件哦！

處理好程式的部分後，我們要到 npm 的官網*3 註冊帳號，申請完帳號後，才能夠發布套件到 npm，所以請各位先到下方的頁面註冊：

圖 8-1　npm 的註冊頁面

註冊完後，就可以登入看看。確認沒問題後，就能發布套件囉：

---

*3　請參照：https://www.npmjs.com/signup。

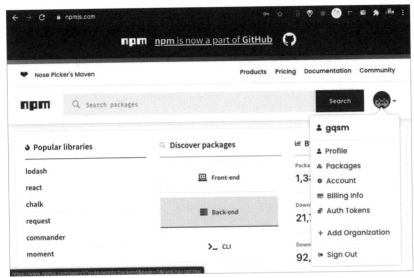

圖 8-2　登入 npm 的畫面

8.2.4　發布套件到 npm 與下載使用

要發布套件，請先使用 terminal 把路徑指到套件專案下，之後輸入下方指令：

```
npm adduser
```

執行指令後，畫面上會要求你輸入 npm 的帳號密碼及信箱：

圖 8-3　在 terminal 中用帳號密碼登入 npm

當你看到上面出現 Logged 開頭的訊息，就代表成功登入了。最後只需要輸入下方的指令，就能成功發布套件到 npm 囉！

```
npm publish
```

正確發布後，會看到以下的訊息：

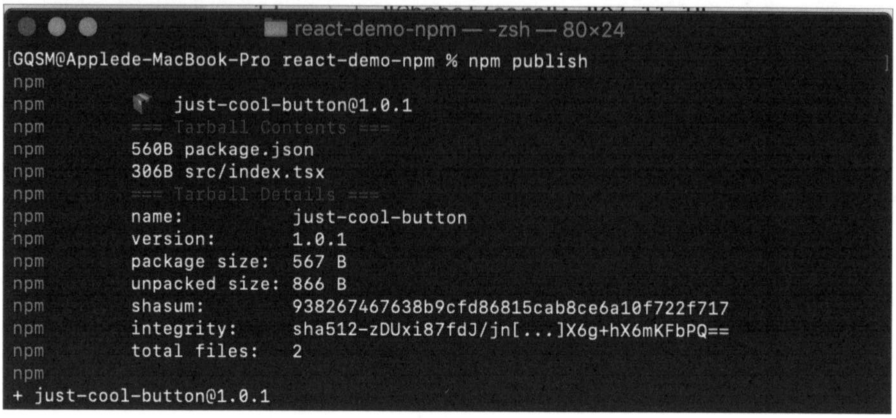

圖 8-4　成功發布套件到 npm 囉！

大家可以到 npm 的官網，查詢自己的套件顯示在上面的樣子：

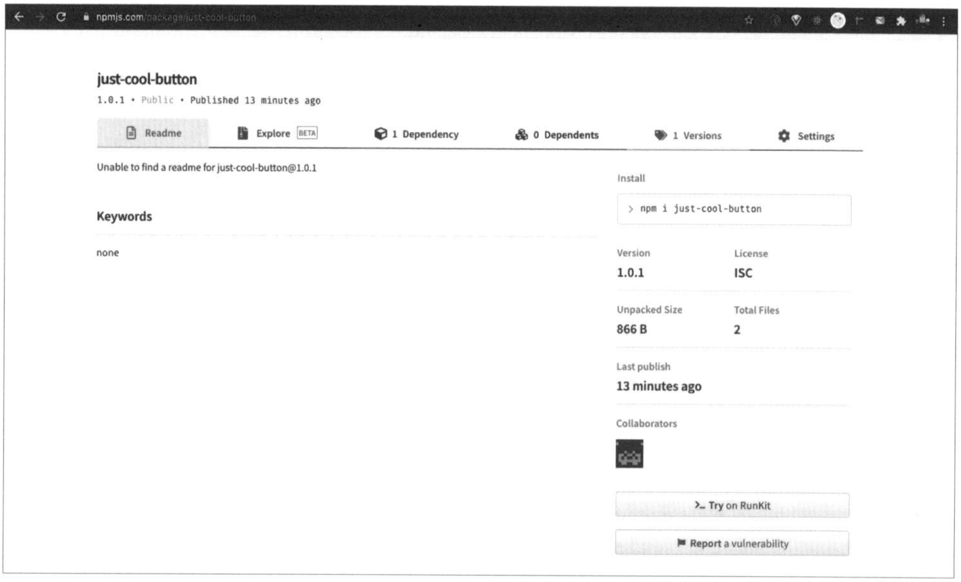

圖 8-5　just-cool-button 的套件頁面

那事不宜遲，就趕緊使用看看吧！請各位隨便開啟任一個 React 的專案，並輸入在該專案中用 npm 下載 just-cool-button：

```
npm Install just-cool-button
```

使用方式就像平常在用其他套件或專案中的元件一樣：

```
/* src/index.tsx */
import JustCoolButton from 'just-cool-button';

ReactDOM.render(
  <JustCoolButton />,
  document.getElementById('root')
);
```

執行結果如下：

圖 8-6　從套件中使用元件

不曉得各位還記不記得，這個按鈕除了會在 console 中印東西外，還會接收 props 的 style，讓使用者客製化外型，現在就試著傳入 style 吧！

```
/* src/index.tsx */
import JustCoolButton from 'just-cool-button';

ReactDOM.render(
  <JustCoolButton style={{ fontSize: 32, }} />,
  document.getElementById('root')
);
```

當 JustCoolButton 透過 props 接收到 style 後，畫面上的樣子也就會跟著改變：

圖 8-7　透過 style 改變 JustCoolButton

　　到這裡，就恭喜你學會如何發布可重用的元件到 npm 上囉！之後你也可以盡情地發布，說不定下一間公司用的就是你製作的套件。

8.2.5　npm 套件的更新與刪除

　　當我們修改了程式碼，想要重新打包更新到 npm，這時候仍然是在該專案下執行 npm publish 即可。

　　請注意，一定要去更新 package.json 裡面的 version，因為每一次更新都必須是新的版本，才不會導致其他使用者在使用的時候，出現「明明就是同一個版本的套件，但卻有不同行為」的問題。下方就是「在發布的時候，沒有修改版本號」所出現的錯誤：

```
●●●                📁 react-demo-npm — -zsh — 80×24
[GQSM@Applede-MacBook-Pro react-demo-npm % npm publish
npm
npm        🎁  just-cool-button@1.0.1
npm        === Tarball Contents ===
npm        592B package.json
npm        383B src/index.tsx
npm        === Tarball Details ===
npm        name:           just-cool-button
npm        version:        1.0.1
npm        package size:   599 B
npm        unpacked size:  975 B
npm        shasum:         7ce6c3667e0386cf3f0428c36e5ade9dd4252748
npm        integrity:      sha512-xp/r0XUdIawfw[...]e1LghQotwWw8A==
npm        total files:    2
npm
npm        code E403
npm        403 403 Forbidden - PUT https://registry.npmjs.org/just-cool-button - Y
ou cannot publish over the previously published versions: 1.0.1.
npm        403 In most cases, you or one of your dependencies are requesting
npm        403 a package version that is forbidden by your security policy.
npm
npm        A complete log of this run can be found in:
npm            /Users/GQSM/.npm/_logs/2020-09-03T02_55_01_078Z-debug.log
```

圖 8-8　版本號重複導致錯誤

　　當你慢慢上傳越多的版本，使用者就可以自己選擇所要的版本使用，而關於該套件的版本資訊，可以在 npm 的套件頁面中查看：

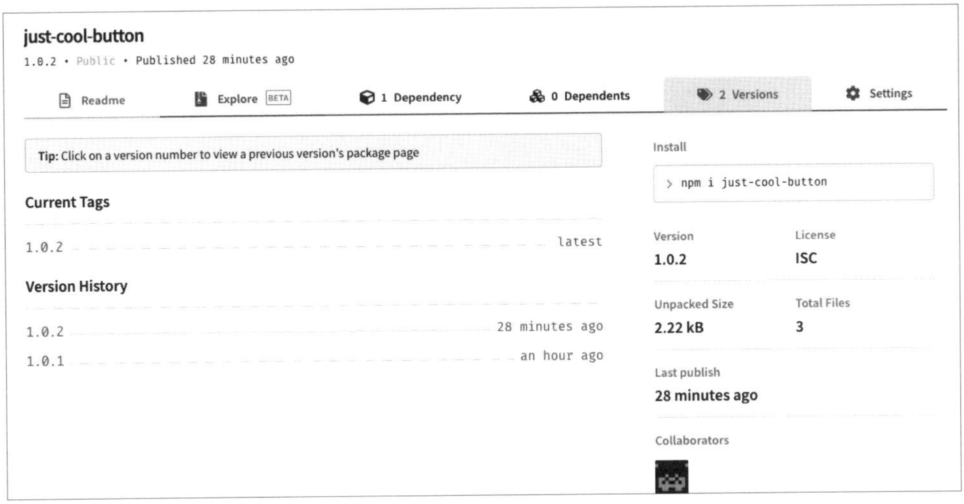

圖 8-9　目前的 just-cool-button 這個套件有兩個版本

　　如果你覺得自己的套件太廢，想要刪掉的話是不可能的！請試著想一下，假設 npm 上的套件都可以隨時被刪除，那若是有天 Facebook 不再開源了，直接把 React 從 npm 刪掉，則會影響到世界上多少的開發者呢？所以上傳到 npm 的套件是不能刪除的哦！這點請大家特別注意一下。

8.2.6　製作美美的套件說明文件

　　雖然剛剛成功的把套件發布到 npm 上面，但如圖 8-5 所示，我們的套件頁面目前呈現一片空白，沒有解釋也沒有使用說明，這樣其他人是不會想試著去使用它的，所以本節就要來告訴大家如何為套件增加說明文件。

　　請各位在專案的根目錄下，建立一個名為「README.md」的檔案：

```
node_modules
src
  └──　index.tsx
.npmignore
package.json
README.md
```

```
tsconfig.json
webpack.config.js
```

如果你覺得看起來有點熟悉，那你是對的，這個檔案和當初在 GitHub 中建立的一樣，所以我們就可以利用相同的方式，在 README.md 中輸入一些簡單的文字：

```
/* README.md */
# just-cool-button

## What is it?

This is a cooooool button!

## How to use?

```jsx
import React from 'react';
import ReactDOM from 'react-dom';
import JustCoolButton from 'just-cool-button';

ReactDOM.render(
  <JustCoolButton style={{ fontSize: 32, }} />,
  document.getElementById('root')
);
```
```

上方的 # 是標題的意思，而 ``` 定義了程式碼區塊，在 ``` 之間的程式碼都會被做高亮的顯示，但每種程式碼的語法規則都不一樣，所以在 ``` 之後有個 jsx，是指以 JSX 的語法顯示高亮。

沒問題的話，就請大家更新 npm 上的套件，更新完就能看見套件的頁面出現 README. md 的介紹內容囉：

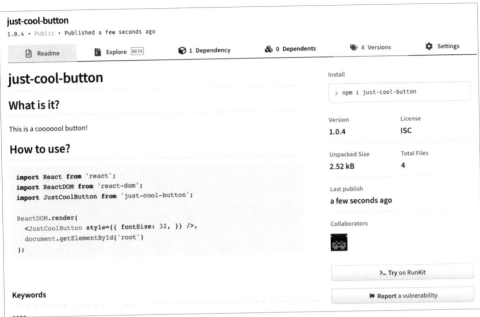

圖 8-10　在專案中增加 README.md 當作使用說明

博碩文化

博碩文化